安徽省高等学校“十三五”省级规划教材

高职高专规划教材

电子信息系列

（第2版）

自动化生产线安装与调试

主　编　常　辉

编　者（按姓氏笔画排序）

余搏立　胡　坤　常　辉

谢　军　曾劲松

北京师范大学出版集团
BEIJING NORMAL UNIVERSITY PUBLISHING GROUP
安徽大学出版社

图书在版编目(CIP)数据

自动化生产线安装与调试/常辉主编. —2版. —合肥:安徽大学出版社,2020.12
ISBN 978-7-5664-2142-5

Ⅰ.①自… Ⅱ.①常… Ⅲ.①自动生产线—安装—高等职业教育—教材②自动生产线—调试方法—高等职业教育—教材 Ⅳ.①TP278

中国版本图书馆CIP数据核字(2020)第233698号

自动化生产线安装与调试(第4版) 常 辉 主编

出版发行:北京师范大学出版集团
安 徽 大 学 出 版 社
(安徽省合肥市肥西路3号 邮编230039)
www.bnupg.com.cn
www.ahupress.com.cn
经　　销:全国新华书店
印　　刷:合肥图腾数字快印有限公司第一分公司
开　　本:184 mm×260 mm
印　　张:17.75
字　　数:319千字
版　　次:2020年12月第2版
印　　次:2020年12月第1次印刷
定　　价:53.00元
ISBN 978-7-5664-2142-5

策划编辑:刘中飞　武溪溪　　装帧设计:李　军
责任编辑:武溪溪　　美术编辑:李　军
责任校对:陈玉婷　　责任印制:赵明炎

前　言

20 世纪 80 年代，许多企业开始普遍采用计算机进行生产的控制和管理，从而使企业进入工厂自动化时代。自动化生产线作为大批量生产的核心组件，将机械技术、电工电子技术、网络通信技术、传感器技术、信息技术等融为一体，是典型的机电一体化设备。它在汽车制造、机械加工、食品加工、家用电器、建筑材料等领域有着广泛的应用。因此，对于机电一体化、自动化等专业的学生，了解和掌握自动化生产线的相关技术对于以后的职业生涯有着重要的意义。

近些年，国家通过示范院校的建设大大改善了各高职院校的办学条件，提升了办学水平。各院校在教育教学改革中融入新的教学理念，并取得了丰硕的成果。“自动化生产线的安装与调试”课程是以自动化生产线设备为载体，以职业实践能力培养为主线，以提升学生综合应用能力为目标，以典型的工作任务来组织教学内容。通过对本课程的学习，可以使学生掌握自动化生产线安装与调试的相关知识，完成自动化生产线的机、电、气的安装，信号检测，程序设计及调试，故障诊断与维修以及工程文件的编制、归档等工作；使学生具备从事机电设备系统的安装、操作、调试、维护、生产组织与管理工作的能力，培养诚实守信、善于协作、爱岗敬业的职业道德和职业素质。

本书以 THWSPX-2A 网络型柔性自动化生产线为对象，主要介绍机械基础、PLC 技术、气动技术、传感器技术、变频技术、步进电机控制技术等。学生一般在学习了“机械图样的识读与绘制”“机电设备气液电传动”“机电设备的电气控制及维护”“机电设备的信号检测与处理”等课程后才可进行本课程的学习。全书以培养“机电设备安装、调试、维护”职业实践能力为主线，重组课程内容，将整个课程规划设计为 8 个项目，每个项目都具有典型性、可操作性和挑战性，并将职业能力培养、职业素质培养、创新和拓展能力培养等贯穿到整个课程设计和教学组织过程中。

安徽职业技术学院常辉老师担任本书主编并负责统稿。项目1、项目2、项目3由常辉老师编写,项目4由胡坤老师编写,项目5、项目6由余搏立老师编写,项目7由安徽机电职业技术学院曾劲松老师编写,项目8由谢军老师编写。安徽职业技术学院机电工程学院洪应老师担任本书主审,并提出许多宝贵的修改意见;在本书编写过程中,得到了宋国富、温晓玲、孙忠献等老师以及倪志庭、韦李刚等同学的大力支持与帮助;此外,还得到了浙江天煌科技实业有限公司的大力支持,在此向他们表示衷心的感谢。

由于编者学识有限和时间匆忙,本书难免有错误和不妥之处,欢迎广大读者批评指正。

编　者

2020年8月

目　录

项目 1　认识自动化生产线 ………………………………………… 1
任务1.1　了解自动化生产线及其应用 ………………………………… 1
1.1.1　自动化生产线的应用 ………………………………………… 1
1.1.2　自动化生产线的概念 ………………………………………… 2
1.1.3　自动化生产线的特点、功能和类型 ………………………… 3
1.1.4　自动化生产线的发展趋势 …………………………………… 4
1.1.5　自动化生产线的调整、维修和保养 ………………………… 4
1.1.6　企业 6S 管理基本知识 ……………………………………… 5
1.1.7　具体工作任务及实践 ………………………………………… 6
任务1.2　THWSPX-2A 型自动化生产线认识及操作 ………………… 7
1.2.1　THWSPX-2A 型自动化生产线的基本组成 ………………… 7
1.2.2　THWSPX-2A 型自动化生产线的基本功能 ………………… 9
1.2.3　自动化生产线加工的工件 …………………………………… 10
1.2.4　自动化生产线控制面板 ……………………………………… 10
1.2.5　各站控制板认识 ……………………………………………… 11
1.2.6　THWSPX-2A 型自动化生产线各站操作 …………………… 12
1.2.7　具体工作任务及实践 ………………………………………… 23

项目 2　上料检测站的安装与调试 ………………………………… 24
任务2.1　上料检测站的认知 …………………………………………… 24
2.1.1　上料检测站的功能与结构组成 ……………………………… 24
2.1.2　上料检测站的气动控制系统 ………………………………… 27
2.1.3　上料检测站的电气控制系统 ………………………………… 39
2.1.4　上料检测站认知工作任务及实践 …………………………… 49
任务2.2　上料检测站的 PLC 控制 …………………………………… 49
2.2.1　比较、定时器与计数器指令 ………………………………… 50

2.2.2 上料检测站各部件的控制 …… 53
2.2.3 上料检测站编程工作任务 …… 57
任务2.3 上料检测站的拆卸、安装与调试 …… 58
2.3.1 上料检测站的拆卸 …… 58
2.3.2 上料检测站的安装 …… 61
2.3.3 上料检测站的调试 …… 62

项目3 搬运站的安装与调试 …… 71
任务3.1 搬运站的认知 …… 71
3.1.1 搬运站的功能与结构组成 …… 71
3.1.2 搬运站的气动控制系统 …… 74
3.1.3 搬运站的电气控制系统 …… 82
3.1.4 搬运站认知工作任务与实践 …… 86
任务3.2 搬运站的PLC控制 …… 87
3.2.1 搬运站各部件的控制 …… 87
3.2.2 搬运站编程工作任务与实践 …… 91
任务3.3 搬运站的拆卸、安装与调试 …… 92
3.3.1 搬运站的拆卸 …… 92
3.3.2 搬运站的安装 …… 93
3.3.3 搬运站的调试 …… 99

项目4 加工站的安装与调试 …… 109
任务4.1 加工站的认知 …… 109
4.1.1 加工站的功能与结构组成 …… 109
4.1.2 加工站的气动控制系统 …… 113
4.1.3 加工站的电气控制系统 …… 115
4.1.4 加工站认知工作任务及实践 …… 117
任务4.2 变频器及其使用 …… 118
4.2.1 三相异步电动机简介 …… 118
4.2.2 变频器基础知识 …… 119
4.2.3 西门子MM420变频器及其使用 …… 120
4.2.4 变频器参数设置及控制的工作任务 …… 132
任务4.3 加工站的拆卸、安装与调试 …… 135
4.3.1 加工站的拆卸 …… 135

4.3.2 加工站的安装 …………………………………… 136
4.3.3 加工站的编程与调试 ……………………………… 139

项目5 安装站的安装与调试 ……………………………… 142
任务5.1 安装站的认知 …………………………………… 142
5.1.1 安装站的功能与结构组成 ………………………… 142
5.1.2 安装站的气动控制系统 …………………………… 145
5.1.3 安装站的电气控制系统 …………………………… 149
5.1.4 安装站认知工作任务与实践 ……………………… 151
任务5.2 安装站的拆卸、安装与调试 …………………… 152
5.2.1 安装站的拆卸 ……………………………………… 152
5.2.2 安装站的安装 ……………………………………… 153
5.2.3 安装站的编程与调试 ……………………………… 156

项目6 安装搬运站的安装与调试 ………………………… 159
任务6.1 安装搬运站的认知 ……………………………… 159
6.1.1 安装搬运站的功能和结构组成 …………………… 159
6.1.2 安装搬运站的气动控制系统 ……………………… 162
6.1.3 安装搬运站的电气控制系统 ……………………… 166
6.1.4 安装搬运站认知工作任务与实践 ………………… 168
任务6.2 安装搬运站的拆卸、安装与调试 ……………… 168
6.2.1 安装搬运站的拆卸 ………………………………… 168
6.2.2 安装搬运站的安装 ………………………………… 169
6.2.3 安装搬运站的编程与调试 ………………………… 171

项目7 分类站的安装与调试 ……………………………… 175
任务7.1 分类站的认知 …………………………………… 175
7.1.1 分类站的功能与结构组成 ………………………… 175
7.1.2 分类站的气动控制系统 …………………………… 178
7.1.3 分类站的电气控制系统 …………………………… 178
7.1.4 分类站认知工作任务及实践 ……………………… 181
任务7.2 步进电机及其控制 ……………………………… 181
7.2.1 步进电机驱动系统组成 …………………………… 181

7.2.2 认识步进电机及驱动器 …… 182
7.2.3 S7-200 PLC 控制步进电机 …… 189
7.2.4 步进电机控制工作任务及实践 …… 197
任务7.3 分类站的拆卸、安装与调试 …… 198
7.3.1 分类站的拆卸 …… 199
7.3.2 分类站的安装 …… 200
7.3.3 分类站的编程与调试 …… 201

项目 8 自动化生产线的网络控制与监控 …… 204
任务8.1 主控站的认知 …… 204
8.1.1 主控站的组成 …… 204
8.1.2 S7-300 PLC 的认识 …… 205
8.1.3 触摸屏的初识 …… 209
8.1.4 主控站认知工作任务 …… 219
任务8.2 Profibus-DP 网络通信 …… 220
8.2.1 西门子 PLC 网络基础 …… 220
8.2.2 EM277 Profibus-DP 从站模块 …… 226
8.2.3 建立 Profibus-DP 网络通信 …… 228
任务 8.3 自动化生产线整体控制 …… 237
8.3.1 自动化生产线的整体安装与调试 …… 237
8.3.2 自动化生产线控制网络的组建与测试 …… 238
任务 8.4 触摸屏的设置与使用 …… 248
8.4.1 WinCC flexible 软件安装 …… 248
8.4.2 触摸屏设置 …… 251
8.4.3 工程的打开及传送 …… 252
8.4.4 自动化生产线中触摸屏的使用 …… 253
任务 8.5 利用计算机组态软件实现自动化生产线的监控 …… 261
8.5.1 工作任务描述 …… 261
8.5.2 任务实施步骤 …… 261
附录 THWSPX-2A 型自动化生产线元件清单 …… 267
参考文献 …… 275
参考网站 …… 276

项目1　认识自动化生产线

学习目标

□了解自动化生产线在工业生产领域中的应用情况。
□了解自动化生产线的基本概念与发展。
□认识 THWSPX-2A 型自动化生产线各部件、操作面板、控制板及其基本功能。
□会查阅有关汽车装配生产线、柔性自动生产线、电冰箱生产线的相关资料。
□了解安全生产及车间 6S 管理知识，制订学习计划，团结合作，有目的地完成项目中的工作任务。

任务1.1　了解自动化生产线及其应用

自动化生产线在工业生产中的应用相当普遍，在本任务中，通过各种途径了解自动化生产线的应用及基本概念，学习 6S 管理方法。

1.1.1　自动化生产线的应用

20 世纪 80 年代，许多企业开始普遍采用计算机进行生产的控制和管理，从而使企业进入工厂自动化(factory automation，FA)时代。自动化生产线作为大批量生产的核心组件，将机械技术、电工电子技术、网络通信技术、传感器技术、信息技术等融为一体，是典型的机电一体化设备。它在汽车制造、机械加工、食品加工、家用电器、建筑材料等领域有着广泛的应用。

图 1-1 所示为某方便面生产企业生产方便面的自动化生产线，主要完成混合、压延、切丝、蒸煮、淋汁、切断、油炸、冷却、充填、包装等生产过程，全程采用 PLC 程序控制技术，提高了劳动生产率，降低了损耗和产品成本。

图 1-2 所示为某汽车整车装配生产线。一般来说，一个完整的汽车生产厂家拥有四大生产工艺，即冲压、焊接、涂装和总装。由于各个工艺环节都采用了自动

化设备,因此与人工操作相比,自动化生产线在工作效率、质量与安全性等方面都有很大的提高。

图1-1 方便面自动化生产线

图1-2 汽车整车装配生产线

图1-3所示为组合机床和自动化生产线。组合机床和自动化生产线作为机电一体化产品,是控制、驱动、测量、监控、刀具和机械组件等技术的综合反映。它是一种专用高效自动化技术装备,因而被广泛地应用于汽车、内燃机和压缩机等工业生产领域。在大批量生产的机械工业企业,都大量采用了组合机床和自动化生产线。

(a)轿车缸体设计制造的自动化生产线

(b)轿车离合器设计制造的自动化生产线

(c)汽车缸体的柔性加工线

(d)汽车轴承盖加工数控自动化生产线

图1-3 组合机床和自动化生产线

1.1.2 自动化生产线的概念

生产线是指产品生产过程所经过的路线,即从原料进入生产现场开始,经过加工、运送、装配、检验等一系列生产活动所构成的路线。生产线按范围大小分为产品生产线和零部件生产线,按节奏快慢分为流水生产线和非流水生产线,按自动化程度分为自动化生产线和非自动化生产线。

自动化生产线简称“自动线”，是在连续流水线基础上进一步发展形成的，是一种先进的生产组织形式。它由工件传送系统和控制系统组成，是能实现产品生产过程自动化的一种机器体系，即通过采用一套能自动进行加工、检测、装卸、运输的机器设备，组成高度连续的、完全自动化的生产线，来实现产品的生产。

自动化生产线是指由自动执行装置（包括各种执行器件和机构，如电机、电磁铁、电磁阀、气动、液压等）构成，经各种检测装置（包括各种检测器件、传感器、仪表等）检测各执行装置的工作进程、工作状态，经逻辑和数学运算、判断，按生产工艺要求的程序，自动进行生产作业的流水线。

自动化生产线的任务是实现自动生产，为完成这一任务，自动化生产线综合应用机械技术、控制技术、传感器技术、驱动技术、工业网络控制技术等，通过一些辅助装置，按照工艺顺序将各种机械加工装置连成一体，并控制气液电系统各部件协调地工作，完成预定的生产过程。

1.1.3　自动化生产线的特点、功能和类型

一、自动化生产线的特点

采用自动化生产线进行生产的产品应有足够大的数量；产品设计和工艺应先进、稳定、可靠，并在较长时间内保持基本不变。在大批量生产中，采用自动化生产线能提高劳动生产率，稳定和提高产品质量，改善劳动条件，缩减生产占地面积，降低生产成本，缩短生产周期，保证生产均衡性，有显著的经济效益。

二、自动化生产线的功能

一般来说，自动化生产线应具备最基本的四大功能，即运转功能、控制功能、检测功能和驱动功能。在自动化生产线中，运转功能依靠动力源来提供；控制功能主要由计算机、单片机、单板机、可编程控制器或其他一些电子装置来实现；检测功能主要由位置传感器、直线位移传感器、角位移传感器等各种传感器来实现；驱动功能是指在工作过程中，设置在各部位的传感器把信号检测出来，控制装置对其进行存储、运算、变换等，然后用相应的接口电路向执行机构发出命令，完成必要的动作。

三、自动化生产线的类型

自动生产线的类型多种多样，根据不同的特征，可以有不同的分类。根据工作性质的不同，自动化生产线可分为切削加工自动化生产线、自动装配生产线和

综合性生产线。综合性生产线具有不同性质的工序,如机械加工、装配检验、热处理、玻璃制品熔化、剪料、成型、检验等。

1.1.4 自动化生产线的发展趋势

20世纪20年代,随着汽车、滚动轴承、小型电动机和缝纫机等工业的发展,机械制造中开始出现自动化生产线,最早出现的是组合机床自动化生产线。在此之前,首先在汽车工业中出现了流水生产线和半自动化生产线,随后发展成为自动化生产线。第二次世界大战后,在工业发达国家的机械制造业中,自动化生产线的数量急剧增加。

自动化生产线的发展方向主要是提高可调性,扩大工艺范围,提高加工精度和自动化程度,与计算机结合,建造整体自动化车间与自动化工厂。

随着数控机床、工业机器人、计算机、通信等技术的发展以及成组技术的应用,使自动化生产线的灵活性更大,可实现多品种、中小批量生产的自动化。多品种可调自动化生产线降低了自动化生产线生产的经济批量,因而在机械制造业中的应用越来越广泛,并向更高度自动化的柔性制造系统发展。

1.1.5 自动化生产线的调整、维修和保养

一、自动化生产线的调整原则

自动化生产线的调整一般要遵循以下几条原则:

(1)首先调整自动化生产线中的每一个运动部件,使其满足控制要求。

(2)调整检测装置,使各部件运动位置的检测更准确。

(3)调整各联锁和互锁元件,使其满足动作要求。

(4)最后调整整个系统的动作情况,让整个动作满足"各个环节服从整个系统,而整个系统又满足各个环节"的要求。

二、自动化生产线的维修方法

自动化生产线维修的基本方法主要有同步修理法和分部修理法。

1. 同步修理法

在生产中,如发现故障,尽量不修,采取维持方法,使生产线继续生产。等到休息日,集中维修工、操作工对所有问题进行同时修理。设备在工作日可正常全线生产。

2. 分部修理法

自动化生产线如有较大问题,修理时间较长,则不能用同步修理法。这时利

用休息日，集中维修工、操作工对某一部分进行修理。待到下一个休息日，对另一部分进行修理，保证自动化生产线在工作时间不停产。另外，在管理中尽量采用预修的方法，在设备中安装计时器，记录设备工作时间，应用磨损规律来预测易损件的磨损，提前更换易损件，可以把故障提前排除，保证生产线满负荷生产。

三、自动化生产线保养注意事项

自动生产线保养要注意以下几点：

(1)电路、气路、油路及机械传动部位(如导轨等)在班前班后要检查和清理。

(2)工作过程中要巡检，重点部位要抽检，发现异样要记录，小问题在班前班后处理(时间不长)，大问题要做好配件准备。

(3)统一全线停机维修，做好易损件计划，提前更换易损件，防患于未然。

1.1.6 企业6S管理基本知识

6S管理由日本企业的5S管理扩展而来，是当今工厂行之有效的现场管理理念和方法。其作用是：提高效率，保证质量，使工作环境整洁有序，预防为主，保证安全。6S管理的本质是一种突出执行力的企业文化，强调纪律性，不怕困难，想到做到，做到做好，作为基础性的6S工作落实，能为其他管理活动提供优质的管理平台。

一、6S管理的主要内容

(1)整理(Seiri)。整理是指区分哪些是有用的、哪些是少用的、哪些是用不着的东西，然后将无用的东西清除出现场，只留下有用的和必要的东西。其目的是腾出空间，使空间活用，防止误用，营造清爽的工作场所。

(2)整顿(Seiton)。整顿是指将工具、器材、物料、文件等的位置固定下来，并进行标识，以便在需要时能够立即找到。其目的是使工作场所一目了然，消除寻找物品的时间，提供整洁的工作环境，消除过多的积压物品。

(3)清扫(Seisou)。清扫到没有脏污的干净状态，同时检点细小处。其目的是稳定品质，减少工业伤害。

(4)清洁(Seiketsu)。维持整理、整顿、清扫后没有脏污的清洁状态。

(5)安全(Safety)。所有的运作都必须考虑安全问题，严格遵守安全规则。其目的是建立起安全生产的环境，所有的工作应建立在安全的前提下。

(6)素养(Shitsuke)。以身作则，遵守规章制度，积极向上，养成良好的习惯。其目的是培养具有良好习惯、遵守规则的员工，营造团结精神。

二、开展 6S 管理工作的注意事项

1. 消除部分人员意识上的障碍

部分人员意识上的障碍主要表现在:

(1)认为 6S 管理太简单,芝麻小事,没有什么意义。

(2)虽然工作上问题多多,但与 6S 管理无关。

(3)工作上已经够忙的了,哪有时间再做 6S 管理。

(4)现在比以前已经好很多了,有必要再做 6S 管理吗?

(5)6S 管理虽然简单,却劳师动众,有必要吗?

(6)就算我想做好,那别人呢?

(7)做好了有什么好处?

2. 注重实际、循序渐进、持之以恒

(1)把少用、现在无用的多余物品放在现场是一种浪费。

(2)在不造成生产停顿的情况下,半成品、在制品越少越好。

(3)改善的前提是将问题暴露出来,要承认"一切故障和缺陷都是人为的,是可以预防和避免的"。

(4)从抓生产现场和班组建设入手,逐渐增加企业管理的深度和力度。

(5)培养员工良好的习惯,树立不断追求高效率、高质量的观念和牢固的安全意识,同时能持之以恒。

3. 成立推进组织

(1)成立推进组织是 6S 管理工作深入开展的动力。

(2)不同单位的推进组织可以不一样,但要符合实际情况,既有高层领导的支持,又能层层落实。

4. 广泛开展宣传活动

(1)将宣传工作贯彻于 6S 管理工作的始终。

(2)创造良好的活动气氛是一种无形的动力。

5. 制定管理及考核制度

(1)除了宣传、教育和培训工作外,有效的管理制度也很重要。

(2)适当的奖罚考核是提高员工积极性的动力。

1.1.7 具体工作任务及实践

(1)通过听课和自学的方式,了解自动化生产线的应用、含义、功能、类型及发展等内容。

(2)通过观看汽车生产线、饮料生产线、家电生产线等视频资料以及到图书馆查阅自动化生产线的相关资料,了解各种生产线的应用背景,并摘抄资料,进行讨论。

(3)学习有关6S管理的基本知识,理解其含义和实施的必要性以及6S管理在工厂管理中的应用情况,按照6S管理规范制定各小组的管理方案,并讨论和逐步实施。

(4)学习自动化生产线的调整、维修和保养的基本方法。

任务1.2 THWSPX-2A型自动化生产线认识及操作

THWSPX-2A型自动化生产线是一条微缩的工业生产线。在本任务中,首先初步认识THWSPX-2A型自动化生产线的基本组成和功能、控制面板的组成及各按钮的功能、各部件的作用,并下载各站程序进行单站操作,以熟悉各站的工艺流程及操作方式。

1.2.1 THWSPX-2A型自动化生产线的基本组成

THWSPX-2A型自动化生产线是为提高学生动手能力和实践技能而设计的一套实训设备。该装置由6个各自独立而又紧密相连的工作站和1个主控站组成。6个工作站分别为上料检测站、搬运站、加工站、安装站、安装搬运站和分类站。其外观如图1-4所示。

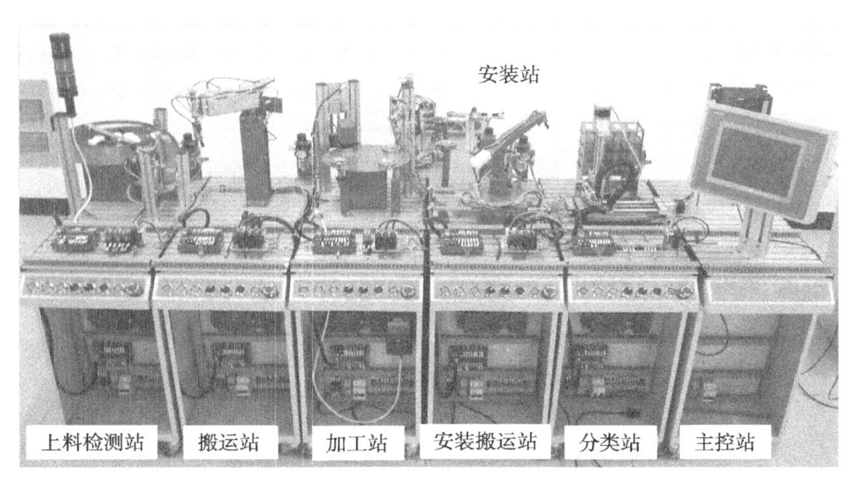

图1-4 THWSPX-2A型自动化生产线

该装置的每个工作站都是一个独立的机电一体化系统。各个单元的执行机构基本上以气动执行机构为主。在上料检测站的供料单元采用直流电机进行驱动;在加工站采用通用变频器驱动三相交流异步电动机来使回转工作台工作,该系统钻孔电机采用直流电机驱动;在分类站采用步进电机驱动定位装置。

传感器技术是机电一体化技术中的关键技术之一,是现代工业实现高度自动化的前提之一。THWSPX-2A设备应用电感式传感器、光电式传感器、磁性开关等,分别用于判断物体的运动位置、物体通过的状态、物体的颜色及材质等。

在控制方面,THWSPX-2A型自动化生产线中每站都由一台S7-200 CPU224型PLC单独控制,并接有EM277 Profibus-DP模块,可以通过电缆接入Profibus-DP网络,并由S7-300 PLC主站负责各站之间的信息传送(工件颜色、装配信息以及各站输入输出的信号)。其PLC控制网络的结构如图1-5所示。

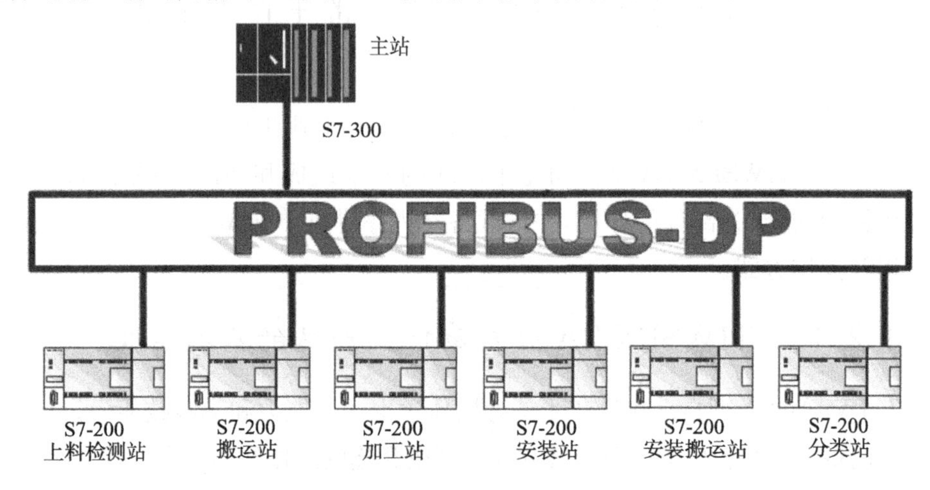

图1-5　PLC控制网络的结构

THWSPX-2A型自动化生产线包含机电一体化等专业所涉及的电机驱动技术、气动控制技术、PLC控制技术、传感器技术等,如图1-6所示。

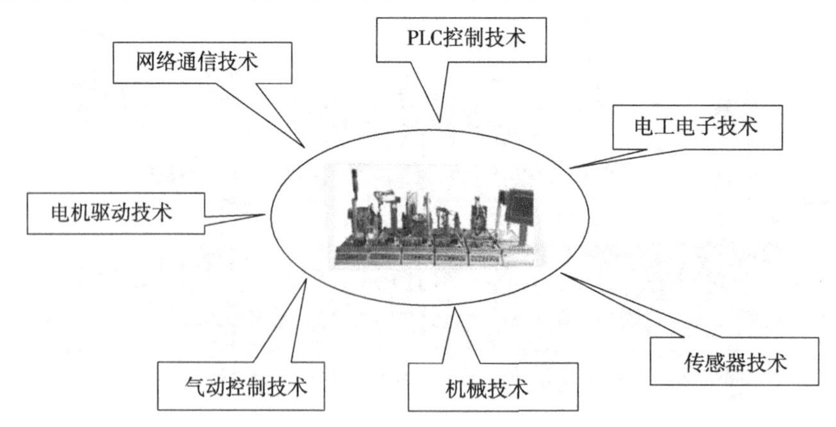

图1-6　THWSPX-2A型自动化生产线涉及的技术

1.2.2　THWSPX-2A型自动化生产线的基本功能

THWSPX-2A型自动化生产线主要是对黑、白两种工件进行供给、检测、搬运、加工、装配、分类等流程的操作。图1-7给出系统中工件从一站到另一站的传递过程：上料检测站将大工件按顺序排好后提升送出；搬运站将大工件从上料检测站搬至加工站；加工站将大工件加工后送到待取工位；安装搬运站将大工件搬至安装工位并放下；安装站将对应的小工件装入大工件中；安装搬运站将安装好的工件送至分类站；分类站将工件送入相应的料仓。

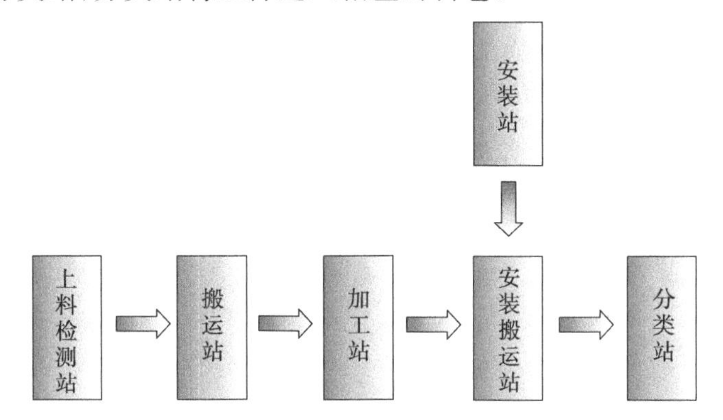

图1-7　THWSPX-2A型自动化生产线工作过程

各站的基本功能如下：

(1)上料检测站的基本功能：供料单元(回转上料盘)运转后，将工件通过滑槽依次送到料台。当提升单元检测到工件时，提升装置将工件提升，并通过光电开关检测工件颜色。

(2)搬运站的基本功能：在上料检测站将工件提升后，将工件从上料检测站搬至加工站的进料工位。

(3)加工站的基本功能：搬运站将工件放到加工站的进料工位后，由回转工作台将工件在四个工位间转换，分别完成工件的钻孔以及钻孔深度的检测，最后加工合格的工件被送到待取工位。

(4)安装站的基本功能：在安装搬运站将加工站加工合格的工件从待取工位取走，放到安装工位后，由安装站选择要安装工件的料仓，将黑、白小工件从料仓中推出，并由装有气动吸盘的摆臂将小工件安装到安装工位上大工件的孔内，完成装配过程。

(5)安装搬运站的基本功能：将加工站加工合格的工件从待取工位取走，放到安装工位，等工件安装好后，将工件送到分类站的等待位置。

(6)分类站的基本功能：等待位置接收到安装搬运站送来的安装好的工件后，按工件类型分类，将工件推入立体库房。

(7)主控站的基本功能:主要收集各站的信息,如各站的状态、工件信息以及各站输入输出信息等,并利用触摸屏进行监控。

各站主要采用PLC控制,主要通过光电式传感器、电感式传感器、磁性开关、行程开关等获取现场设备的工作状态;动作的实现主要由气缸、直流电机、交流电机、步进电机等提供动力。

1.2.3 自动化生产线加工的工件

THWSPX-2A型自动化生产线实训系统提供的工件有大工件和小工件2种,如图1-8所示。

大工件:直径32 mm;高度22 mm;内孔直径24 mm;内孔深度10 mm;材质为塑料;颜色为黑、白2种。

小工件:直径22 mm;高度10 mm;材质为塑料;颜色为黑、白2种。

图1-8 加工工件

1.2.4 自动化生产线控制面板

自动化生产线中各站都可通过一块控制面板来控制各站按要求进行工作,每个控制面板上有5个按钮开关、2个选择开关和1个急停开关。这些按钮开关及按钮灯通过24芯电缆C1与控制板上的I/O接口板(C1)相连,通过I/O接口板接收信号并将其发送到PLC,如图1-9所示。

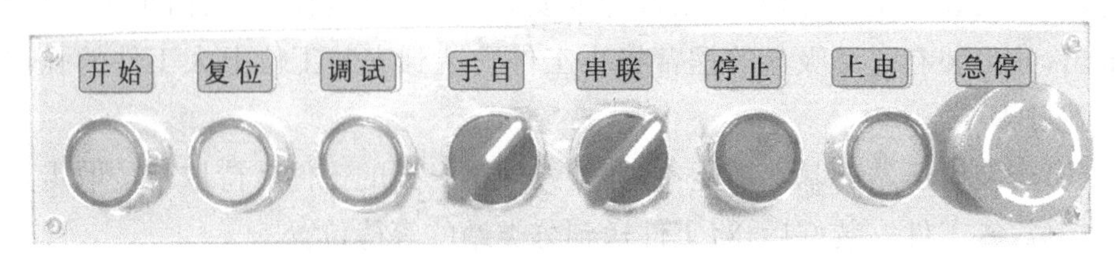

图1-9 控制面板

各按钮开关的特征及控制功能见表1-1。

表1-1 各开关的特征及控制功能

序号	特征	名称	功能
1	带灯按钮,绿色	开始	开始本站的控制流程
2	带灯按钮,黄色	复位	使本站各部件处于初始状态
3	按钮,黄色	调试按钮	按调试按钮后使本站运行部分流程,便于调试
4	两位旋钮,黑色	手动/自动	选择手动或自动工作方式
5	两位旋钮,黑色	单站/联网	选择单站或联网工作方式
6	按钮,红色	停止	停止本站工作
7	带灯按钮,绿色	上电	使本站24 V直流电源接通
8	急停按钮,红色	急停	在紧急情况下切断本站的传感器及执行部件的直流电源

1.2.5 各站控制板认识

各站的控制板基本相同,上料检测站、搬运站、安装站和安装搬运站的控制板主要由西门子S7-200 CPU224 PLC、EM277、I/O接线板(C1接线板)、端子排、断路器、熔断器、继电器、开关电源等组成,如图1-10(a)所示。加工站除了有上述装置外,还增加了一个西门子MM420变频器,如图1-10(b)所示。分类站增加了步进电机驱动装置M415B,如图1-10(c)所示。

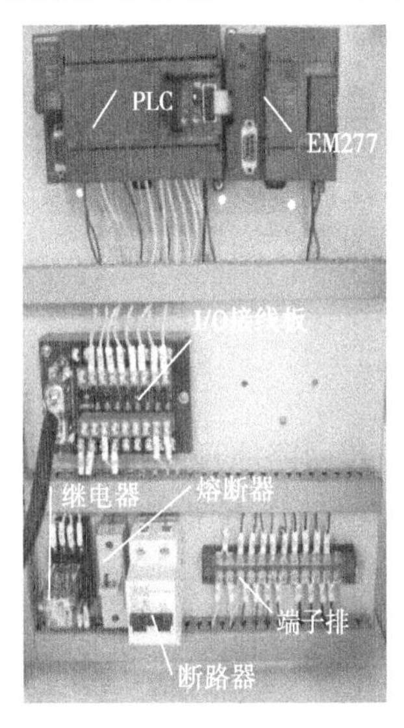

(a)普通控制板

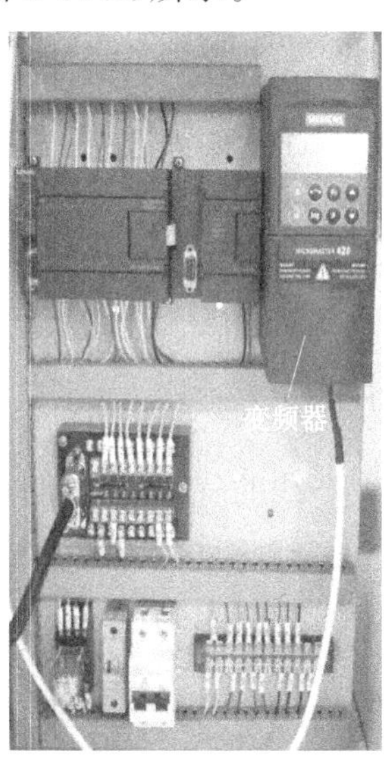

(b)含变频器的控制板

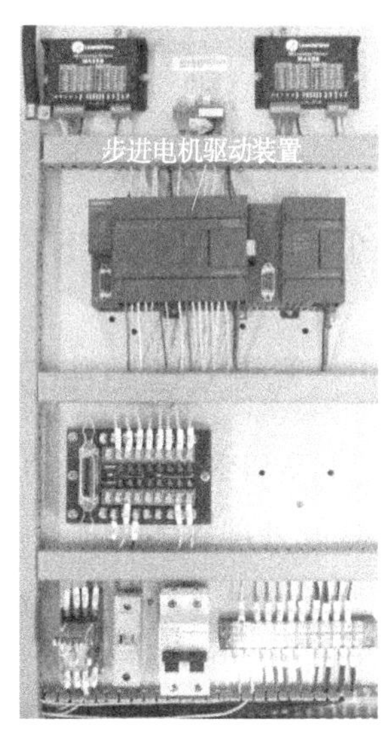

(c)含步进电机驱动装置的控制板

图1-10 各站控制板

控制板上的PLC通过24芯电缆与各站台面上的I/O接线板(C4)连接,用于接收台面上传感器等控制信号以及驱动各执行部件,同时也与控制板上的I/O接线板(C1)相连,用于接收控制按钮信号以及驱动按钮指示灯。

EM277在六站联网通信时将各站联入Profibus-DP网络。I/O接线板(C1)通过24芯电缆与控制面板的按钮及按钮指示灯相连,同时通过该板与PLC的输入输出点相连。端子排主要用于直流电源的连接。

断路器、熔断器、继电器、开关电源以及控制面板上的上电按钮等组成电源控制电路,如图1-11所示,开关电源在控制板的背面。在接通220 V交流电源后,经开关电源输出24 V直流电,当按下上电按钮SB5时,K0通电自锁,上电灯点亮,同时接通K0的常开触点。图1-11中的1L/2L接到PLC输出端的1L/2L上,为各执行部件提供24 V直流电源。当按下急停按钮SB6时,K0断电,上电灯灭,执行部件的24 V直流电源被切断。

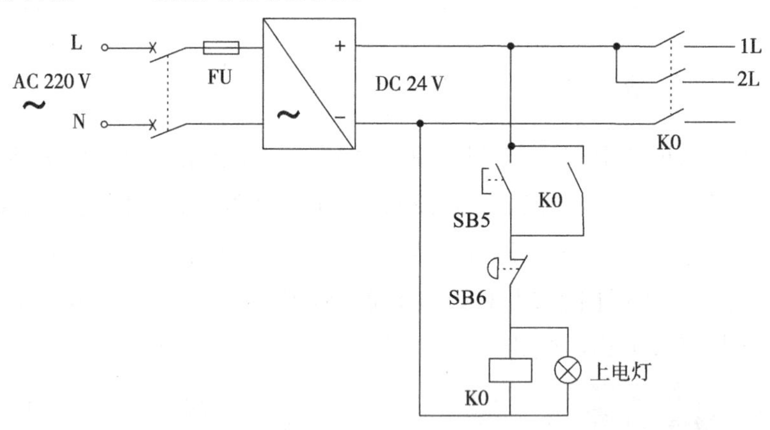

图1-11 各站电源控制电路

1.2.6 THWSPX-2A型自动化生产线各站操作

一、气源处理组件的使用

THWSPX-2A型自动化生产线的气源处理组件及其回路原理图如图1-12所示。气源处理组件采用的是过滤、调压二联件,主要作用是除去压缩空气中所含的杂质及凝结水,调节并保持恒定的工作压力。

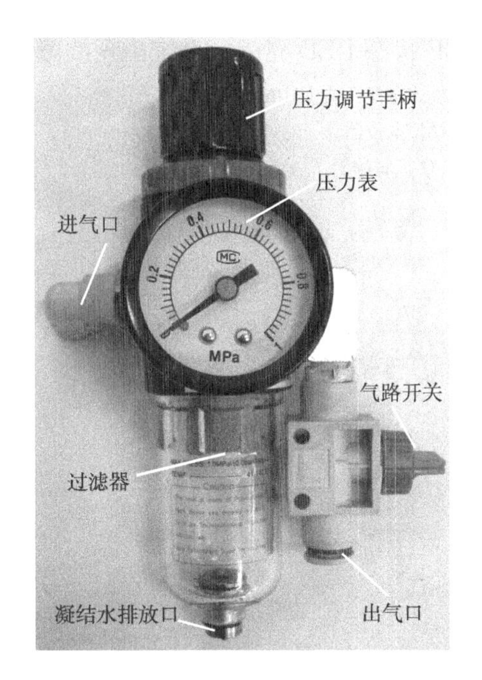

(a)气源处理组件实物

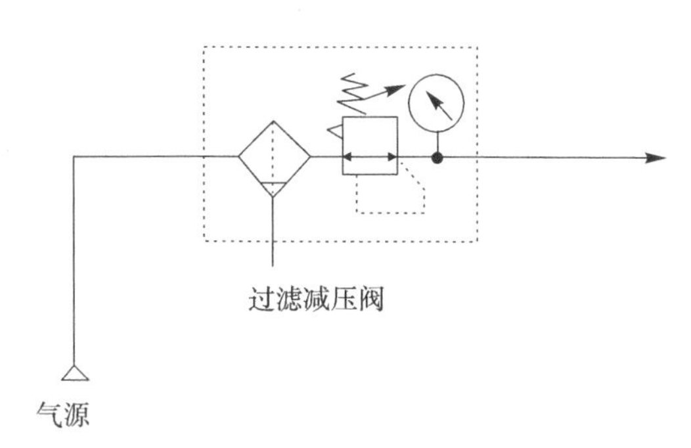

(b)气动原理图

图1-12 气源处理组件实物及气动原理图

气源处理组件由过滤器、压力表等组成,安装在可旋转的支架上。过滤器有分水装置,可除去压缩空气中的冷凝水、颗粒较大的固态杂质和油滴。减压阀可以控制系统中的工作压力,同时能对压力作出补偿。

在使用气源处理组件时,应注意经常检查滤杯中凝结水的水位,在超过最高标线以前,必须排放,以免被重新吸入。排放时,用手指顶住凝结水排放口的排水阀。气源处理组件的气路入口处装有一个气路开关,用于启闭气源。把气路开关旋到与管路垂直位置时,关闭气源;把气路开关旋到与管路平行位置时,气路接通。调节压力时,将压力调节手柄外套向上提起,旋动调节手柄,调到合适压力后,向下按下压力调节手柄外套即可。

气源处理组件的输入气源来自空气压缩机,所提供的压力为0.6~1.0 MPa,输出压力为0~0.8 MPa。输出的压缩空气通过快速三通接头和气管输送到各工作单元。

二、S7-200 PLC的使用

在自动化生产线中,每一站都安装了一台西门子S7-200 CPU224 PLC,用于系统控制,它就像人的大脑,用于思考和判断,指挥完成自动化生产线中的每一个动作。

1. S7-200 CPU224 PLC的外形结构

S7-200 CPU224 PLC的外形结构如图1-13所示,其主要组成部件介绍如下。

工作模式开关:S7-200 CPU224 PLC用三挡开关选择RUN、TERM和STOP

等工作状态,其状态由状态LED显示,其中,SF状态LED亮表示系统出现故障。

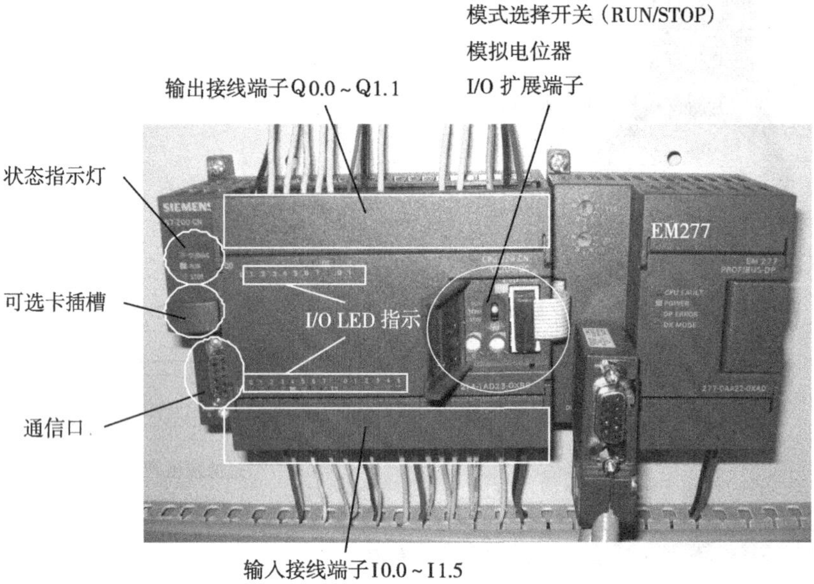

模式选择开关(RUN/STOP)
模拟电位器
I/O扩展端子
输出接线端子Q0.0~Q1.1
状态指示灯
可选卡插槽
I/O LED指示
通信口
输入接线端子I0.0~I1.5

图1-13 S7-200 CPU224 PLC外形结构

通信接口:PORT0用于PLC与个人计算机进行通信连接。

输入输出接口:各输入输出点的状态用输入输出状态LED显示,外部接线在可拆卸的插座型接线端子板上。对应的输入继电器I0.0~I0.7、I1.0~I1.5共14个输入点,输出继电器Q0.0~Q0.7、Q1.0~Q1.1共10个输出点。

模拟电位器:S7-200 CPU有0和1两个模拟电位器,用小型旋具调节模拟电位器,可将0~255之间的数值分别存入特殊存储器字节SMB28和SMB29中,可以作为定时器、计数器的预置值和过程量的控制参数。

可选卡插槽:使用时可将选购的EEPROM卡或电池卡插入插槽内。

2. S7-200 CPU的工作模式及设置

S7-200 CPU的工作模式主要有停止和运行2种。在停止模式下,S7-200 CPU不执行程序,此时可以下载程序、数据和进行CPU系统设置;在运行模式下,S7-200 CPU执行程序。

改变S7-200 CPU工作模式的方法有以下几种:

(1)使用模式开关。把开关拨到RUN或STOP位置,在TERM时为不改变当前操作模式。

(2)CPU上的模式开关在RUN或TERM时,可以用STEP 7 Micro/WIN编程软件工具条上的按钮控制CPU的运行,用按钮控制CPU的停止。

(3)在程序中插入STOP指令,可在条件满足时将CPU设置为停止模式。

3. 连接 PLC 和计算机

如图 1-14 所示，将 PC/PPI 电缆线侧面的开关拨到“11 位”上，将电缆的 PC-RS232 端接在计算机的 COM1 或 COM2 口上，将 PPI-RS485 端接在 PLC 的通信口上(PORT0)，此时的通信传输速率为 9.6 kbps。注意：不要误接到 EM277 的通信口。最后接通 PLC 及计算机电源。

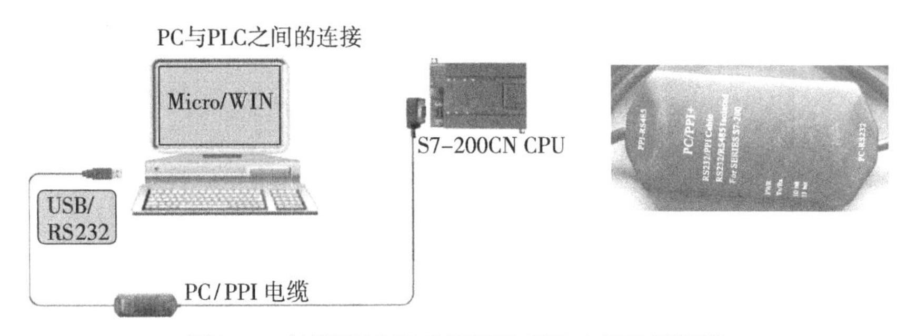

图 1-14　计算机与 PLC 连接及 RS232/PPI 适配器

4. 通信参数检查与设置

(1) 在计算机上找到 STEP 7 Micro/WIN 的图标，双击打开 STEP 7 Micro/WIN。

(2)在浏览条的“查看”中单击“通讯”图标，会出现“通信”对话框，如图 1-15 所示。在窗口右侧显示计算机将通过 PC/PPI 电缆与 PLC 通信，并且本地编程计算机的网络通信地址是 0，在传输速率中钩选“搜索所有波特率”的方框。

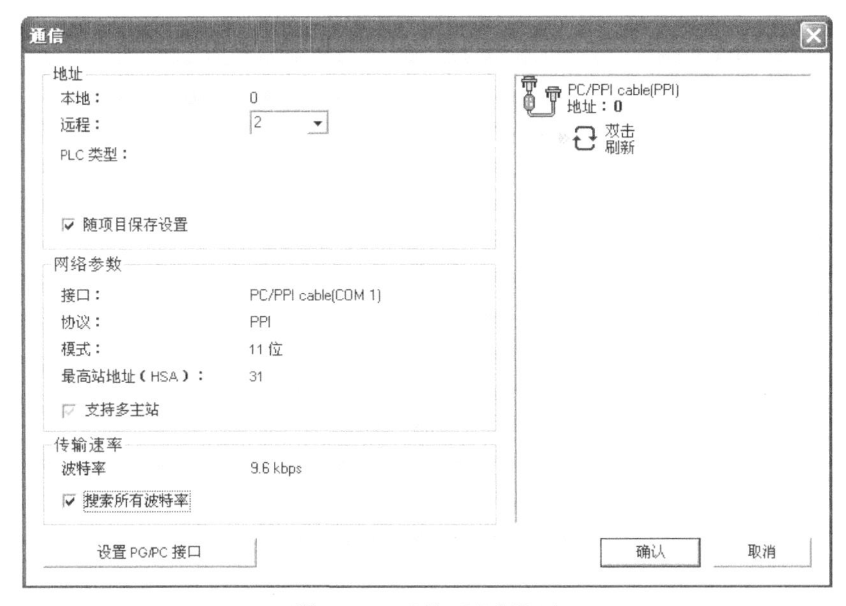

图 1-15　“通信”对话框(1)

(3)在“通信”对话框中双击 PC/PPI 电缆图标 PC/PPI cable(PPI) 地址：0 ，将会出现“设置 PG/PC 接口”对话框，如图 1-16 所示，选择“PC/PPI cable (PPI)”。

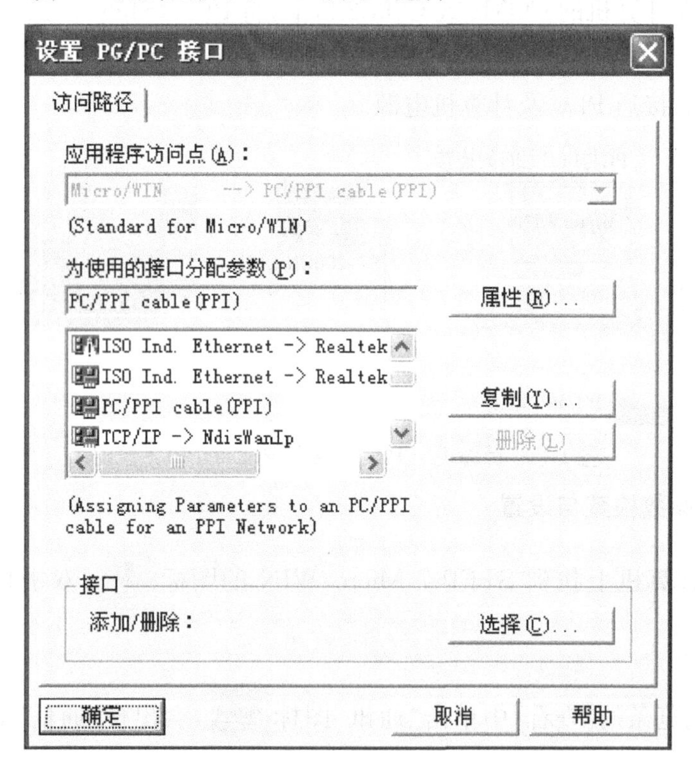

图 1-16 “设置 PG/PC 接口”对话框

(4)单击“属性”按钮，将出现接口属性对话框，检查各参数是否正确，波特率默认为9.6 kbps，如图 1-17 所示。如都正确，点击“确定”返回。

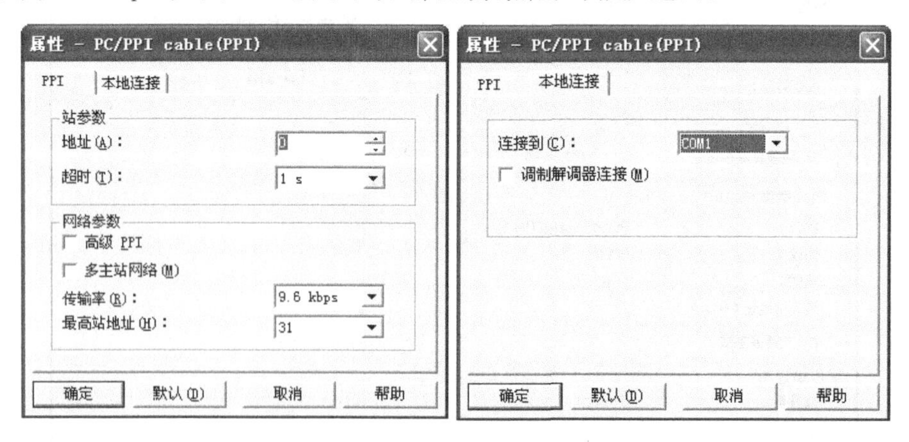

图 1-17 在“属性”对话框查看和设置相关参数

(5)在上述(3)、(4)已经设置好的基础上，双击图 1-15 对话框中的刷新图标双击刷新，编程软件将检查所连接的 S7-200 CPU 站，并为每个站建立一个 CPU 图标，如图 1-18 所示。然后单击“确认”按钮，此时说明 PLC 与计算机之间建立了通信。

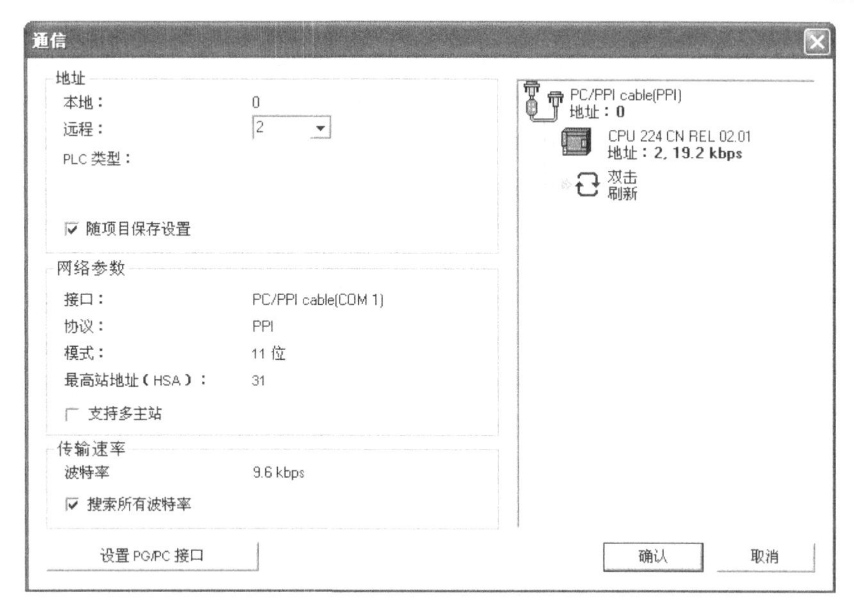

图 1-18　“通信”对话框(2)

5. 打开各站程序文档

单击按钮，在相应的文件夹里找到上料站等 6 站的程序，选定相应程序后，在“打开”对话框中打开程序，如图 1-19 中 1、2、3 所示。

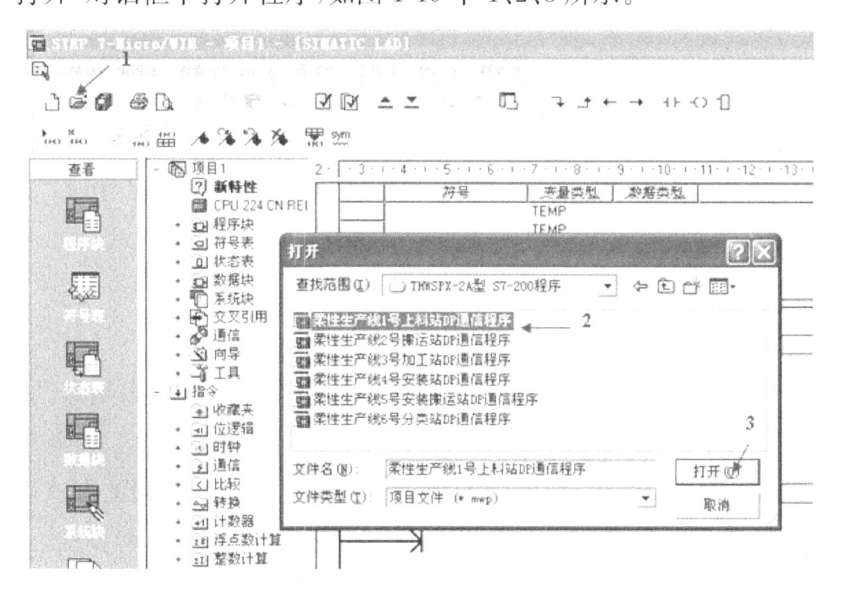

图 1-19　打开源程序的过程

6. 下载各站程序至各站 PLC 并运行

(1)在程序被下载至 PLC 之前,点击工具条中的“停止”按钮 ■ ,使 PLC 置于“停止”模式。

(2)单击工具条中的“下载”按钮 ,或选择“文件”菜单中的“下载”命令,即可出现“下载”对话框,如图 1-20 所示。

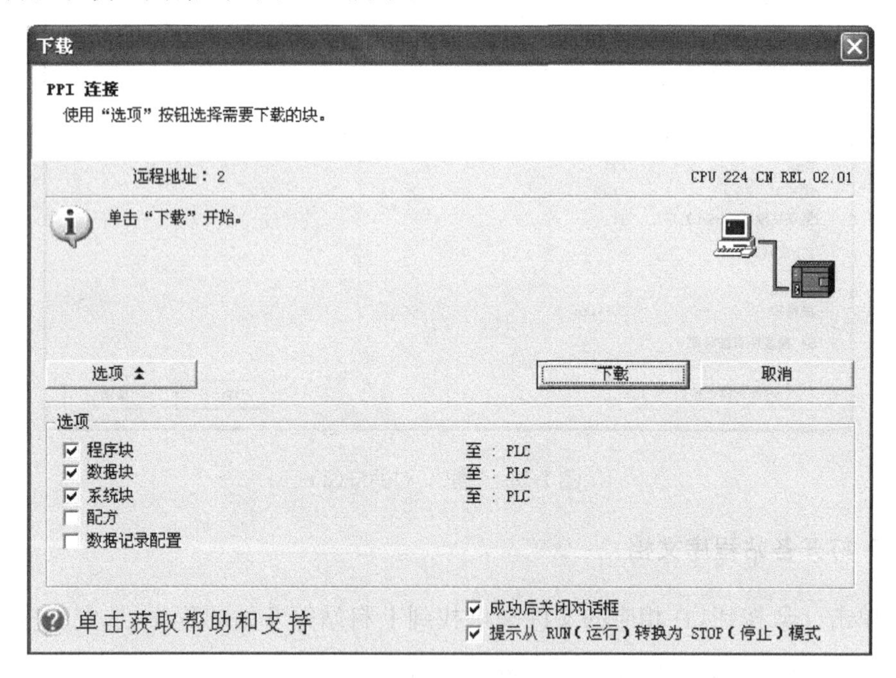

图 1-20 “下载”对话框

(3)单击“下载”对话框中的“下载”按钮,开始下载程序。

(4)下载成功后,在 PLC 运行程序之前,必须将 PLC 从 STOP(停止)模式转换回 RUN(运行)模式。单击工具条中的“运行”按钮 ,或选择“PLC”菜单中的“运行”命令,使 PLC 进入 RUN(运行)模式。

三、S7-200 PLC 编址方式

S7-200 PLC 软元件的地址编号采用区域标志符加上区域内编号的方式,主要有输入/输出继电器区、定时器区、计数器区、通用辅助继电器区、特殊辅助继电器区等,这些区域可以用 I、Q、T、C、M、SM 等字母来表示。其编址方式可分为位(bit)编址、字节(Byte)编址、字(Word)编址和双字(Double Word)编址。

位编址方式:(区域标识符)字节号・位号,例如 I0.0、Q1.0 和 M0.0。

字节编址方式:(区域标识符)B(字节号),例如 IB1 表示 I1.0～I1.7 这 8 位

组成的字节。

字编址方式：(区域标识符)W(起始字节号)，最高有效字节为起始字节。例如VW0表示由VB0和VB1这两个字节组成的字。

双字编址方式：(区域标识符)D(起始字节号)，最高有效字节为起始字节。例如VD0表示由VB0和VB3这四个字节组成的双字。

四、S7-200 PLC内部元件

S7-200系列PLC的数据存储区按存储器存储数据的长短可划分为字节存储器、字存储器和双字存储器三类。字节存储器有输入映像寄存器I、输出映像寄存器Q、变量存储器V、位存储器M、特殊标志位存储器SM、顺序控制状态寄存器S、局部变量存储器L等7个。字存储器有定时器T、计数器C、模拟量输入寄存器AI、模拟量输出寄存器AQ等4个。双字存储器有累加器AC和高速计数器HC。常用的内部元件介绍如下。

1. 输入映像寄存器I(输入继电器)

输入继电器是PLC用来接收用户设备输入信号的接口，S7-200输入映像寄存器区域有I0.0～I15.7，是以字节(8位)为单位进行地址分配的。224CPU为I0.0～I1.5，共14个。注意PLC的输入继电器只能由外部信号驱动。

2. 输出映像寄存器Q(输出继电器)

输出继电器是用来将输出信号传送到负载的接口，S7-200输出映像寄存器区域有Q0.0～Q15.7，也是以字节(8位)为单位进行地址分配的。224CPU为Q0.0～Q1.1，共10个。

3. 位存储器M

位存储器用来保存控制继电器的中间操作状态或控制信息，其地址范围为M0.0～M31.7，其作用相当于继电器控制中的中间继电器。位存储器在PLC中没有输入/输出端与之对应，其线圈的通断状态只能在程序内部用指令驱动，其触点可用于程序中。

4. 特殊标志位存储器SM

特殊标志位存储器提供CPU的状态和控制功能，用来在CPU和用户程序之间交换信息。特殊标志位存储器能以位、字节、字或双字来存取。常用的有SM0.0，该位总是为“ON”。SM0.1首次扫描循环时，该位为“ON”。SM0.4、SM0.5提供1分钟和1秒钟时钟脉冲。SM1.0、SM1.1和SM1.2分别是零标志、溢出标志和负数标志。

5. 变量存储器 V

变量存储器主要用于存储变量,可以存放数据运算的中间运算结果或设置参数,在进行数据处理时,变量存储器会被经常使用。变量存储器可以是位寻址,也可以字节、字、双字为单位寻址,其位存取的编号范围根据 CPU 的型号有所不同,CPU224/226 为 V0.0~V5119.7,共 5KB 存储容量。

6. 定时器 T

S7-200 PLC 所提供的定时器的作用相当于继电器控制系统中的时间继电器,用于时间累计。每个定时器可提供无数对常开和常闭触点供编程使用,其设定时间由程序设置。定时器有 T0~T255,其分辨率(时基增量)分为 1 ms、10 ms 和 100 ms 三种。

7. 计数器 C

计数器用于累计计数输入端接收到的由断开到接通的脉冲个数。计数器可提供无数对常开和常闭触点供编程使用,其设定值由程序赋予,计数器有 C0~C255,有加计数 CTU、减计数 CTD 和加减计数 CTUD。

五、常用指令

S7-200 PLC 的位操作指令有触点和线圈两大类,触点又分为常开触点和常闭触点两种形式。位操作指令可以实现与、或以及输出等逻辑关系,能够实现基本的逻辑运算和控制。位操作指令见表 1-2。

表 1-2 位操作指令

指令格式	功能描述	梯形图举例与对应指令		操作数
LD bit	装载,常开触点逻辑运算的开始,对应梯形图则为在左侧母线或线路分支点处初始装载一个常开触点	I0.1	LD I0.1	I、Q、M、SM、T、C、V、S
LDN bit	取反后装载,常闭触点逻辑运算的开始,对应梯形图则为在左侧母线或线路分支点处初始装载一个常闭触点	I0.1 /	LDN I0.1	

续表

指令格式	功能描述	梯形图举例与对应指令		操作数
= bit	输出指令，与梯形图中的线圈相对应。驱动线圈的触点电路接通时，有“能流”流过线圈，输出指令指定的位对应的映像寄存器的值为 1，反之为 0。被驱动的线圈在梯形图中只能使用一次。“=”可以并联使用任意次，但不能串联	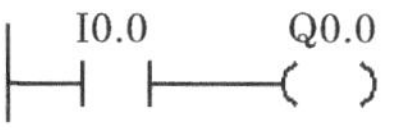 I0.0　Q0.0	LD I0.0 = Q0.0	Q、M、SM、T、C、V、S，但不能用于输入映像寄存器 I
A bit	与操作，在梯形图中表示串联连接单个常开触点	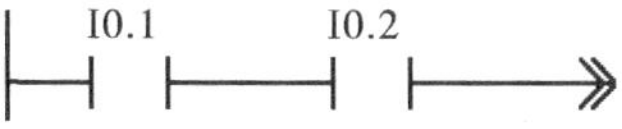 I0.1　I0.2	LD I0.1 A I0.2	I、Q、M、SM、V、S、T、C
AN bit	与非操作，在梯形图中表示串联连接单个常闭触点	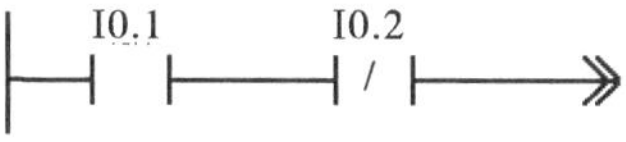 I0.1　I0.2	LD I0.1 AN I0.2	
O bit	或操作，在梯形图中表示并联连接一个常开触点	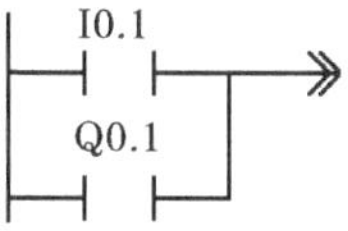 I0.1 Q0.1	LD I0.1 O Q0.1	
ON bit	或非操作，在梯形图中表示并联连接一个常闭触点	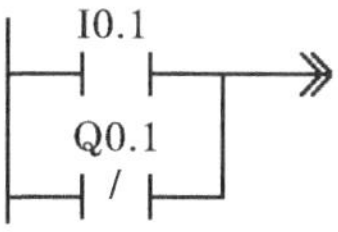 I0.1 Q0.1	LD I0.1 ON Q0.1	
S S-bit，N R S-bit，N	置位指令 S、复位指令 R，在使能输入有效后，对从起始位 S-bit 开始的 N 位置“1”或置“0”并保持。 对同一元件（同一寄存器的位）可以多次使用 S/R 指令（与“=”指令不同）。由于是扫描工作方式，当置位、复位指令同时有效时，写在后面的指令具有优先权。 置位、复位指令通常成对使用，也可以单独使用，或与指令盒配合使用	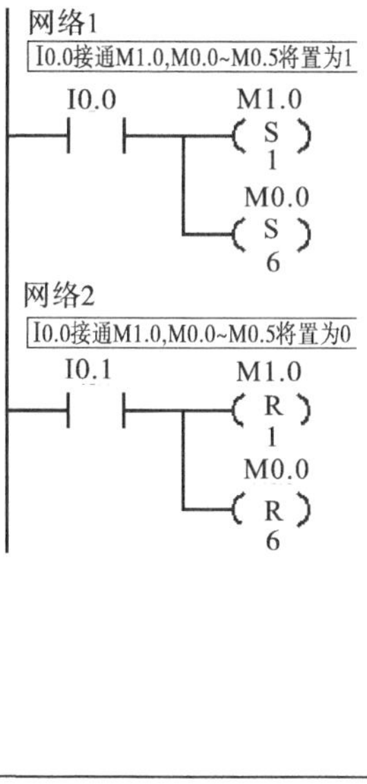 网络1 I0.0接通M1.0,M0.0~M0.5将置为1 I0.0　M1.0 (S 1) M0.0 (S 6) 网络2 I0.0接通M1.0,M0.0~M0.5将置为0 I0.1　M1.0 (R 1) M0.0 (R 6)	网络 1 LD I0.0 S M1.0，1 S M0.0，6 网络 2 LD I0.1 R M1.0，1 R M0.0，6	操作数 N 为 VB、IB、QB、MB、SMB、SB、LB、AC、常量、*VD、*AC、*LD。取值范围为 0～255。数据类型为字节。 操作数 S-bit 为 I、Q、M、SM、T、C、V、S、L。数据类型为布尔

续表

指令格式	功能描述	梯形图举例与对应指令		操作数
EU ED	EU 指令:在 EU 指令前的逻辑运算结果有一个上升沿时(由 OFF→ON),产生一个宽度为一个扫描周期的脉冲,驱动后面的输出线圈。 ED 指令┤T├:在 ED 指令前有一个下降沿时,产生一个宽度为一个扫描周期的脉冲,驱动其后线圈。 该指令在程序中检测其前方逻辑运算状态的改变,将长信号变成短信号	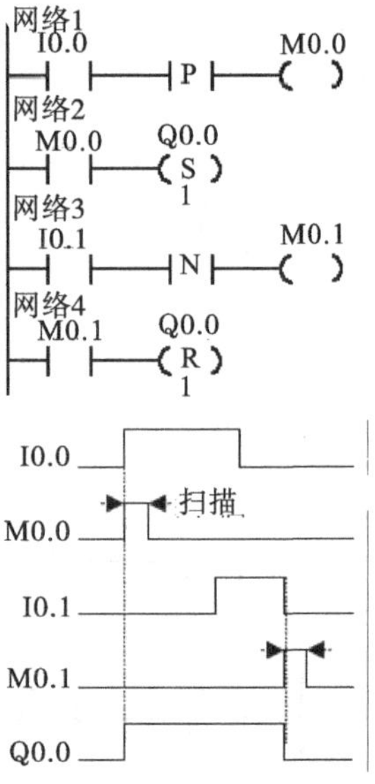 网络1 I0.0 P M0.0 ( ) 网络2 M0.0 Q0.0 (S) 1 网络3 I0.1 N M0.1 ( ) 网络4 M0.1 Q0.0 (R) 1 I0.0 扫描 M0.0 I0.1 M0.1 Q0.0	网络 1 LD I0. 0 EU = M0. 0 网络 2 LD M0. 0 S Q0. 0,1 网络 3 LD I0. 1 ED = M0. 1 网络 4 LD M0. 1 R Q0. 0, 1	无操作数
NOT	取反指令,将 NOT 指令之前的运算结果取反	 ┤NOT├	NOT	无操作数

六、各站操作步骤

(1)开启气源,接通电源,检查并调整过滤减压阀的压力,使其保持在 0. 6 MPa。

(2)按下“上电”按钮,接通系统 24 V 直流电源。

(3)分别下载每站程序到相应的 PLC,并将 PLC 置于“RUN”工作方式。

(4)进行单站运行时,将“单站/联网”开关打在“单站”位置,将“手动/自动”开关打在“手动”位置。

(5)复位灯闪烁时,按下“复位”按钮,开始灯闪烁时,按下“开始”按钮,观察各站运行情况。

(6)当各站停止运行时,按下“调试”按钮,观察各站运行情况。

七、操作注意事项

(1)实验室的气源、电源应在老师的指导下进行使用。

(2)各站气动系统的使用压力不得超过 0. 8 MPa。各站的供气由各站的过滤减压阀供给,额定使用气压为 0. 6 MPa。

(3)在各站工作前检查各站是否漏气,如有漏气,应及时排除后再使用设备。

(4)接通气源和长时间停机后开始工作时,个别气缸可能会运行过快,应特别当心。

(5)设备在运行期间,不要人为干涉其正常工作过程。

(6)操作设备时,按照操作步骤进行。

(7)设备工作时,如发现机械机构卡死、有异常气味、漏电、触电等情况,应及时切断电源和气源。

(8)当任一站出现异常时,按下该站"急停"按钮,该站会立刻停止运行。当排除故障后,按下"上电"按钮,该站可从刚才的断点继续运行。

1.2.7 具体工作任务及实践

(1)了解 THWSPX-2A 型自动化生产线的结构和功能,并对照自动化生产线熟悉各站的结构、组成和功能。

(2)认识控制面板,熟悉各控制按钮及功能。

(3)认识控制板,熟悉各部件的位置及基本功能。

(4)下载各站程序,单独操作各站,观察各站的工作情况,理解各站的工作流程。

项目 2　上料检测站的安装与调试

学习目标

□掌握上料检测站的功能，熟悉其组成及各部分的结构。
□熟悉各气动原件，理解上料检测站的气动控制原理。
□认识并掌握磁性开关、光电开关的工作原理及其应用。
□掌握直流电机、报警装置、提升检测装置的控制方法。
□按照上料检测站的工作流程，编写 PLC 控制程序。
□通过上料检测站的安装与调试，学会有计划、有目的地完成工作任务，具有安全、团结合作意识。
□学会查阅 PLC、继电器、报警器、光电开关、磁性开关等资料以及获取有用信息的方法。

任务 2.1　上料检测站的认知

2.1.1　上料检测站的功能与结构组成

工件或物料的供给是整个自动化生产线中的重要环节。上料检测站是整条自动化生产线的开始部分，其主要功能是：在系统开始运行后，由供料机构的回转供料仓将工件送出，再由滑道将工件送到提升装置的料台上，再由提升装置将工件提升并检测工件的颜色信息，最后等待搬运站将工件取走。

上料检测站工作台主要由供料单元、提升检测单元、报警单元、导轨单元、控制按钮面板等组成，如图 2-1 所示。此外，装置下方还有一块控制板，控制板的相关内容在项目 1 中已详细介绍过。控制板上面主要有 S7-200 CPU224 PLC、EM277、I/O 接口板、开关电源以及电源控制电器等。

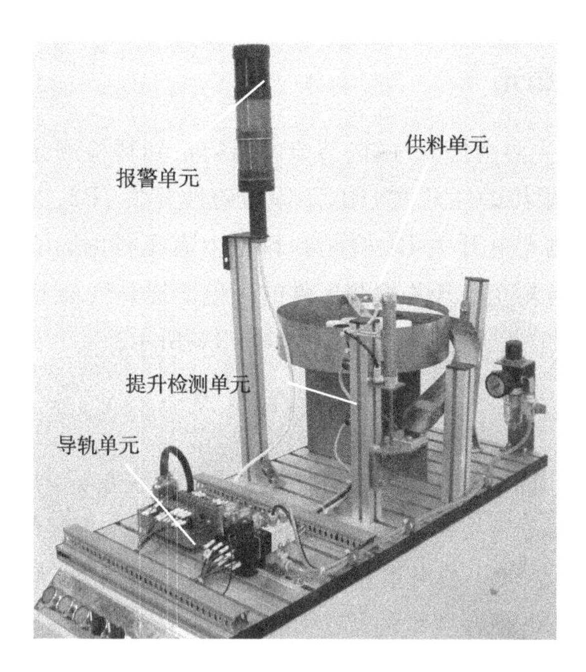

图 2-1　上料检测站的组成

一、供料单元

供料单元主要由导向料仓、直流电机、滑道、支架等组成，用于大工件的供给。直流电机通过连接块与轴承相连，其工作电源是 DC 24 V，导向料仓的转盘由螺钉固定在轴承上。当直流电机通电时，电机带动转盘转动，这时工件顺着导向装置运动到滑道口，经滑道滑下，如图 2-2 所示。

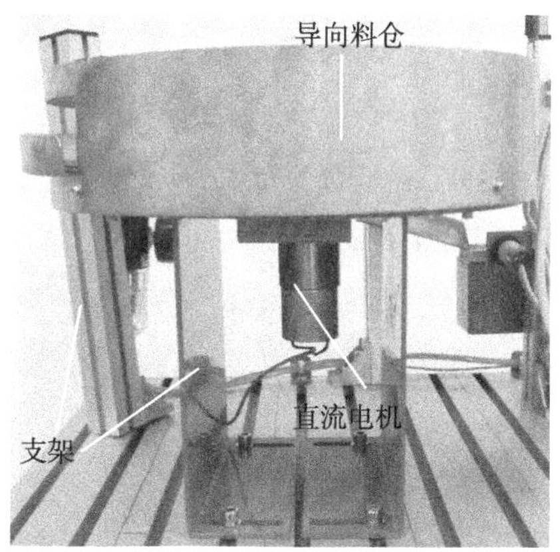

图 2-2　供料单元

二、提升检测单元

提升检测单元主要由提升气缸、节流阀、料台、到料检测光电开关B1、颜色检测光电开关B2、上限位磁性开关1B1、下限位磁性开关1B2、支架等组成。其主要功能是:当到料检测光电开关B1检测到料台上有工件时,由提升气缸将料台提升,提升后由颜色检测光电开关检测工件的颜色。提升气缸上下的位置由磁性开关1B1和1B2检测。提升检测单元结构如图2-3所示。

三、报警单元

报警单元主要由报警蜂鸣器和报警灯组成。报警单元的黑色部分为报警蜂鸣器,红色和绿色部分为报警灯(在本系统中只用了一个报警灯)。报警单元主要用于指示系统工作状态并发出报警声,当出现缺料时,报警灯会亮,当出现卡料时,报警蜂鸣器会响。报警装置的每节都可以拆下,拆卸时逆时针旋转该节,使上下节的对准线对准,向外轻轻一拽即可卸下。安装时将上下节对准线对准,然后按箭头指示,沿顺时针旋转,即可完成安装,如图2-4所示。

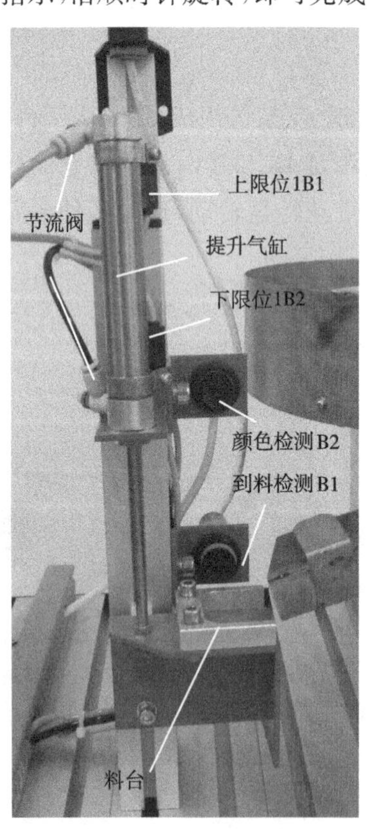

图2-3 提升检测单元

图2-4 报警单元

四、导轨单元

导轨单元主要由二位五通单电控电磁阀，继电器 K1、K2、K3，I/O 接线板(C4接线板)等组成，它们都安装在导轨上，如图 2-5 所示。导轨单元主要用于气缸控制、供料单元直流电机控制以及报警灯、报警声的控制，将装置上磁性开关、光电开关检测到的信号通过 I/O 接线板送到控制器 PLC 中，并将 PLC 的输出驱动信号通过 I/O 接线板送到台上，用以驱动电磁阀、继电器线圈，控制各部件工作。

图 2-5　导轨单元的组成

2.1.2　上料检测站的气动控制系统

气动技术与液压、机械、电气和电子等技术一起，互相补充，已发展成为实现生产过程自动化的一种重要手段，在机械工业、冶金工业、轻纺工业、食品工业、化工、交通运输、航空航天、国防建设等行业与部门已得到广泛的应用。在上料检测站及自动化生产线的其他各站都使用了大量的气动元件。

一、气压传动简介

1. 气压传动的概念

气压传动简称“气动”，是指以压缩空气为工作介质来传递动力和控制信号，控制和驱动各种机械和设备，以实现生产过程机械化、自动化的一门技术。气压传动具有防火、防爆、防电磁干扰，抗振动、冲击、辐射，无污染，结构简单，工作可靠等特点。

2. 气压传动系统的组成

气压传动系统是一种能量转换系统，典型的气压传动系统由气源装置、执行元件、控制元件和辅助元件4个部分组成,如图2-6所示。

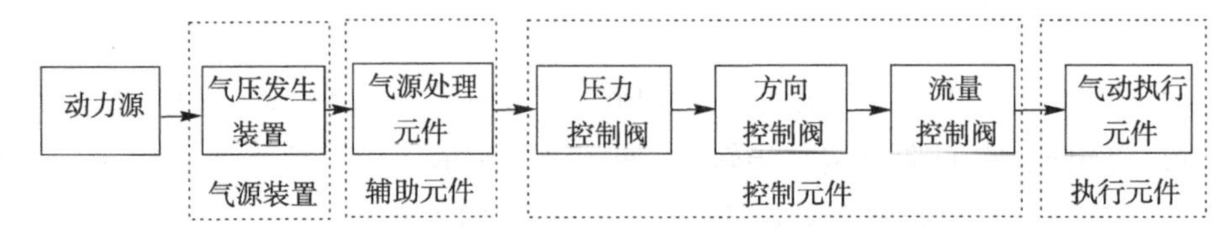

图2-6 气压传动系统的组成

气压发生装置又称“气源装置”,是获得压缩空气的能源装置,其主体部分是空气压缩机,另外还有气源净化设备。

辅助元件是使压缩空气净化、润滑、消声以及元件间连接所需要的装置,如分水滤气器、油雾器、消声器以及各种管路附件等。

控制元件又称“操纵元件”“运算元件”或“检测元件”,是用来控制压缩空气流的压力、流量和气流方向等,以便使执行机构完成预定运动规律的元件,如各种压力阀、方向阀、流量阀、逻辑元件、射流元件、行程阀、转换器和传感器等。

执行元件是将压缩空气的压力能转变为机械能的能量转换装置,如做直线往复运动的气缸、做连续回转运动的气马达和做不连续回转运动的摆动马达等。

3. 气压传动系统的工作原理

气压传动系统是利用空气压缩机把电动机或其他原动机输出的机械能转换为空气的压力能,然后在控制元件的作用下,通过执行元件把压力能转换为直线运动或回转运动等形式的机械能,从而完成各种动作,并对外做功。

二、气源装置及辅件认知

1. 一般工业气源装置及辅件

气压传动系统中的气源装置主要用于为气动系统提供满足一定质量要求的压缩空气(即具有一定的压力和足够的流量,以及一定的清洁度和干燥度的空气),是气压传动系统的重要组成部分。因此,由空气压缩机产生的压缩空气,必须经过降温、净化、减压、稳压等一系列处理后,才能供给控制元件和执行元件使用。而用过的压缩空气排向大气时,会产生噪声,因此应采取措施,降低噪声,改善劳动条件和环境质量。

在使用气源的工厂中,一般通过压缩空气站来获得符合要求的气源。如图2-7所示为某工厂压缩空气站的设备组成及布置示意图,其主要由空气压缩机和气源净化的辅助设备组成。

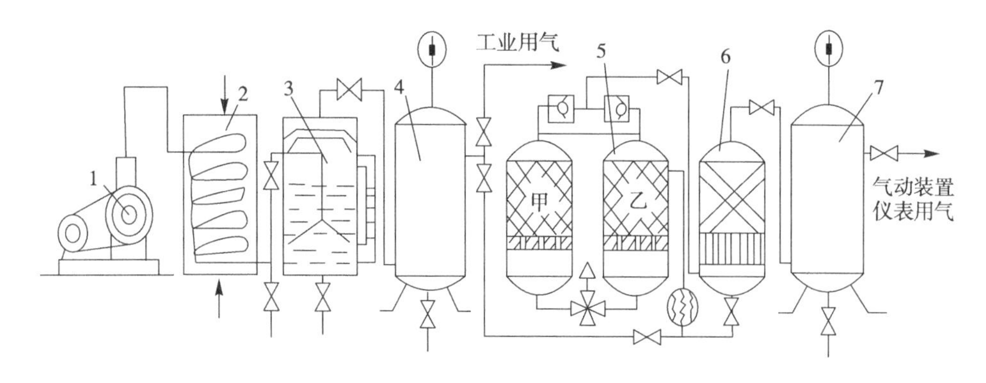

1-空气压缩机　2-后冷却器　3-油水分离器　4、7-储气罐　5-干燥器　6-过滤器

图 2-7　压缩空气站设备组成及布置示意图

2. 自动化生产线使用的气源

在实训室中，因为使用气源的设备不多，对空气的质量要求也不是特别高，所以使用的气源由静音气泵来提供，然后经过过滤减压送到各生产线。

（1）气泵机的组成。实训室设备所用的气泵如图 2-8 所示，一般由空气压缩机、压力开关、安全保护器、储气罐、压力表、气源开关、主管道过滤器等组成。

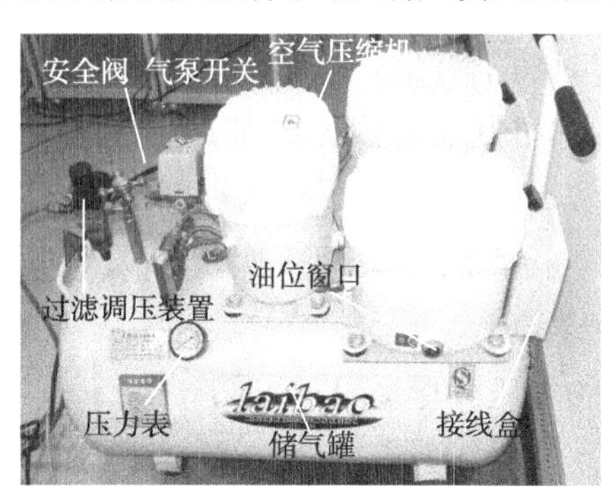

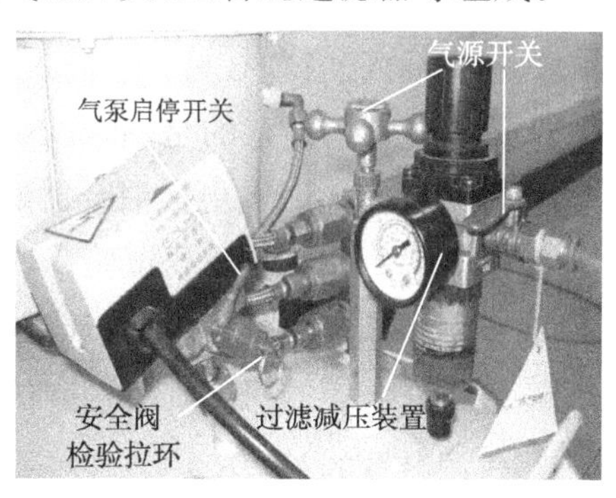

图 2-8　实训室生产线用气泵

（2）气泵开关部件的使用。

①将手柄或开关按钮置于"Auto"或"ON"位置，接通电源，机器启动。如果机器不能启动，将储气罐内的气压降至 0.4 MPa 以下。

②将开关按钮置于"OFF"位置，切断电源，机器停止运转。

③开关上装有安全阀，当储气罐内的气体压力超过 0.9 MPa 时，安全阀会叫响并排气泄压。当安全阀叫响时，应检修气压开关，使气压开关的工作压力不超过额定工作压力。

④每天停机后，用手指轻轻顶住油水分离器下面的顶针，将油水分离器中的污水放尽（有的气泵可能没有安装油水分离器，使用中就没有此项要求，同时，也没有下面第 5 条中的功能）。

⑤从排气阀排出的气体压力可以通过油水分离器上的调压旋钮来调节。顺

时针旋转旋钮,增加排出气压,最大可达储气罐内的气体压力;逆时针旋转旋钮,减少排出气压,最小可关闭气源。当旋到极限位置时,不要再强力旋转旋钮,防止造成损坏。

⑥当需要调节气压开关的工作压力时,拆去气压开关的上壳,用扳手调节六角螺栓或一字螺钉,顺时针旋转,增加工作压力;逆时针旋转,降低工作压力。为了保证安全,进行该操作前要将电源插头拔掉。

(3)气泵的维护与保养。维护与保养时应切断电源,并排尽储气罐内气压,否则极易造成伤害。

①日常工作时要保持机器清洁,将气泵置于通风良好的环境中。

②将储气罐内的污水放尽,每周至少1次。排除污水时,储气罐内的气压应低于0.1 MPa。

③经常检查安全阀是否灵敏,当储气罐内气压达到0.5~0.7 MPa时,用手轻拉安全阀上的拉环,安全阀能轻松排气,按下阀杆可立即复位。

④每使用90 h左右,需检查油位是否在合适的位置,若油位靠近下限,应立即加油。该机型所用润滑油牌号为L-DRA/A46(GB/T 16630—1996)。加油时,用塑料软管插入油箱内,另一端插入吸气口(将消音器拆下),启动机器,润滑油就会被吸入。应特别注意的是,油位不可过高,否则极易损坏机器。

⑤每使用500 h,需更换消音器滤芯。

⑥储气罐每2年做耐压试验1次,每年检查内外表面1次。有严重锈蚀、严重碰伤或耐压试验不合格时,储气罐作报废处理。

⑦移动空气压缩机前,应将储气罐内的气压放尽。

3. 气源装置的符号

以上所介绍的气源及其辅件在气动系统中的符号如图2-9所示。

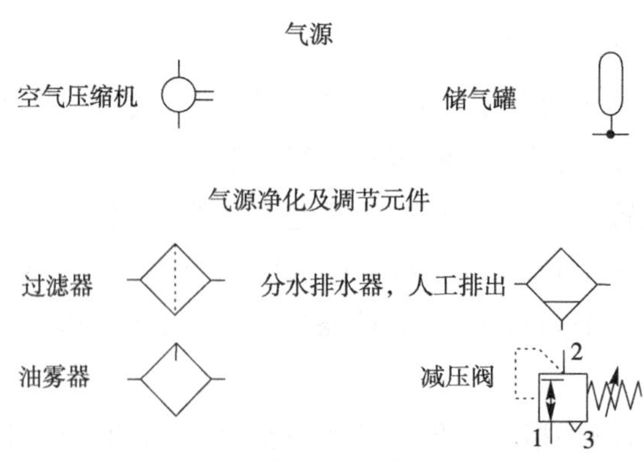

图2-9 气源、辅助元件、净化及调节元件的图形符号

气源的图形符号既可由单个元件表示,也可由组合元件表示。一般来讲,当有特殊技术要求时,如要求使用无润滑或精密过滤的压缩空气,气源应采用完整详细的图

形符号；而当使用普通压缩空气时，则可采用简略图形符号。如图 2-10 所示。

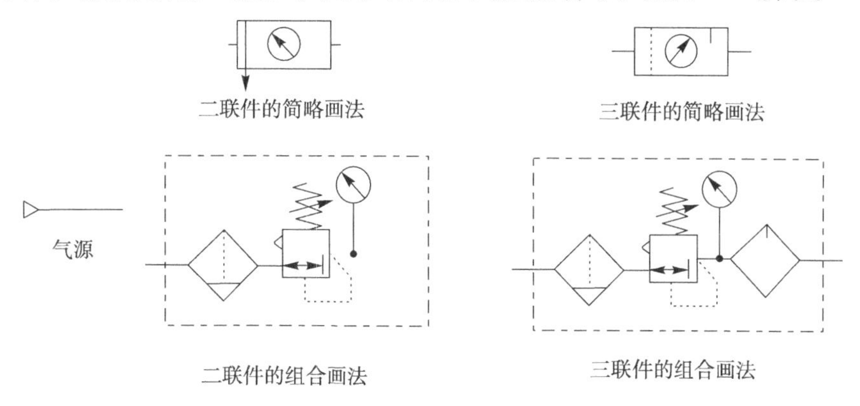

图 2-10　气源符号

三、气动控制元件

在气压传动系统中，气动控制元件是控制和调节压缩空气的压力、流量和方向的重要控制阀，利用它们可组成各种气动控制回路，使气动执行元件按设计的要求进行工作。气动控制元件按功能和用途可分为压力控制阀、流量控制阀和方向控制阀三大类。

1. 压力控制阀

压力控制阀是用来控制气动系统中压缩空气的压力，满足各种压力需求的气动元件。压力控制阀有减压阀、顺序阀和安全阀 3 种。

(1)减压阀。减压阀又称"调压阀"，是将供气气源压力降到每台装置所需要的压力，并保证减压后压力值稳定的元件，适用于每台设备。在 THWSPX-2A 型自动化生产线中，减压阀和过滤器装在一起，构成二联件。图 2-11 所示是 AR2000 减压阀的结构示意图与图形符号。

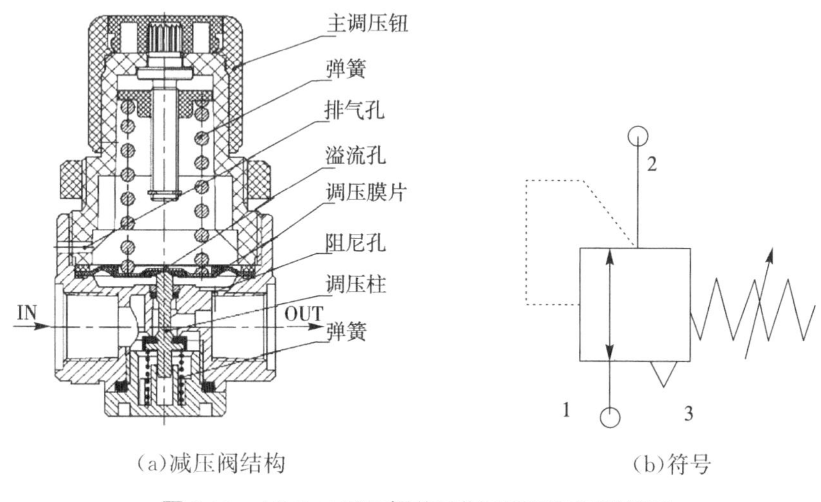

(a)减压阀结构　　(b)符号

图 2-11　AR2000 减压阀的结构示意图与图形符号

(2)顺序阀。顺序阀是依靠气路中压力的作用来控制执行元件按顺序动作的一种压力控制阀。顺序阀一般很少单独使用,往往与单向阀配合在一起,构成单向顺序阀。

(3)安全阀。安全阀又称"溢流阀",在系统中起安全保护作用。当储气罐或回路中压力超过某调定值时,会通过安全阀向外放气,从而保证系统不会因压力过高而发生事故。图2-12所示为安全阀的工作原理。当系统压力小于阀的调定压力时,弹簧力使阀芯紧压在阀座上,阀处于关闭状态,如图2-12(a)所示;当系统压力大于阀的调定压力时,阀芯开启,压缩空气从排气口排放到大气中,如图2-12(b)所示。如果系统中的压力降到阀的调定值,阀门关闭并保持密封。

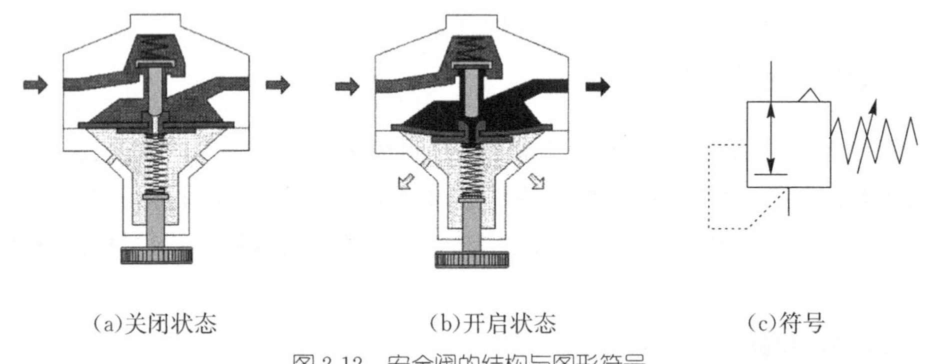

(a)关闭状态　(b)开启状态　(c)符号

图2-12　安全阀的结构与图形符号

2. 流量控制阀

通过改变阀的流通截面积来实现流量控制的阀,称为"流量控制阀",它包括节流阀、单向节流阀和排气节流阀等。在自动化生产线中使用的流量控制阀主要是可调单向节流阀,利用它可以调节气缸运动的速度。

(1)节流阀。节流阀将空气的流通截面缩小,以增加气体的流通阻力,从而降低气体的压力和流量,其结构原理图和符号如图2-13所示。气流经1口输入,通过节流口的节流作用后经2口输出。阀体上有一个调节螺钉,可用于调节节流阀的开口度,并保持其开口度不变,称为"可调节流阀"。常用的节流阀有针阀型、三角沟槽型和圆柱斜切型等,图2-13所示是圆柱斜切阀芯的节流阀。

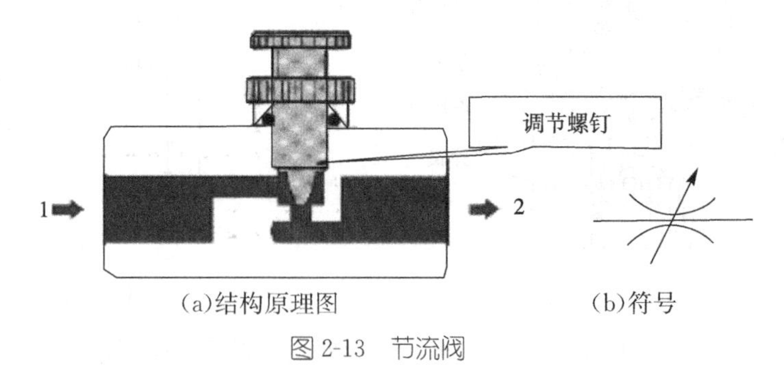

(a)结构原理图　(b)符号

图2-13　节流阀

可调节流阀常用于调节气缸活塞运动速度，有双向节流作用，并可直接安装在气缸上。使用节流阀时，节流面积不宜太小，因为空气中的冷凝水、尘埃等会塞满阻流口通路，引起节流量的变化。

（2）可调单向节流阀。可调单向节流阀是单向阀和可调节流阀并联而成的组合控制阀，如图 2-14 所示。当气流由 P 口向 A 口流动时，经过节流阀节流；反方向流动即由 A 口向 P 口流动时，单向阀打开，不节流。调节螺钉可以调节节流面积。可调单向节流阀常用于气缸的调速和延时回路中。

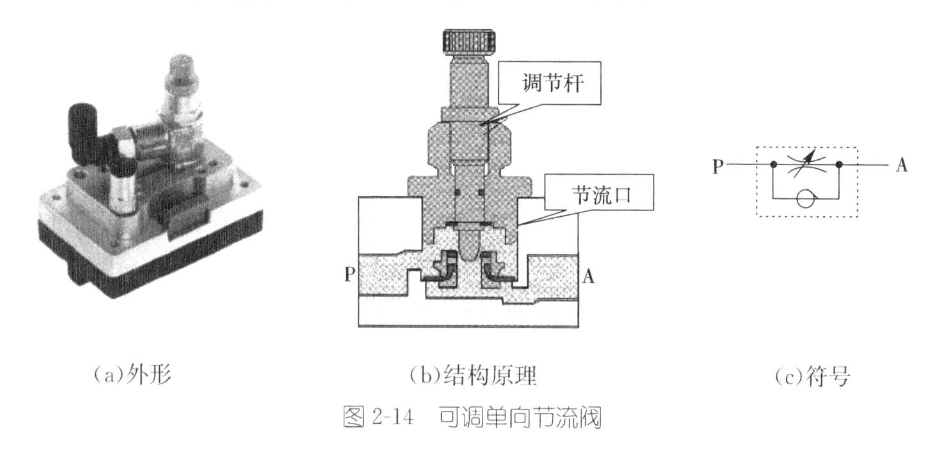

（a）外形　（b）结构原理　（c）符号

图 2-14　可调单向节流阀

3. 方向控制阀

（1）方向控制阀的概念及分类。方向控制阀是气压传动系统中通过改变压缩空气的流动方向和气流的通断，来控制执行元件启动、停止及运动方向的气动元件。方向控制阀的种类较多，其分类如图 2-15 所示。

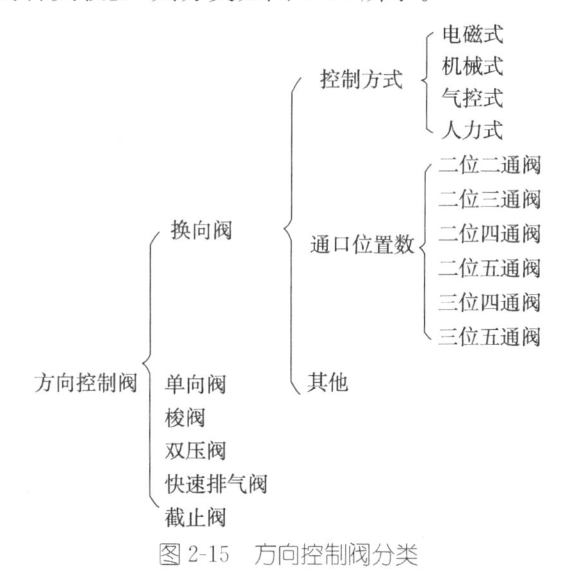

图 2-15　方向控制阀分类

①按照阀的气路端口数量分。方向控制阀的气路端口分为输入口(P)、输出口(A或B)和排气口(R或S),按切换气路端口的数目分为二通阀、三通阀、四通阀和五通阀等。换向阀的气路端口数和符号见表2-1。

表2-1 换向阀的气路端口数和符号

名称	二通阀		三通阀		四通阀	五通阀
	常通	常断	常通	常断		
符号	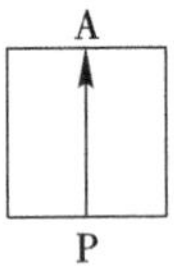 A P	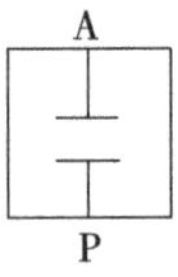 A P	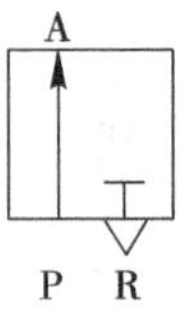 A P R	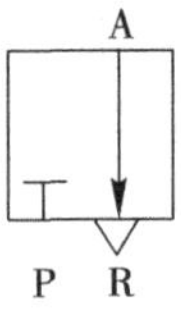 A P R	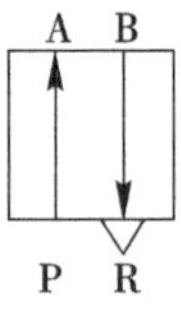 A B P R	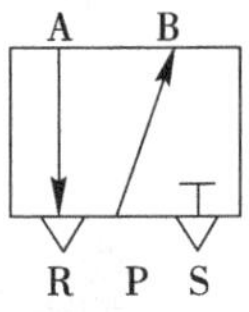 A B R P S

控制阀的气路端口还可以用数字表示,数字和字母表示方法的比较见表2-2。

表2-2 数字和字母表示方法的比较

气路端口	字母表示	数字表示	气路端口	字母表示	数字表示
输入口	P	1	排气口	R	5
输出口	B	2	输出信号清零	(Z)	(10)
排气口	S	3	控制口(1、2口接通)	Y	12
输出口	A	4	控制口(3、4口接通)	Z	14

②按照阀芯工作的位置数分。阀芯的切换工作位置简称为“位”,阀芯有几个工作位置就称为“几位阀”。根据阀芯在不同的工作位置来实现气路的通或断。阀芯按照可切换的位置数量分为二位阀、三位阀等。

有2个通口的二位阀称为“二位二通阀”,通常表示为2/2阀,前者表示通口数,后者表示工作位置。常用的二位五通阀表示为5/2阀,可用于推动双作用气缸的回路中。当三位阀的阀芯处于中间位置时,各通口呈关断状态,则称为“中位封闭式”;若出气口全部与排气口相通,则称为“中位卸压式”;若输出口都与输入口相通,则称为“中位加压式”。

常见换向阀的符号见表2-3,一个方块代表一个动作位置,方块内的箭头表示气流的方向(⊤代表不通的口),各动作位置中进气口与出气口的总和为口数。

表2-3 常见换向阀的符号

名称	符号	常态	名称	符号	常态
二位二通阀(2/2)	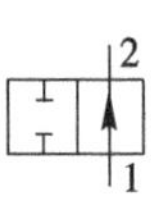 2 1	常通	二位五通阀(5/2)	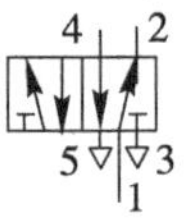 4 2 5 3 1	2个独立排气口

续表

名称	符号	常态	名称	符号	常态
二位二通阀 (2/2)	2 1	常断	三位五通阀 (5/3)	4 2 5 3 1	中位封闭
二位三通阀 (3/2)	2 1 3	常通	三位五通阀 (5/3)	4 2 5 3 1	中位卸压
二位三通阀 (3/2)	2 1 3	常断	三位五通阀 (5/3)	4 2 5 3 1	中位加压
二位四通阀 (4/2)	4 2 1 3	一条通路供气 一条通路排气			

③按照阀的控制方式分。方向控制阀按控制方式的分类及符号见表 2-4。

表 2-4　方向控制阀的控制方式及符号

控制方式	符号			
手动控制	一般手动操作	按钮式	手柄式	脚踏式
机械控制	弹簧复位式	滚轮杆式	惰轮式	
气压控制	直动式	先导式		
电磁控制	单电控式	双电控式	带手动开关 先导式双电控	

(2)电磁控制换向阀。电磁控制换向阀是利用线圈通电产生电磁吸力使阀切换,以改变气流方向的阀,简称“电磁阀”。由于电磁控制换向阀易于实现电气联合控制及远距离操作,因而得到广泛应用。THWSPX-2A 型自动化生产线中使

用的方向控制阀为电磁阀。

电磁阀又分为直动式电磁阀和先导式电磁阀。直动式电磁阀一般通径较小或采用间隙密封的结构形式,用于小流量控制。通径大的电磁阀都采用先导式结构。直动式电磁阀利用电磁力直接推动阀芯改变位置,达到气路换向的目的,分为单电控直动式电磁阀和双电控直动式电磁阀。

图 2-16 所示为单电控直动式二位三通电磁换向阀。当电磁线圈得电时,电磁阀的 1 口与 2 口接通;当电磁线圈失电时,电磁阀在弹簧作用下复位,则 1 口关闭。

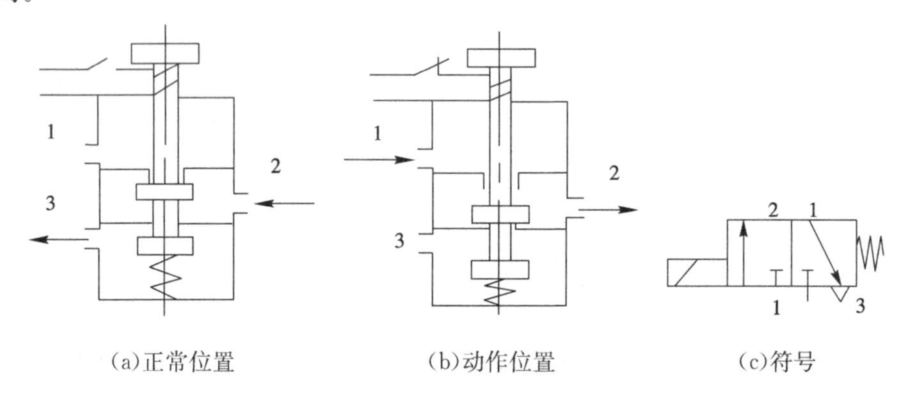

(a)正常位置　　(b)动作位置　　(c)符号

图 2-16　单电控直动式二位三通电磁换向阀

图 2-17 所示为双电控直动式电磁换向阀,将单电控电磁换向阀的阀芯复位弹簧改成电磁铁,就成为双电控直动式电磁换向阀,该阀的两个电磁铁只能交替工作,不能同时得电,否则会产生误动作或烧坏线圈。这种阀具有工位记忆和控制信号(线圈得电的时间长度)的脉冲等功能。

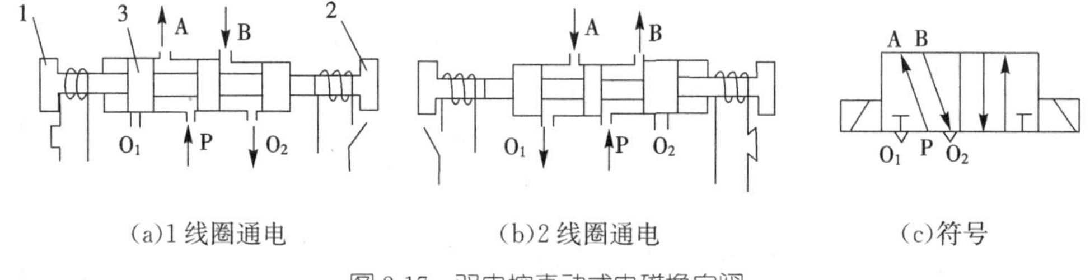

(a)1 线圈通电　　(b)2 线圈通电　　(c)符号

图 2-17　双电控直动式电磁换向阀

先导式电磁阀是由小型直动式电磁阀和大型气控换向阀组成的。它利用小型直动式电磁阀输出的先导气压来控制大型气控换向阀的阀芯,从而达到换向目的。图 2-18 所示为单电控先导式二位五通电磁换向阀,图 2-18(a)为未通电时的状态,图 2-18(b)为通电时的状态。其特点是控制的主阀不具有记忆功能;控制信号和复位信号均为长信号;控制力大,控制信号必须克服复位弹簧力及 P 腔气体作用于阀芯上的力,阀芯才能切换方向。

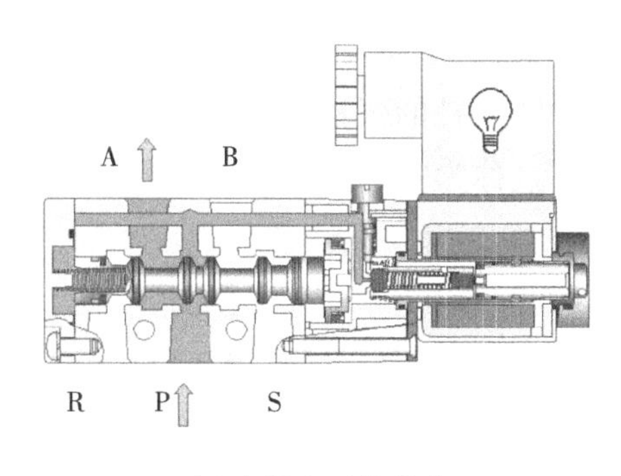

(a)未通电时的状态

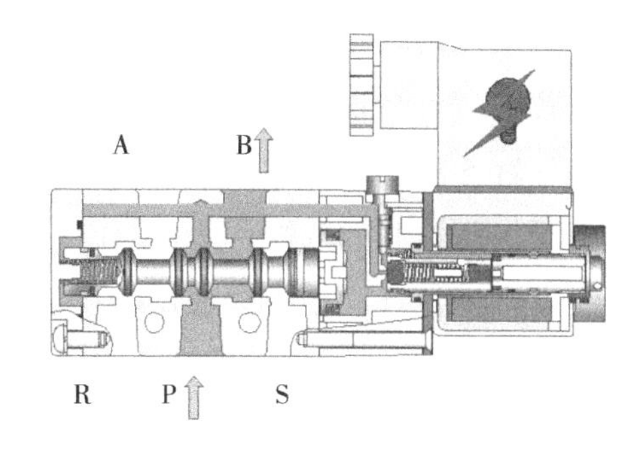

(b)通电时的状态

图 2-18　单电控先导式二位五通电磁换向阀

四、气动执行元件

气动执行元件是一种能量转换装置，它将压缩空气的压力能转化为机械能，驱动执行机构实现直线往复运动、摆动、旋转运动或冲击动作。

气动执行元件分为气缸和气马达两大类。气缸用于提供直线往复运动或摆动，输出力和直线速度或摆动角位移。气马达用于提供连续回转运动，输出转矩和转速。

1. 气缸的分类

气缸因使用条件不同，其结构、形状和功能也不一样，确切地对气缸进行分类比较困难。气缸的主要分类方式有以下几种（详细分类如图 2-19 所示）：按结构特征气缸主要分为活塞式气缸和膜片式气缸 2 种；按运动形式气缸可分为直线运动气缸和摆动气缸 2 种；按驱动气缸时压缩空气作用在活塞端面上的方向，气缸分为单作用气缸和双作用气缸 2 种。

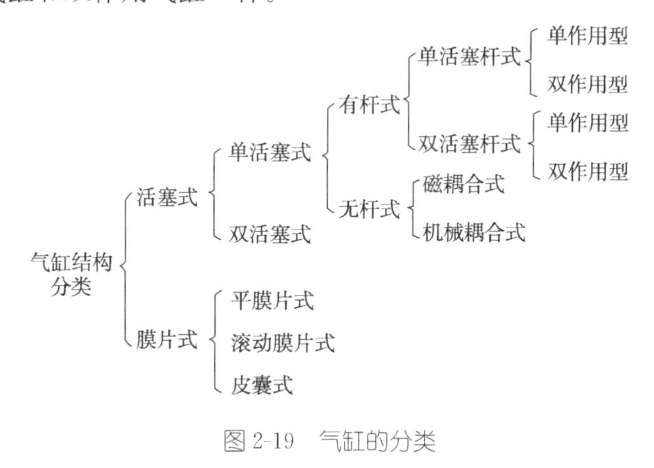

图 2-19　气缸的分类

2. 双作用气缸的结构和工作原理

普通气缸是指缸体内只有一个活塞和一个活塞杆的气缸，有单作用气缸和双作用气缸 2 种。两个方向上都受气压控制的气缸称为“双作用气缸”，只有一个方向上受气压控制的气缸称为“单作用气缸”。

以本项目气动系统中使用的单活塞杆双作用气缸为例，如图 2-20 所示，该气缸由缸筒、活塞、活塞杆、前端盖、后端盖及密封件等组成。双作用气缸内部被活塞分成 2 个腔，有活塞杆的腔称为“有杆腔”，无活塞杆的腔称为“无杆腔”。当压缩空气从无杆腔(左)进气、从有杆腔排气时，在气缸的两腔形成压力差，推动活塞运动，使活塞杆伸出；当压缩空气从有杆腔(右)进气、从无杆腔排气时，压力差使活塞杆缩回。若使有杆腔和无杆腔交替进气和排气，活塞便可做往复直线运动。图 2-21 所示为双作用气缸的动作过程。

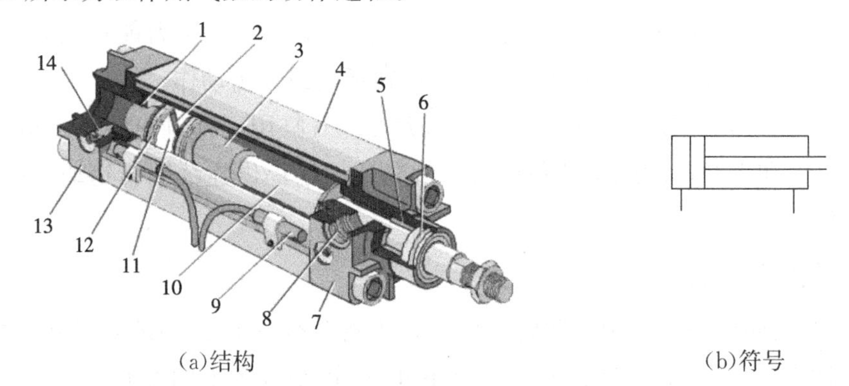

(a)结构　　　　(b)符号

1、3-缓冲柱塞　2-活塞　4-缸筒　5-导向套　6-防尘圈　7-前端盖　8-气口
9-传感器　10-活塞杆　11-耐磨环　12-密封圈　13-后端盖　14-缓冲节流阀

图 2-20　双作用气缸的结构

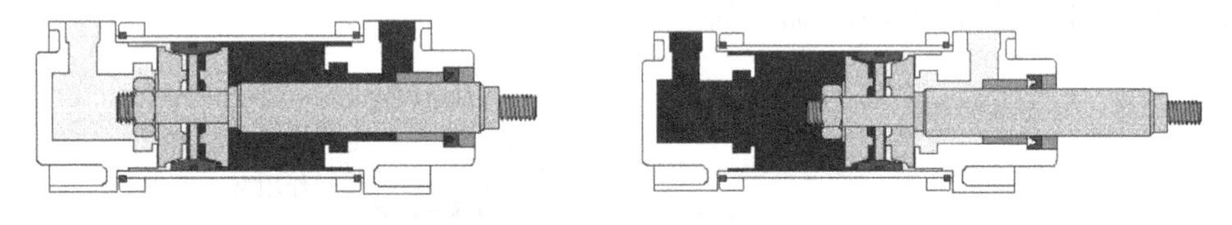

图 2-21　双作用气缸动作前后

五、上料检测站的气动控制回路

上料检测站气动控制系统主要由 1 个用于工件提升的双作用气缸、2 个调节气缸运动速度的可调单向节流阀、2 个用于检测活塞杆运动位置的磁性开关、1 个控制气缸运动的单电控二位五通阀等组成。图 2-22 和 2-23 所示为单电控二位五通电磁阀和双作用气缸的实物图。

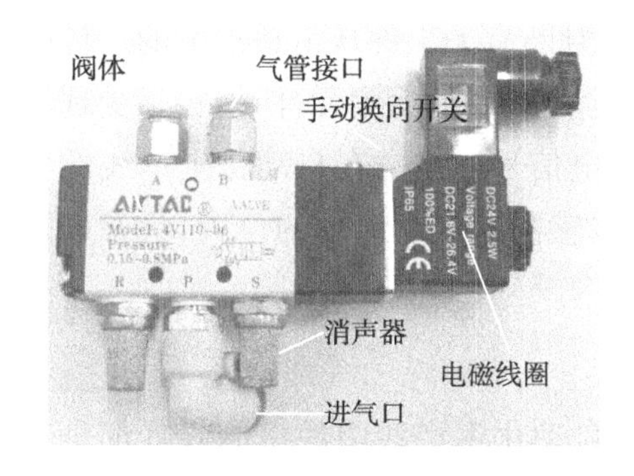

图 2-22　单电控二位五通电磁阀

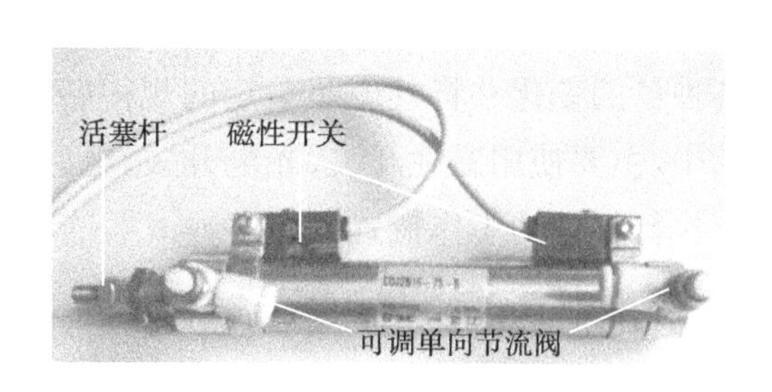

图 2-23　双作用气缸

上料检测站的气动回路如图 2-24 所示。单电控二位五通电磁阀的电磁线圈 1Y1 受 PLC 的输出点 Q0.3 控制，当 1Y1 不通电时，气缸活塞杆处于伸出状态；当 1Y1 通电时，气缸活塞杆处于缩回状态，完成工件提升过程。磁性开关 1B1、1B2 用于检测等料位置和提升位置，气缸活塞杆的运动速度可以通过可调单向节流阀的调节螺钉来调节，电磁阀可以通过操作手动换向开关进行控制。

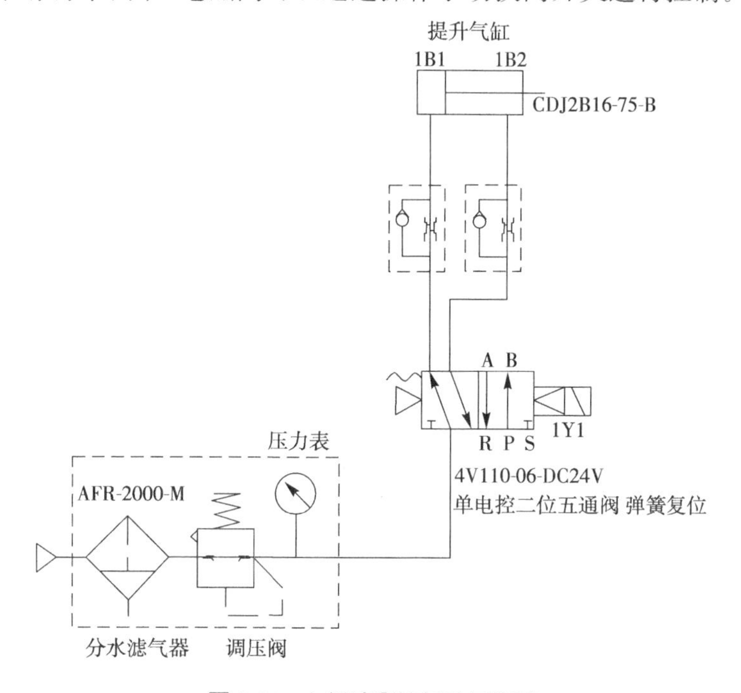

图 2-24　上料检测站气动回路图

2.1.3　上料检测站的电气控制系统

一、上料检测站的传感器

在自动化生产线的上料检测站中，当工件从滑道滑下时，人的眼睛可以清楚地观察到工件,而提升检测装置是通过传感器判断有无工件从滑道滑下的。传感器就像人的眼、耳、鼻、皮肤等器官,是自动化生产线中的检测元件,能够感受现场各种量的变化并将其按照一定的规律转换成电信号输出。在自动化生产线的各站中,主要使用磁性开关、光电开关、电感式传感器来判断工件的位置、状态以及各执行部件的工作位置。

1. 磁性开关

(1)磁性开关概况。在THWSPX-2A型自动化生产线中使用的气缸都是带磁性开关的气缸。这些气缸的缸筒采用导磁性弱、隔磁性强的材料制成,如硬铝、不锈钢等。在非磁性体的活塞上安装一个永久磁铁的磁环,就能提供一个反映气缸活塞位置的磁场。而安装在气缸外侧的磁性开关则是用来检测气缸活塞位置,即检测活塞的运动行程的,如图2-23所示。

有触点式磁性开关用舌簧开关作为磁场检测元件。舌簧开关成型于合成树脂块内,并且一般还有动作指示灯、过电压保护电路塑封在内。图2-25所示为带磁性开关气缸的工作原理图。当气缸中随活塞移动的磁环靠近开关时,舌簧开关的两根簧片被磁化而相互吸引,触点闭合;当磁环移开开关后,簧片失磁,触点断开。触点闭合或断开时发出电控信号,在PLC的控制中,可以利用该信号判断提升气缸的运动状态或所处的位置,以确定工件是否被提升。

有触点式磁性开关的内部电路、实物及符号如图2-26所示。为防止因错误接线而损坏磁性开关,通常在使用磁感应式接近开关时,都串联了限流电阻和保护二极管,这样即使引线极性接反,也不会烧毁磁性开关,但磁性开关不能正常工作。自动化生产线中所用的有触点式磁性开关D-C73采用环带安装形式,D-Z73采用直接安装形式。上料检测站中使用的是2只D-C73,负载电压为DC 24 V,用于检测提升气缸的位置。

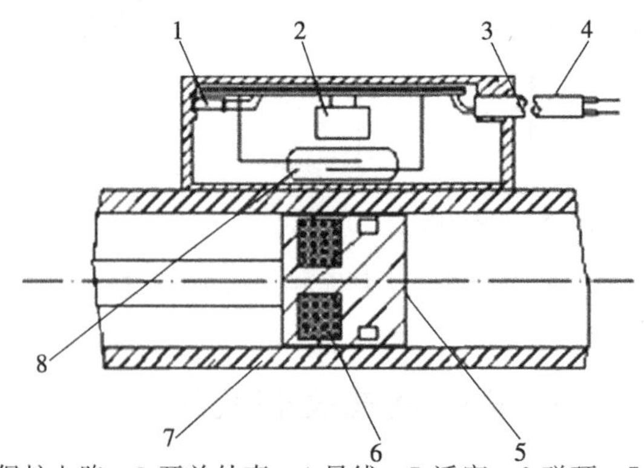

1-动作指示灯 2-保护电路 3-开关外壳 4-导线 5-活塞 6-磁环 7-缸筒 8-舌簧开关

图2-25 带磁性开关气缸的工作原理图

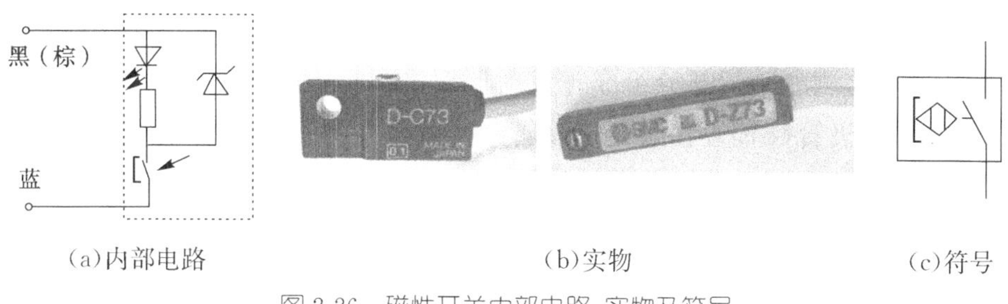

(a)内部电路　　(b)实物　　(c)符号

图 2-26　磁性开关内部电路、实物及符号

(2)磁性开关使用注意事项。

①直流型磁性开关所使用的电压为 DC 3～30 V，一般应用范围为 DC 5～24 V。过高的电压会引起内部元器件温升而变得不稳定；但电压过低时，磁性开关容易受外界温度变化的影响而引起误动作。

②使用磁性开关时，必须在接通电源前检查接线是否正确，电压是否为额定值。

(3)磁性开关的安装与调试。在自动化生产线中，通常利用磁性开关的信号判断气缸的运动状态或所处的位置。安装与调试磁性开关时，应重点考虑传感器的尺寸、位置、安装形式、电缆长度、布线工艺、工作环境等因素。

①磁性开关的接线与检查。磁性开关有蓝色和黑色(棕色)2 根引出线，使用时蓝色引出线应连接到 PLC 输入公共端，黑色引出线应连接到 PLC 输入端。

磁性开关上设置有 LED，用于显示接近开关的信号状态，供调试运行监视时观察。当气缸活塞靠近接近开关时，接近开关输出动作，输出信号“1”，LED 灯亮；当气缸活塞远离接近开关时，接近开关不动作，输出信号“0”，LED 不亮。

②磁性开关的安装与调整。在气缸上安装磁性开关时，安装位置是根据要求来调整的，如果安装位置不合理，可能使气缸动作不正确。当气缸活塞移向磁性开关并接近至一定距离时，磁性开关才有“感知”，开关才会动作，通常称此距离为“检测距离”。

在气缸上安装磁性开关时，先把磁性开关装在气缸上，磁性开关的位置根据控制对象的要求进行调整，只要让磁性开关到达指定位置后，用螺丝刀旋紧固定螺钉(或螺母)即可。

2. 光电开关

光电开关是传感器的一种，它把发射端和接收端之间光的强弱变化转化为电流的变化，以达到探测的目的。由于光电开关的输出回路和输入回路是电隔离的(即电绝缘)，所以它广泛应用于自动计数、安全保护、自动报警和限位控制等方面。在 THWSPX-2A 型自动化生产线中，光电开关主要用于检测工件及工件的颜色。

(1)基本概念。光电开关也称“光电传感器”,从结构上来看,光电开关由发射器、接收器和检测电路三部分组成。发射器对准目标发射光束,发射的光束一般来源于发光二极管(LED)和激光二极管。接收器由光电二极管或光电三极管组成。在接收器的前面装有光学元件,如透镜和光圈等;在其后面是检测电路,它能滤出有效信号并应用该信号。

光电开关是利用被检测物对光束的遮挡或反射,由同步回路选通电路,从而检测物体有无的。物体不限于金属,所有能反射光线的物体均可被检测。光电开关在发射器上将输入电流转换为光信号射出,接收器再根据接收到的光线强弱或有无对目标物体进行探测。光电开关的工作原理如图 2-27 所示。多数光电开关选用的是波长接近可见光的红外线光波型。

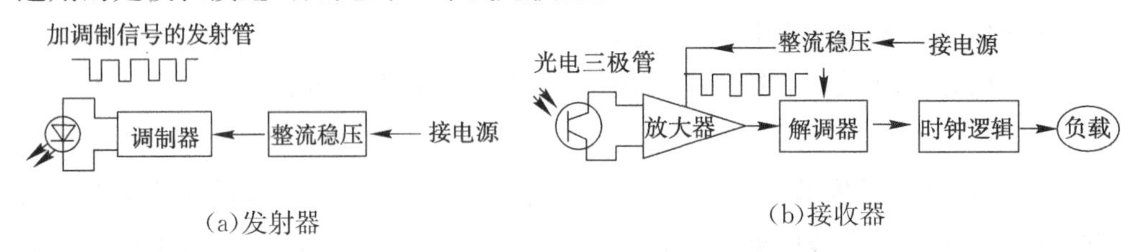

图 2-27 光电开关工作原理示意图

(2)光电开关的分类。光电开关可分为漫反射式光电开关、镜面反射式光电开关、对射式光电开关和光纤式光电开关。

①漫反射式光电开关。漫反射式光电开关是一种集发射器和接收器于一体的传感器。当有被检测物体经过时,物体将光电开关发射器发射的足够量的光线反射到接收器,此时光电开关就会产生一个开关信号。漫反射式光电开关作用距离的典型值为 3 m,其示意图如图 2-28 所示。在 THWSPX-2A 型自动化生产线的上料检测站中使用的就是这种光电开关。

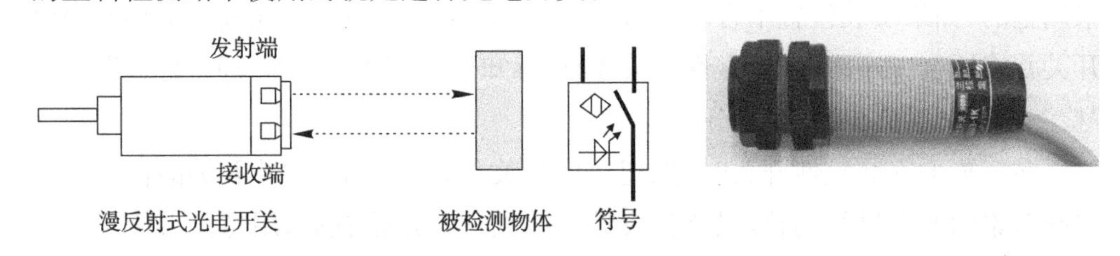

图 2-28 漫反射式光电开关示意图

当被检测物体的表面光亮或其反光率极高时,漫反射式光电开关是首选的检测模式。漫反射式光电开关的主要特征有:有效作用距离是由目标的反射能力、目标表面性质和颜色决定的;装配开关较小,当开关由单个元件组成时,通常可以达到粗定位;采用背景抑制功能调节测量距离;对目标上的灰尘敏感,对目标变化了的反射性能也敏感。

②镜面反射式光电开关。镜面反射式光电开关也是集发射器与接收器于一

体的传感器。光电开关发射器发出的光线经过反射镜反射回接收器，当被检测物体经过且完全阻断光线时，光电开关就产生了开关信号。该光电开关的有效作用距离为 0.1～2.0 m，如图 2-29 所示。

镜面反射式光电开关利用角矩阵反射板作为反射面，其反射率远远大于一般物体的反射率。其主要特征有：可以辨别不透明的物体；借助反射镜部件，形成较大的有效检测距离；不易受干扰，可以可靠地应用于野外或者有灰尘的环境中，具有广泛的实用意义。

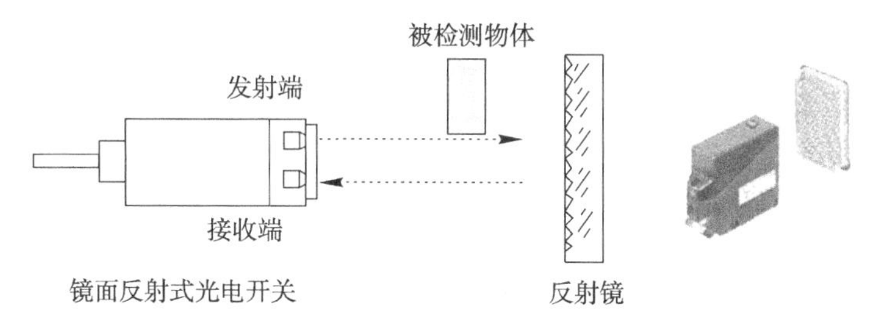

图 2-29　镜面反射式光电开关示意图

③对射式(透射式)光电开关。在结构上，对射式光电开关的发射端和接收端相互分离，且发射器和接收器相对放置在光轴上，面对面安装。如果没有被检测物体，光路通畅，则发射器发出的光线直接进入接收器。若有物体从中间通过，发射器和接收器之间的光线被阻断，光电开关就产生开关信号。位于同一轴线上的光电开关可以相互分开达 50 m，如图 2-30 所示。

当被检测物体不透明时，对射式光电开关是最可靠的检测模式。其主要特征有：可以辨别不透明的反光物体；有效距离大，因为光束跨越感应距离的时间仅一次；不易受干扰，可以可靠地使用在野外或者有灰尘的环境中；装置的消耗高，两个单元都必须敷设电缆。

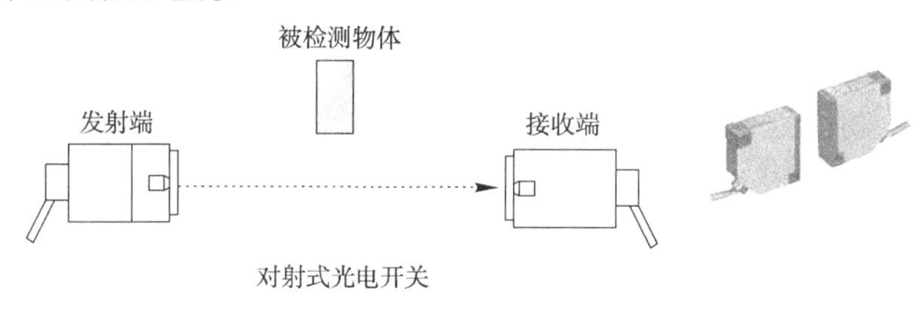

图 2-30　对射式光电开关示意图

④光纤式光电开关。光纤式光电开关采用塑料或玻璃光纤传感器来引导光线，以实现对不在相近区域的物体的检测。通常光纤式光电开关分为对射式和漫反射式，其工作原理与普通的光电开关大致相同。光纤式光电开关实物如图 2-31 所示。

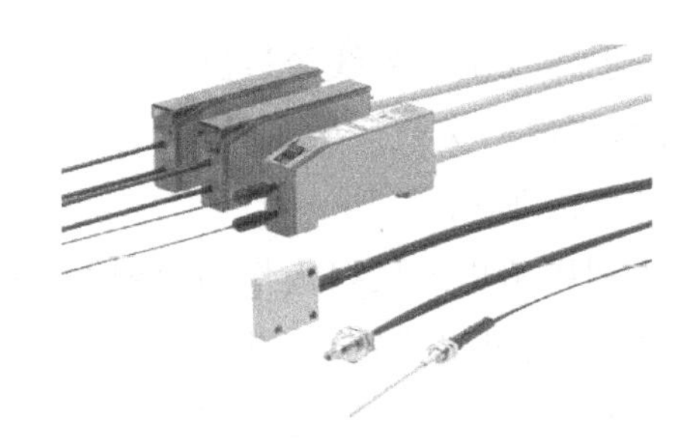

图 2-31 光纤式光电开关实物图

(3)光电开关的应用。光电开关在实际工业控制中的应用非常广泛,如图 2-32所示。在电动扶梯自动启停装置中,当光电开关检测到有人(假设要上去)时,电动扶梯就自动运行。当光电开关没有检测到人时,经过一段延时后,扶梯就自动停止。在材料边的控制装置中,当材料是合格品时,两个光电开关都有检测信号;当其中一个光电开关没有检测信号时,就说明该材料是不合格品。在物体倒置辨别装置中,当物体(瓶盖)正确放置时,光电开关没有检测信号;当光电开关有检测信号时,就说明该物体(瓶盖)放反了。在自动注料装置中,在往容器中注料的使用场合,可以利用光电开关来检测:如果容器内无液体或未注料到设定的界面,则光电开关无输出信号;当注料到设定值时,反射式光电开关检测到由液面反射回来的发射光,光电开关就有信号输出,表明注料已完成,于是注料停止,传送带动作,开始下一个容器的注料。在不合格品的检出装置中,工件向传送带所示方向动作。在产品计数装置中,当有工件被传感器检测到时,计数器(灰色方框)加 1,这样就可以利用反射式光电开关来对产品进行计数。

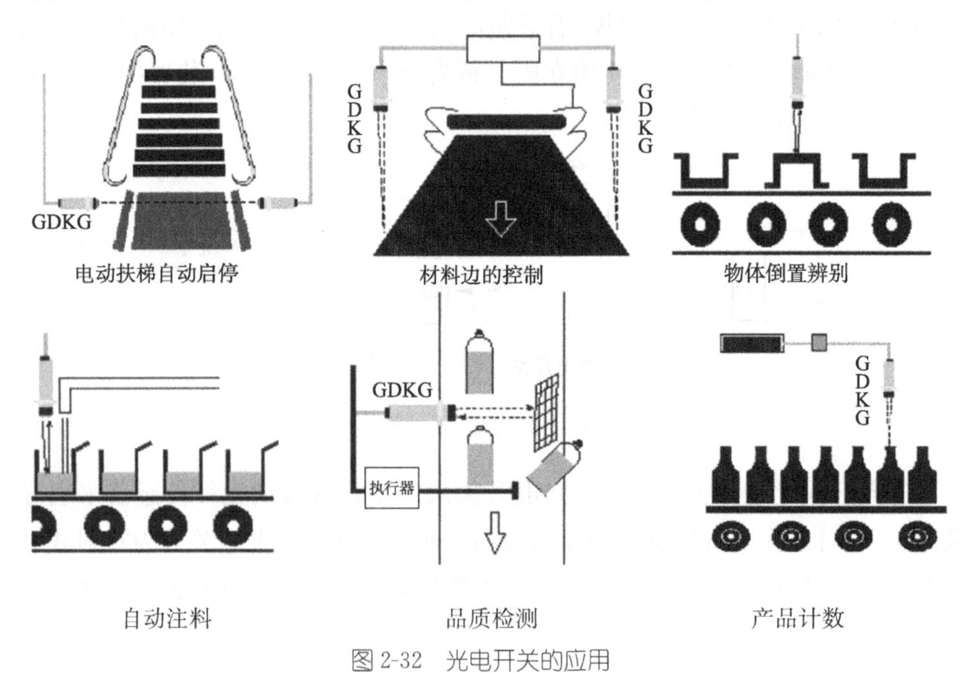

图 2-32 光电开关的应用

(4)上料检测站的光电开关。如图 2-33 所示,在上料检测站主要使用了 2 个光电开关,其中,光电开关 B1 用于检测料台上有无工件,光电开关 B2 用于检测工件的颜色。B1 和 B2 都采用同型号的漫反射式光电开关。到料检测光电开关 B1 通过调整与被检工件的位置,使其对黑、白工件都能够给出接通的开关信号;颜色检测光电开关 B2 通过调整与工件的位置与角度,利用其对黑、白工件反射效果的不同,使其对白色工件给出接通的开关信号,对黑色工件给出断开的开关信号,这样就可以分辨出黑、白工件。另外,调整光电开关尾部的调节螺钉,也可以调整光电开关检测的距离。

(a)光电开关位置

(b)光电开关尾部

图 2-33　上料检测站的光电开关

(5)光电开关使用注意事项。

①回避强光。如图 2-34 所示,光电开关的接收端不要直接正对很强的干扰光源,因为干扰光源会影响光电开关的检测精度和结果。一般的解决方法是:用工件挡住强光或干扰光源,或将传感器旋转一定角度安装。

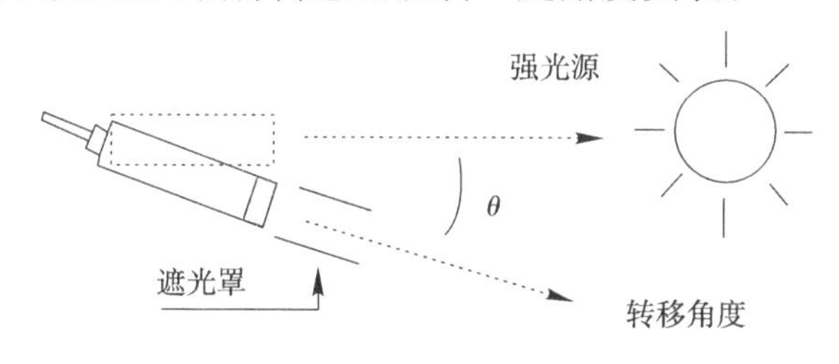

图 2-34　光电开关回避强光示意图

②消除背景物的影响。如图 2-35 所示,如果被检测物体是可以透光的介质,那么当光线穿过被检测物体后,可能会被其后面的“背景物”反射回来,这样也会影响传感器的检测精度和结果。解决方法:一是将介质周围其他物质表面涂黑;二是调整介质与周围其他物质表面的预定距离。

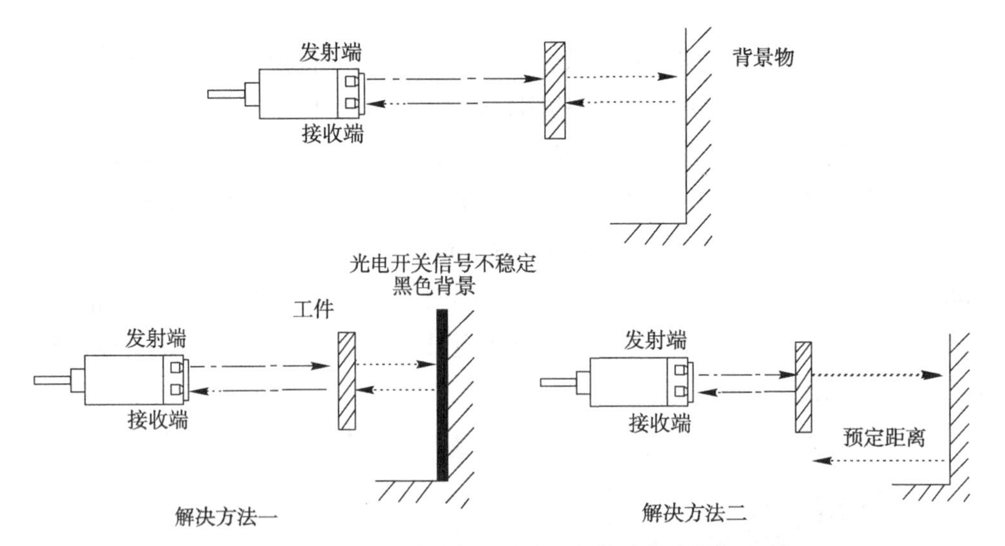

图 2-35 光电开关消除背景物影响示意图

③避免光电开关闪烁。如图 2-36 所示,由于光电开关安装位置不当,导致接收端可能检测到安装表面(粗糙)反射回来的光线,从而引起光电开关闪烁或误动作。解决方法是调整反射式光电开关安装位置的高度。

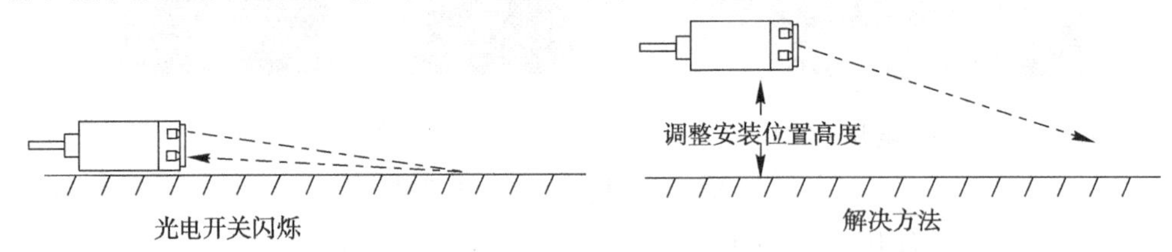

图 2-36 光电开关闪烁及解决方法

二、上料检测站通信口中的其他电器

1. 继电器

在上料检测站中使用了 3 个继电器来控制直流电机、报警灯和报警蜂鸣器。继电器为 OMRON MY2NJ 型,工作电压为直流 24 V,有 2 对常开触点和 2 对常闭触点。继电器工作时发光二极管会点亮,其外形及接线图如图 2-37 所示。

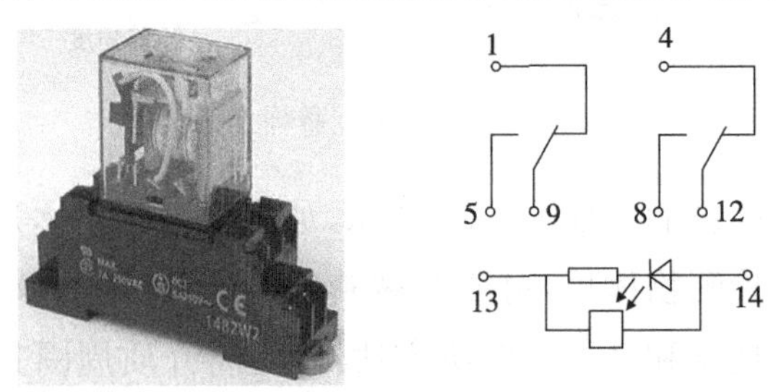

图 2-37 继电器外形及接线图

2. I/O 接线板

每站中 I/O 接线板共 2 块，是系统各部分进行信息交换的接口，通过 24 芯电缆连接。其中一块 I/O 接线板在控制板上，为 C1 接线板，主要是把控制板和控制面板上的各开关按钮连接到一起；另一块在台面上的导轨区，为 C4 接线板，主要作用是把台面上的各电气元件与控制板相连接。I/O 接线板上有信号传送时，相应的 LED 灯会点亮。I/O 接线板上有四排接线端子和一个 24 芯接口，上面两排为输入端子，下面两排为输出端子，各端子的编号及 24 芯电缆接口分布如图 2-38 所示。

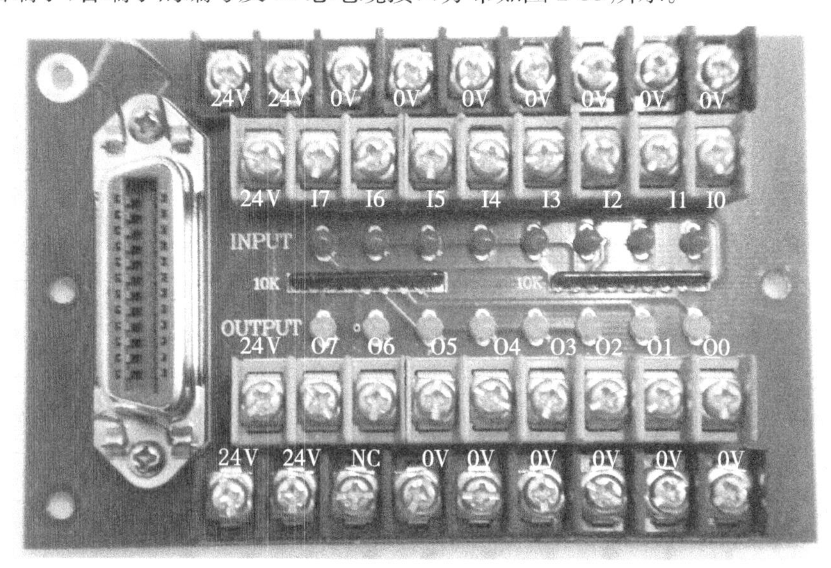

(a)I/O 接线板

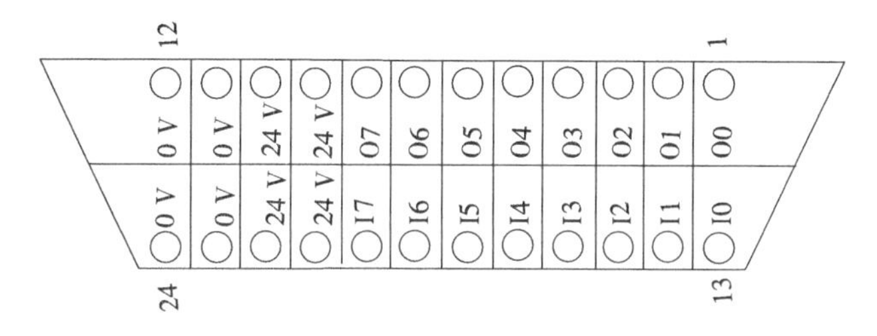

(b)24 芯接口

图 2-38　I/O 接线板和 24 芯接口

三、上料检测站 PLC 控制 I/O 接线图

上料检测站的电气控制系统主要是针对供料单元的直流电机、提升检测装置的气缸以及报警装置进行控制。上料检测站 PLC 的 I/O 接线图如图 2-39、图 2-40 所示，I/O 分配表见表 2-5。I/O 接线图主要由 S7-200 CPU224 PLC，到料检测及颜色检测的光电开关 B1、B2，料台上升、下降检测的磁性开关 1B1、1B2，控制按钮 SB1、

SB2、SB3、SB4、SA1、SA2,24 V 直流电机,报警灯 HL,报警蜂鸣器 HA,继电器 K1、K2、K3 以及单电控二位五通电磁阀等组成。

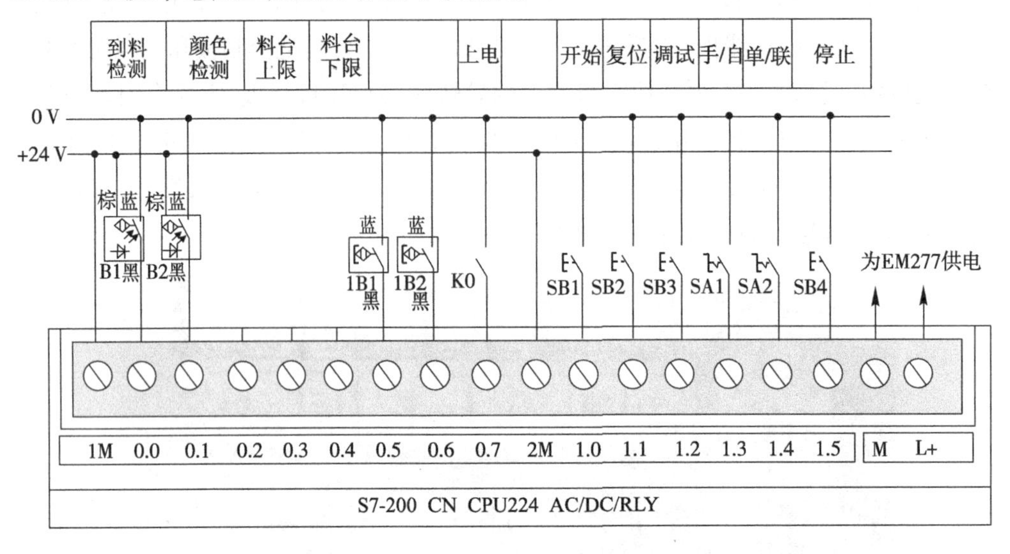

图 2-39 上料检测站 PLC 输入端接线图

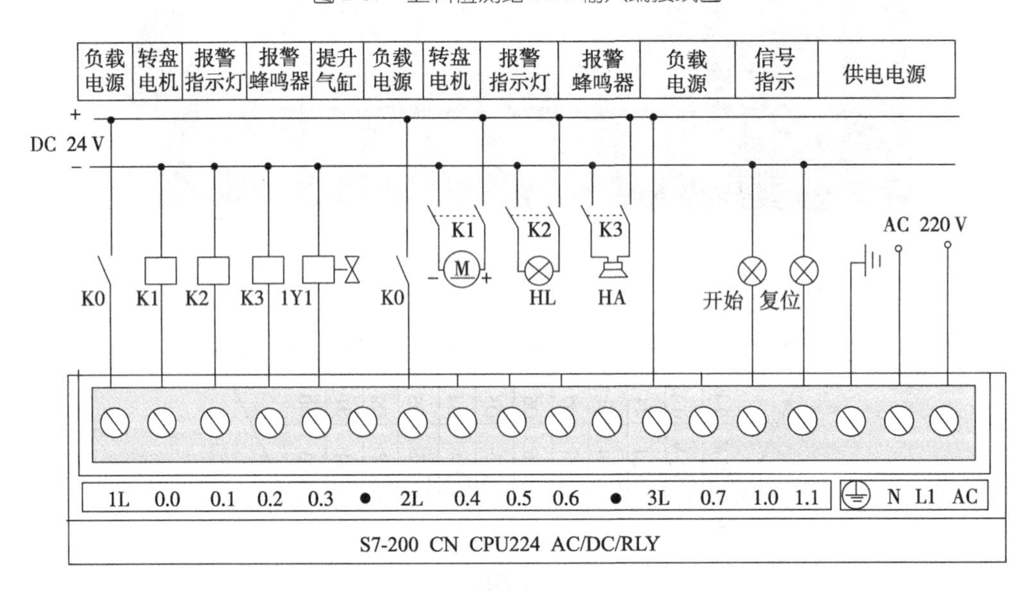

图 2-40 上料检测站 PLC 输出端接线图

表 2-5 上料检测站 I/O 分配表

上料检测站							
输入端		输出端		输入端		输出端	
I0.0	到料检测 B1	Q0.0	电机转 K1	I1.0	开始 SB1	Q1.0	开始灯
I0.1	颜色检测 B2	Q0.1	报警灯 K2	I1.1	复位 SB2	Q1.1	复位灯
I0.5	料台上限 1B1	Q0.2	报警声 K3	I1.2	调试 SB3		

续表

上料检测站							
输入端		输出端		输入端		输出端	
I0.6	料台下限 1B2	Q0.3	上料气缸 1Y1	I1.3	手动/自动 SA1		
I0.7	上电 K0(SB5)			I1.4	单机/联机 SA2		
				I1.5	停止 SB4		

2.1.4 上料检测站认知工作任务及实践

(1)仔细观察上料检测站,对照附件中的元件清单,了解各个部件、元件的名称、功能、型号和数量。

(2)认识空气压缩机的各部件,正确使用空气压缩机,并进行空气压缩机的维护保养。打开气源开关并调节调压阀,使气压为 0.6 MPa。

(3)在有气的情况下,按下电磁阀手动操作按钮,观察活塞杆伸出、缩回时的工作情况,并观察磁性开关的状态。

(4)调节气缸上的单向节流阀,观察气缸动作速度的变化,使气缸活塞杆伸出、缩回时的动作快慢适中。

(5)将电磁阀上或双作用气缸的气管对调,按下电磁阀手动操作按钮,观察气缸活塞杆的状态。操作完成后再把气管对调。注意:电磁阀在接通电源的情况下,不要按下手动按钮。

(6)接通电源,使 PLC 上电,观察光电开关对工件的感应情况和磁性开关的状态。当料台在下面时,放入黑、白工件,观察光电开关对工件的反应以及磁性开关的状态。当料台提升后在上位时,观察光电开关对黑、白工件的反应以及磁性开关的状态。考虑光电开关如何判断是否有工件,如何进行工件颜色的区分。

(7)注意事项。

①在气动执行元件接通气源的情况下,禁止用手扳动气动元件。

②当 PLC 处于运行状态时,禁止用手动方式操作电磁阀。

③在观察结构时,不要用力拽导线和气管;不要拆卸元器件及其他装置;遇到不能解决的问题时,及时请教指导老师。

④完成上述 6 项任务过程中,要随时记录观察结果。

任务 2.2　上料检测站的 PLC 控制

在 THWSPX-2A 型自动化生产线中,每站的控制都是采用 PLC 作为该站的核心控制器件,每站的设备工作过程都是由PLC来指挥的。在本任务中,通过对基本单元的控制,初步学习自动化生产线中的PLC编程。

2.2.1 比较、定时器与计数器指令

一、比较指令

比较指令是将两个操作数按指定的条件比较,操作数可以是整数,也可以是实数。在梯形图中用带参数和运算符的触点表示比较指令,比较条件成立时,触点就闭合,否则断开。比较触点可以装入母线,也可以串、并联。比较指令为上、下限控制提供了极大的方便。

比较指令包括数值比较指令和字符串比较指令两类。比较指令的LAD格式为⊣IN1 操作 IN2⊢。IN1和IN2为输入的两个操作数,指令名称可以为以下名称:==B、==I、==D、==R、<>B、<>I、<>D、<>R、>=B、>=I、>=D、>=R、<=B、<=I、<=D、<=R、>B、>I、>D、>R、<B、<I、<D和<R。

1. 数值比较指令

当比较结果为真时,触点接通,否则触点断开。

比较的运算有:IN1 = IN2(等于)、IN1>= IN2(大于等于)、IN1<= IN2(小于等于)、IN1 <> IN2(不等于)、IN1 > IN2(大于)、IN1 < IN2(小于)。

IN1和IN2的取值类型:单字节无符号数、有符号整数、有符号双字和有符号实数。

IN1和IN2的取值范围:

BYTE:IB、QB、VB、MB、SMB、SB、LB、AC、*VD、*LD、*AC及常数。

INT:IW、QW、VW、MW、SMW、SW、LW、TC、AC、AIW、*VD、*LD、*AC及常数。

DINT:ID、QD、VD、MD、SMD、SD、LD、AC、HC、*VD、*LD、*AC及常数。

REAL:ID、QD、VD、MD、SMD、SD、LD、AC、HC、*VD、*LD、*AC及常数。

2. 字符串比较指令

字符串比较指令用于比较两个ASCII码字符串。如果比较结果为真,使能流通过,允许其后续指令执行,否则切断能流。能够进行的比较运算有:IN1=IN2(字符串相同);IN1<>IN2(字符串不同)。IN1、IN2的取值范围为:VB、LB、*VD、*LD、*AC。

二、定时器指令

定时器是累计时间的内部元件,用于按照时间原则控制的场合。S7-200

CPU 22X 系列 PLC 有 256 个定时器，按工作方式分有通电延时定时器(TON)、断电延时定时器(TOF)和记忆型通电延时定时器(TONR)。定时器有 1 ms、10 ms和 100 ms 三种时基标准，定时器号决定了定时器的时基，每个定时器均有一个 16 位的当前值寄存器，用于存放当前值(16 位符号整数)；一个 16 位的预置值寄存器用于存放时间的设定值；还有一位状态位，反映其触点的状态。最小计时单位为时基脉冲的宽度，又称定时精度；从定时器输入有效到状态位输出有效，经过的时间称为定时时间，即定时时间＝预置值(PT)×时基。定时器的种类及指令格式见表 2-6。

表 2-6　定时器的种类及指令格式

定时器种类	通电延时定时器(TON)	断电延时定时器(TOF)	记忆型通电延时定时器(TONR)
LAD	???? IN TON ???? PT	???? IN TOF ???? PT	???? IN TONR ???? PT
STL	TON　T××，PT	TOF　T××，PT	TONR　T××，PT
功能	当 IN 端接通时，定时器开始计时，当前值从 0 开始递增，计时到设定值 PT 时，定时器状态位置 1，其常开触点接通，其后当前值仍增加，但不影响状态位。当前值的最大值为 32767。当 IN 端分断时，定时器复位，当前值清零，状态位也清零。若 IN 端接通时间未到设定值就断开，定时器则立即复位	当 IN 端输入有效时，定时器输出状态位立即置 1，当前值复位为 0。当 IN 端断开时，定时器开始计时，当前值从 0 递增，当前值达到预置值时，定时器状态位复位为 0，并停止计时，当前值保持。如果输入断开的时间小于预定时间，定时器仍保持接通。IN 再接通时，定时器当前值仍设为 0	当 IN 端接通，定时器开始计时，当前值递增，当前值大于或等于预置值(PT)时，输出状态位置 1。IN 端断开时，当前值保持，当复位线圈有效时，定时器当前位清零，输出状态位置 0。IN 端再次接通有效时，在原记忆值的基础上递增计时
定时器指令说明	◆IN 是使能输入端，指令盒上方输入定时器的编号(T××)，范围为 T0～T255；PT 是预置值输入端，最大预置值为 32767；PT 的数据类型有 INT。 ◆PT 操作数有 IW、QW、MW、SMW、T、C、VW、SW、AC、常数。 ◆定时器标号既可以用来表示当前值，也可以用来表示定时器位。 ◆TOF 和 TON 共享同一组定时器，不能重复使用，即不能把一个定时器同时用作 TOF 和 TON。例如，不能既有 TON T32，又有 TOF T32		

工作方式	TON/TOF			TONR		
分辨率/ms	1	10	100	1	10	100
最大定时范围/s	32.767	327.67	3276.7	32.767	327.67	3276.7

续表

定时器种类	通电延时定时器(TON)		断电延时定时器(TOF)		记忆型通电延时定时器(TONR)	
定时器编号	T32,T96	T33～T36,T97～T100	T37～T63,T101～T255	T0,T64	T1～T4,T65～T68	T5～T31,T69～T95
定时器刷新方式	◆1 ms 定时器每隔 1 ms 刷新一次,与扫描周期和程序处理无关,即采用中断刷新方式。因此,当扫描周期较长时,在一个周期内可能被多次刷新,其当前值在一个扫描周期内不一定保持一致。 ◆10 ms 定时器由系统在每个扫描周期开始自动刷新。由于每个扫描周期内只刷新一次,故而每次程序处理期间其当前值为常数。 ◆100 ms 定时器在该定时器指令执行时刷新。下一条执行的指令即可使用刷新后的结果,符合正常的思路,使用方便可靠。但应当注意,如果该定时器的指令不是每个周期都执行,定时器就不能及时刷新,可能导致出错					

三、计数器指令

计数器用来累计输入脉冲的个数,主要由一个 16 位的预置值寄存器、一个 16 位的当前值寄存器和一位状态位组成。当前值寄存器用以累计脉冲个数,计数器当前值大于或等于预置值时,状态位置 1。S7-200 系列 PLC 有三类计数器:加计数器(CTU)、加/减计数器(CTUD)和减计数器(CTD),见表 2-7。

表 2-7 计数器的种类及指令格式

计数器种类	加计数器(CTU)	减计数器(CTD)	加/减计数器(CTUD)
LAD	???? CU CTU R ???? PV	???? CD CTD LD ???? PV	???? CU CTUD CD R ???? PV
STL	CTU C×××,PV	CTD C×××,PV	CTUD C×××,PV
功能	从当前计数值开始,在脉冲进入 CU 时,递增计数。当 C×××的当前值大于等于预置值 PV 时,计数器位C×××置位。当复位端(R)接通或者执行复位指令后,计数器被复位。当它达到最大值(32767)后,计数器停止计数	从当前计数值开始,在脉冲进入 CD 时,递减计数。当 C×××的当前值等于 0 时,计数器位 C××× 置位。当装载输入端(LD)接通时,计数器位被复位,并将计数器的当前值设为预置值 PV。当计数值到 0 时,计数器停止计数,计数器位 C×××接通	在脉冲进入 CU 时,递增计数,在脉冲进入 CD时,递减计数。当C×××的当前值大于等于预置值 PV时,计数器位C×××置位,否则计数器位关断。当复位端(R)接通或者执行复位指令后,计数器被复位

续表

计数器种类	加计数器(CTU)	减计数器(CTD)	加/减计数器(CTUD)
计数器指令使用说明	◆梯形图指令符号中:CU 为加计数脉冲输入端;CD 为减计数脉冲输入端;R 为加计数复位端;LD 为减计数复位端;PV 为预置值。 ◆C××× 为计数器的编号,范围为 C0～255。 ◆PV 预置值的最大范围为 32767; PV 的数据类型为 INT;PV 操作数为 VW、IW、QW、MW、SMW、LW、AIW、AC、T、C、常量、* VD、* AC、* LD、SW。 ◆CTU/CTUD/CD 指令使用要点:STL 形式中 CU、CD、R、LD 的顺序不能错;CU、CD、R、LD 信号可为复杂逻辑关系。 ◆由于每一个计数器只有一个当前值,因此不要多次定义同一个计数器。 ◆当使用复位指令复位计数器时,计数器位复位并且计数器当前值被清零。计数器标号既可以用来表示当前值,又可以用来表示计数器位		

2.2.2　上料检测站各部件的控制

上料检测站的 I/O 接线图如图 2-39 和图 2-40 所示,I/O 分配表见表 2-5。

一、控制面板灯的控制

1. 控制要求

在自动化生产线中,常常利用按钮上的灯进行操作指示,当某个按钮灯闪烁时,提示按下该按钮。请按照要求编写程序,具体控制要求为:按下上电按钮后,复位灯闪烁;按下复位按钮后,复位灯灭,开始灯闪烁。

2. 程序分析

按下上电按钮后,K0 接通,PLC 的 I0.7 始终有信号,复位按钮对应 PLC 的 I1.1,复位灯对应 PLC 的 Q1.1,开始灯对应 PLC 的 Q1.0。

如图 2-41 所示,在网络 1 中,SM0.1 使首次扫描周期内该位接通,使得 M0.0 在首次扫描时接通并自锁。在网络 3 和网络 4 中,SM0.5 提供时钟脉冲,该脉冲在 1 s 的周期时间内 OFF(关闭)0.5 s,ON(打开)0.5 s,主要用于让复位灯和开始灯闪烁。当按下复位按钮后,M0.1 接通并自锁,同时让 M0.0 自锁解除,即复位灯闪烁停止,开始灯开始闪烁。

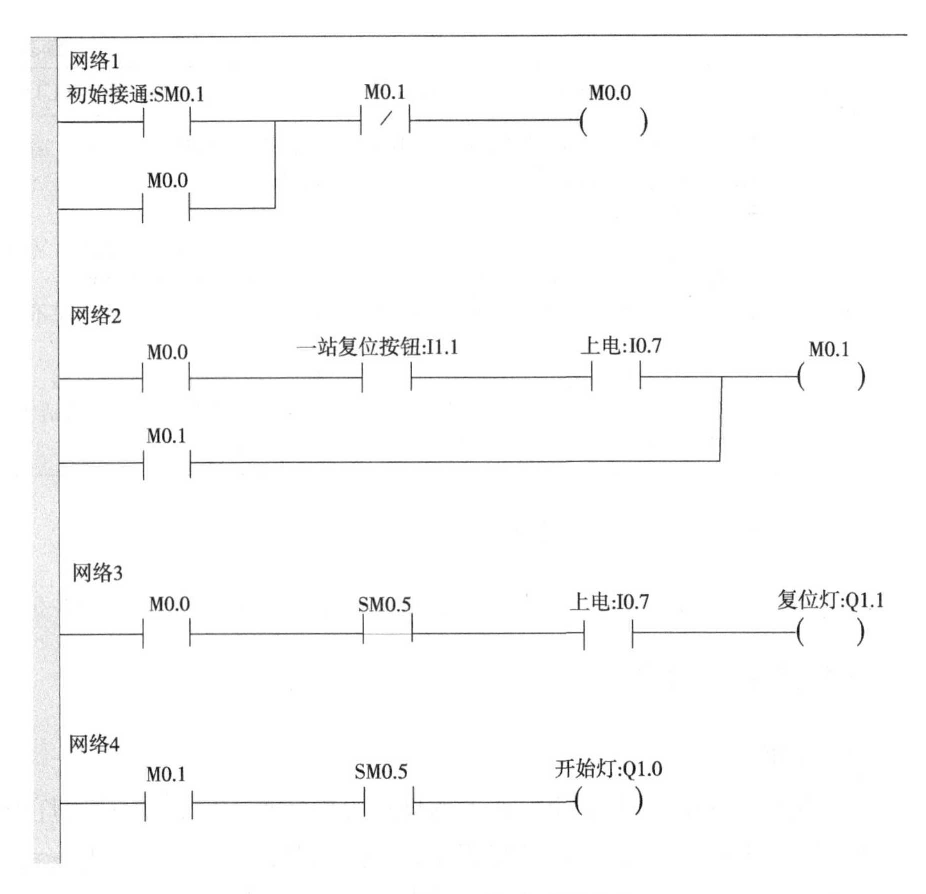

图 2-41 控制面板灯的控制程序

二、供料单元的控制

1. 控制要求

按下开始按钮后,供料单元直流电机运转,10 s 后若无料滑下,电机停转;若工件从滑道滑下,到料检测光电开关 B1 检测到工件后,直流电机停转,工件被取走后,直流电机运转,继续供料。

2. 程序分析

开始按钮对应 PLC 上的 I1.0,到料检测光电开关 B1 对应 PLC 上的 I0.0,直流电机由继电器 K1 控制,K1 的线圈对应 PLC 的 Q0.0。如图 2-42 所示,当按下开始按钮时,M0.3 得电自锁,电机运转,若 10 s 后没有工件滑下,T37 让 M0.3 自锁解除,Q0.0 断电;当 10 s 内有工件滑下时,I0.0 接通,M0.4 接通自锁,M0.3 断电;当工件被取走时,I0.0=0,此时 M0.5 接通自锁,M0.4 断开,0.1 s后 M0.5 断开,M0.3 接通,Q0.0 再次接通,直流电机又开始运行。

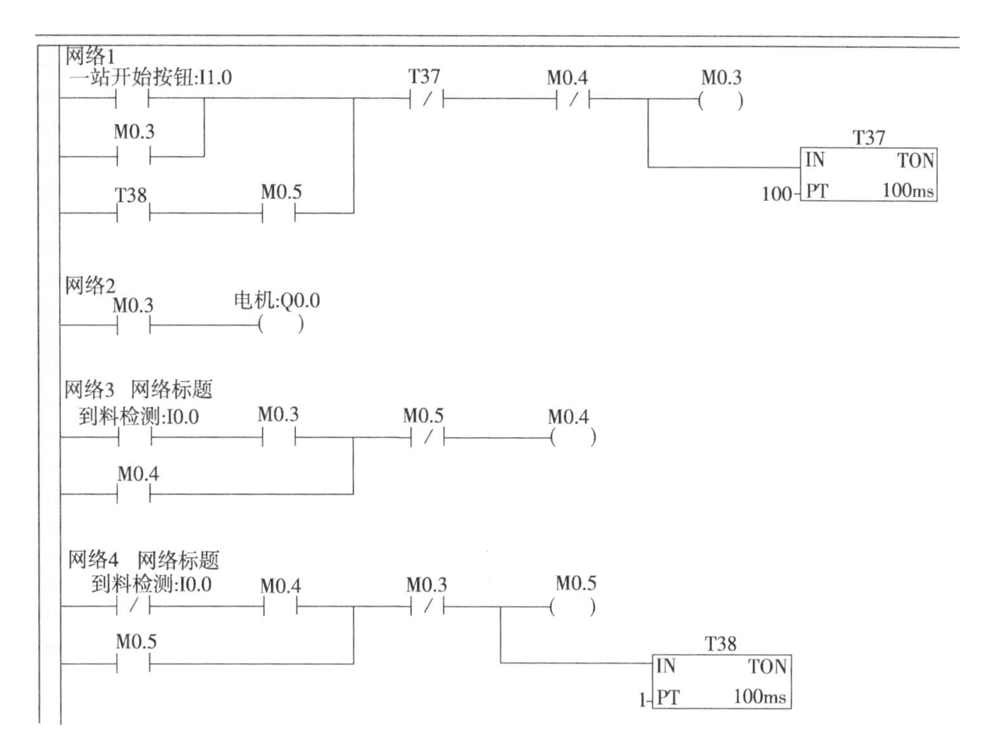

图 2-42　供料单元的控制程序

三、提升检测单元的控制

1. 控制要求

料台在下限位时，当到料检测光电开关检测到工件时，电磁阀线圈接通，由提升装置将料台提升，当到达上限位后，停留 5 s，然后气缸下降。

2. 程序分析

结合气动原理图可知，单电控二位五通电磁阀的线圈 1Y1 不通电时，气缸的活塞杆是伸出的，当 1Y1 通电时，活塞杆缩回，气缸处于提升状态。如图 2-43 所示，到料检测光电开关对应 PLC 的 I0. 0，上限位磁性开关对应 PLC 的 I0. 5，下限位磁性开关对应 PLC 的 I0. 6，1Y1 对应 PLC 的 Q0. 3。当气缸处于下限位时，1B2＝1，此时 I0. 6＝1，如果到料检测光电开关检测到工件 B1＝1，此时 I0. 0＝1，M0. 4 接通自锁，Q0. 3 接通，使得 1Y1 得电，气缸活塞缩回，料台被提升。当料台被提升到上限位置时，1B1＝1，此时 I0. 5＝1，M0. 5 接通自锁，同时使 M0. 4 断电，M0. 5 使得 Q0. 3 继续接通，当 T39 定时时间 5 s 到后，接通 M0. 6，使得 M0. 5 断电，Q0. 3 断电，电磁阀线圈 1Y1 断电，活塞杆伸出，料台下降。

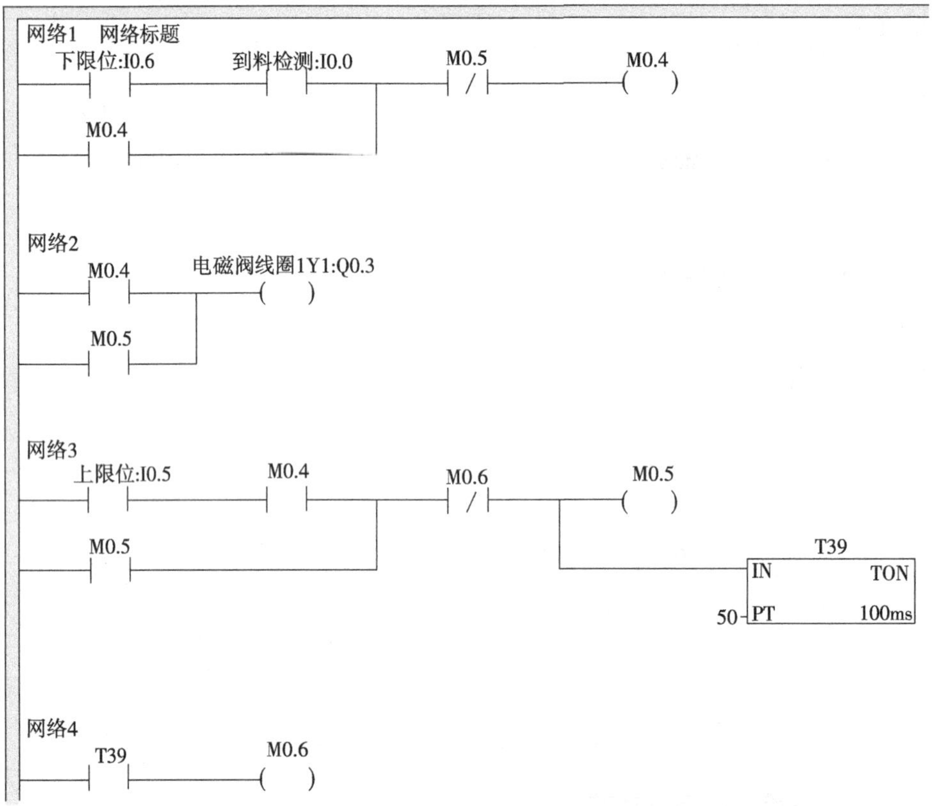

网络1 网络标题
下限位:I0.6 到料检测:I0.0 M0.5 M0.4
M0.4

网络2
M0.4 电磁阀线圈1Y1:Q0.3
M0.5

网络3
上限位:I0.5 M0.4 M0.6 M0.5
M0.5 T39
IN TON
50 PT 100ms

网络4
T39 M0.6

图 2-43 提升检测单元的控制程序

四、报警单元的控制

1. 控制要求

提升检测装置在有工件时,气缸上升,若 3 s 内没有到达气缸上限位,说明可能有工件卡住,则报警灯亮,同时蜂鸣器发出报警声,按调试按钮后报警解除,气缸下降。

2. 程序分析

提升检测装置在有工件时,到料检测光电开关 B1 有信号,I0. 0=1,气缸上升,使Q0. 3得电,电磁阀线圈 1Y1 通电,气缸上升。若 3 s 内没有到达气缸上限位,即 1B1=0,此时说明可能有工件卡住。如图 2-44 所示,有工件时 I0. 0=1,M0. 0 接通自锁,Q0. 3 得电,使电磁阀线圈 1Y1 通电,提升气缸提升,定时器 T37 定时时间为 3 s,3 s 后气缸未到达上限位时,在网络 3 中报警灯 Q0. 1、报警蜂鸣器 Q0. 2 接通报警,按下调试按钮后 M0. 0 断电,报警解除,气缸下降。

注意:该程序在调试时可以在断气情况下进行,这样气缸就不能上升,3 s 到后报警装置开始工作。

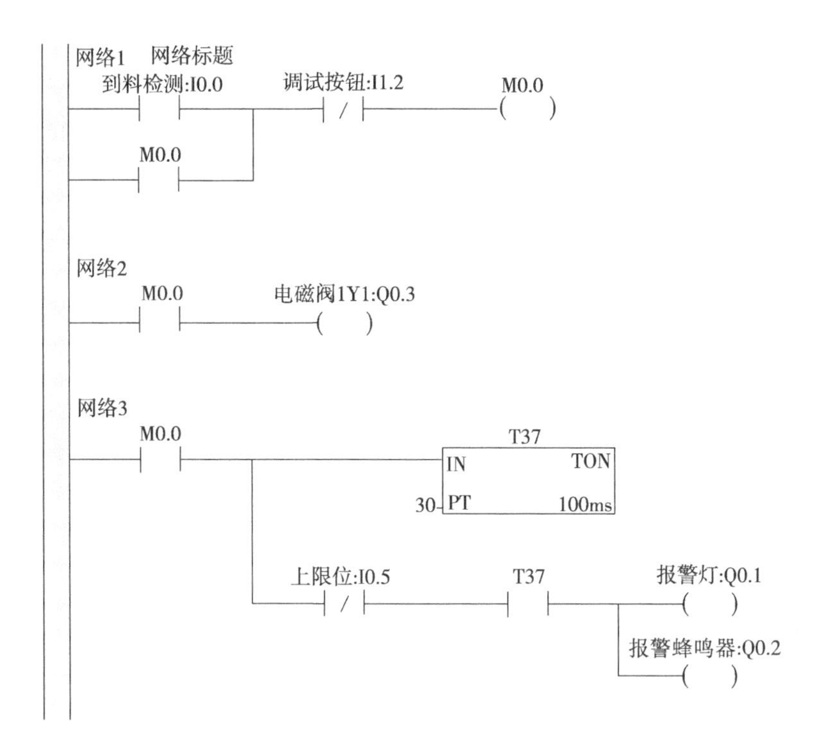

图 2-44　报警单元的控制程序

2.2.3　上料检测站编程工作任务

请按照下述控制要求分别编写控制程序。

(1)要求按下开始按钮复位灯，开始灯按照亮 3 s、灭 5 s 的规律闪烁，按下停止按钮复位灯，开始灯熄灭。

(2)用开始按钮控制直流电机的启动和停止，试编写程序。试对程序进行改动，使得电机反转。

(3)按下开始按钮，供料单元运转，当有 3 个工件滑下时，供料单元停止运行，此时发出报警声，同时报警灯亮。

(4)按下复位按钮，气缸下降，有工件时气缸提升。工件被取走后，气缸下降，等待再来工件。此时试验工件为白色工件。

(5)按下开始按钮，供料单元运行，工件从滑道滑下，提升检测单元检测到工件后，将工件提升。如果工件是白色的，蜂鸣器响 5 s，如果工件是黑色的，蜂鸣器响 2 s。按下调试按钮后，提升气缸下降，等待工件(提示：白色、黑色工件可以利用光电开关 B2 来判断，通过调节 B2 与工件的距离和角度，使得 B2 对白色敏感)。

任务2.3 上料检测站的拆卸、安装与调试

在本任务中,主要对上料检测站进行拆卸、安装与调试,要求安装后各部件位置之间的配合符合工艺要求。请按照下述步骤及要求完成本任务。

2.3.1 上料检测站的拆卸

在拆装前,由小组长带领组员开会,研究拆装计划和步骤,做好登记、记录等工作。在本任务中主要针对台面各部件进行拆装。

一、拆卸前准备

在拆卸前应做好如下准备:

(1)认识各部件单元,并记录各部件在台面上的具体位置及尺寸。各部件在工作台面上的示意图如图2-45所示。

(2)认真研究拆卸步骤,合理规划拆卸顺序。

(3)对照图纸,熟悉图纸与实物的关系,读懂电气图和气路图,台面各电气部件的接线图如图2-46所示。

(4)熟悉电磁阀、继电器、直流电机、报警灯、报警喇叭、磁性开关、光电开关在上料检测站的位置、作用、接线方法等。

(5)准备记录用的表格和摆放工具、零部件的台面。

二、拆卸注意事项及步骤

1. 拆卸注意事项

(1)根据给定的操作时间制定好计划。以下操作均在断气、断电的状态下进行。

(2)边拆卸边将拆下的零部件进行登记和保管。

(3)将螺丝、螺母等小零件放在盒子里,将其他零部件按顺序分门别类地摆放。

(4)拆卸时工具不要随意乱放。

2. 拆卸步骤

(1)拆除管线接头。

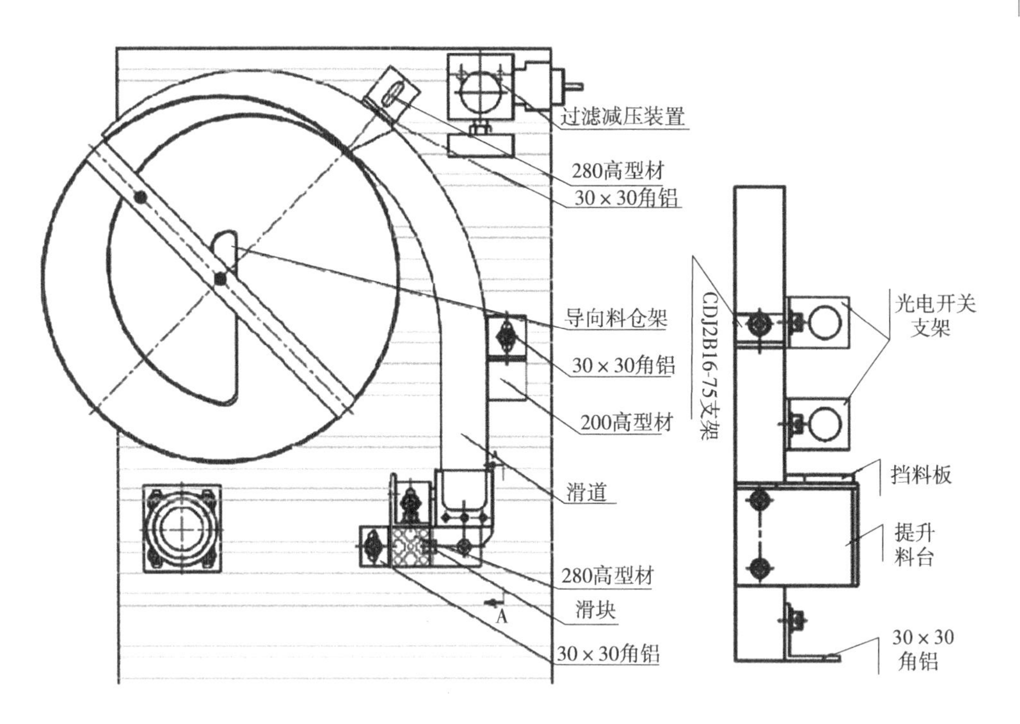

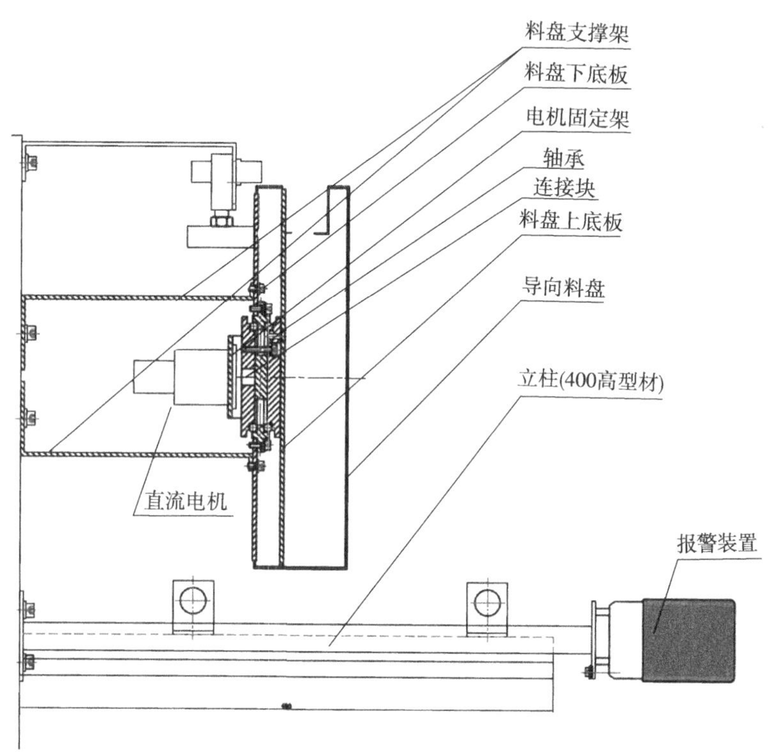

图 2-45 上料检测站机械部件安装示意图

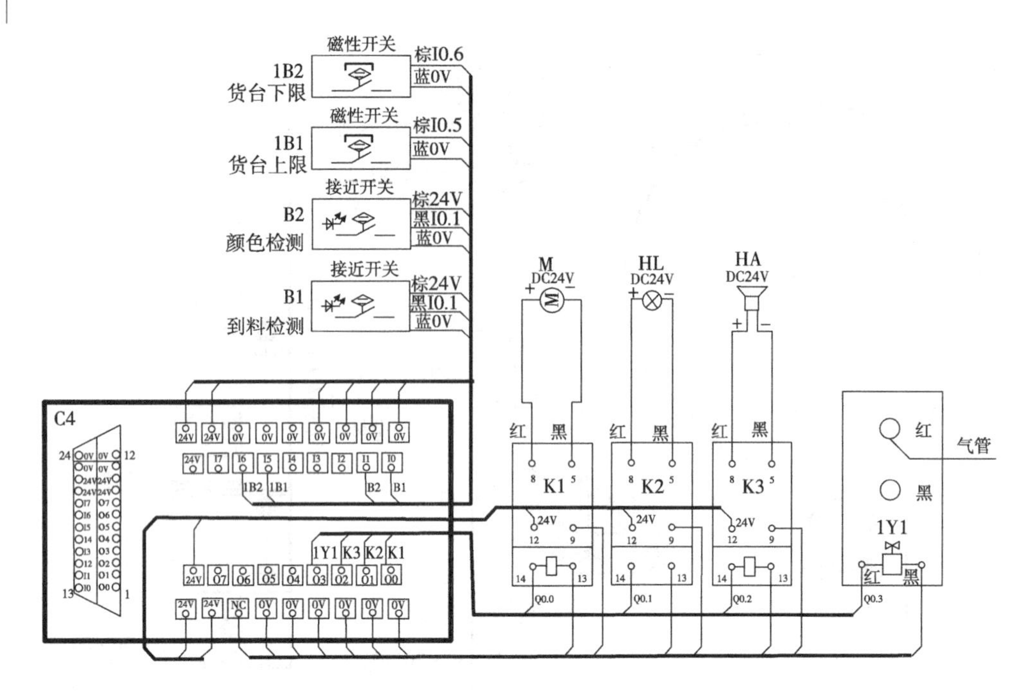

图 2-46　上料检测站工作台面接线图

①先将 C4 的连接电缆头两边的锁扣向外拉开,并将电缆头取下,然后依次拆下各接线插头。

②拆卸快速接头上的气管时,右手将快速接头端按下,左手拔下气管。

③将行线槽盖抽下,并进行整理。

(2)拆卸组件单元。将固定供料、提升检测、报警、导轨、减压过滤组件的螺丝松开,依次取下各组件单元。

①供料组件单元的拆卸。松开固定供料滑道两根立柱上的固定螺丝,将供料滑道取下;松开固定立柱的螺丝和固定供料盘支撑支架在台面上的固定螺丝,将立柱及供料盘拆下。

②提升检测、报警、导轨和减压过滤组件的拆卸。将管线从槽里取出,松开组件在台面上的固定螺丝,取下组件。

(3)拆卸各组件上的零件。组件单元取下后,在工作台面上依次拆卸各组件单元上的零件。

①供料组件单元的零件拆卸。先松开供料导向装置上的固定螺丝,将外圈取下。将料盘底板上的螺丝松开,取下料盘上底板。将料盘下底板上的螺丝及固定电机支架上的螺丝松开,将支撑支架卸下,并将电机与轴承分开。

②提升检测组件单元的零件拆卸。先松开料台底部的螺母和立柱上的螺丝,将料台和气缸活塞杆分开,松开气缸固定螺母,取下气缸,并将气缸上的磁性开关拆下,松开光电开关的固定螺母,将两个光电开关取下,最后卸下立柱上的固定气

缸和光电开关支架。

2.3.2 上料检测站的安装

一、安装步骤

请参照上料检测站示意图及接线图进行安装与接线。上料检测站示意图如图 2-45 所示，接线图如图 2-46 所示。

(1)将二联件安装在过滤器支架上，再将过滤器支架安装在型材桌面。

(2)将电磁阀支架、控制盒安装在导轨上，再将导轨安装在型材桌面。

(3)将报警灯安装在立柱(400 高铝型材)上，再将立柱(400 高铝型材)安装在型材桌面。

(4)将滑块和挡料板安装在光电开关支架上，再将 30×30 角铝、提升料台、光电开关支架、CDJ2B16-75 支架、挡料板等安装在 280 高型材上，再通过 30×30 角铝安装在型材桌面。

(5)将直流电机安装在电机固定架上，将电机连接块安装在直流电机的轴上，将电机固定架、电机转盘轴承安装在料盘下底板上，将料盘下底板安装在料盘支撑板上，将料盘上底板安装在电机转盘轴承上，将料盘引导架安装在料盘上，将料盘安装在料盘下底板上，最后将料盘支撑板安装在型材桌面。

(6)将滑道安装在 30×30 角铝、200 高型材上，再将 30×30 角铝、200 高型材安装在型材桌面。

(7)将电路和气路分别按照电路图和气路图进行接线和配管。要求槽外的管线保持整齐，并用绑扎带固定。

二、注意事项

(1)事先做好安装计划，明确零件安装的顺序，先把各零件组装成各组件。对照零部件登记表，安装一件记录一件。

(2)对于需要反复调整的零件，其固定螺母不要拧紧，以便调整。

(3)要注意提升检测单元与供料单元和后站的搬运机械手之间的配合。安装提升装置时，将搬运站的机械手扳到上料站提升组件的上方，使其能够抓到料台上的工件。安装供料单元时，使滑道工件出口对准提升检测组件的料台，入口对准供料盘的出口。

(4)槽外的管线等调试好后再进行绑扎，绑扎时要整齐，并用绑扎带固定。

2.3.3 上料检测站的调试

一、上料检测站各部件的调试

1. 上料检测站调试步骤

(1)机械部件的调试。主要调整各机械部件的位置,使工件在供给、提升时,各部件配合紧密、动作协调、灵活顺畅。

(2)传感器的调试。在断气的状态下,使系统上电,拉动活塞杆进行检查,分别检查 1B1、1B2 磁性开关是否工作正常。同时检查到料检测光电开关 B1 是否能够正常检测黑、白工件,光电开关 B2 是否对白色工件有反应且对黑色工件无反应。

(3)气动系统的调试。调整减压阀,使气压为 0.6 MPa,通气后,气缸应为伸出状态,按下电磁阀手动操作按钮,气缸应为提升状态。如气缸动作过猛,可以调节节流阀。

2. 上料检测站调试注意事项

(1)调试机械部件和传感器时,系统最好不要通气。可根据传感器上状态指示灯判断传感器是否检测到信号。

(2)提升检测装置上的各支架,应在光电开关和气缸位置调整好后再固定。

(3)光电开关的检测距离可以通过传感器尾部上的调节螺钉调节。在区分黑、白工件时,光电开关的调整除了要注意与工件的距离外,还要注意与工件的角度。

二、上料检测站程序调试

1. 控制要求

按下上电按钮后,复位按钮灯闪烁,按复位按钮,气缸进行复位,若气缸复位完成,则下限位磁性开关 1B2=1,料台处于下限位,此时开始按钮灯闪烁。按下开始按钮后,供料直流电机顺时针转动,若没有工件,到料检测光电开关 B1=0,则直流电机转动 10 s 后停止,同时报警灯亮;若有工件,到料检测光电开关 B1=1,则电磁阀线圈 1Y1=1,气缸上升,若在 3 s 内没有到达气缸上限位,上限位磁性开关 1B1=0,则报警灯亮,同时蜂鸣器发出报警声。按调试按钮,气缸下降,待 1B2=1 后,供料直流电机再次转动,重复上料过程。

2. 任务要求

根据以上控制要求画出上料检测站的流程图,并编写控制程序。参考流程图如图 2-47 所示。编写时可参考厂家提供的源程序，上料检测站的 PLC 控制源程序如图 2-48 所示。

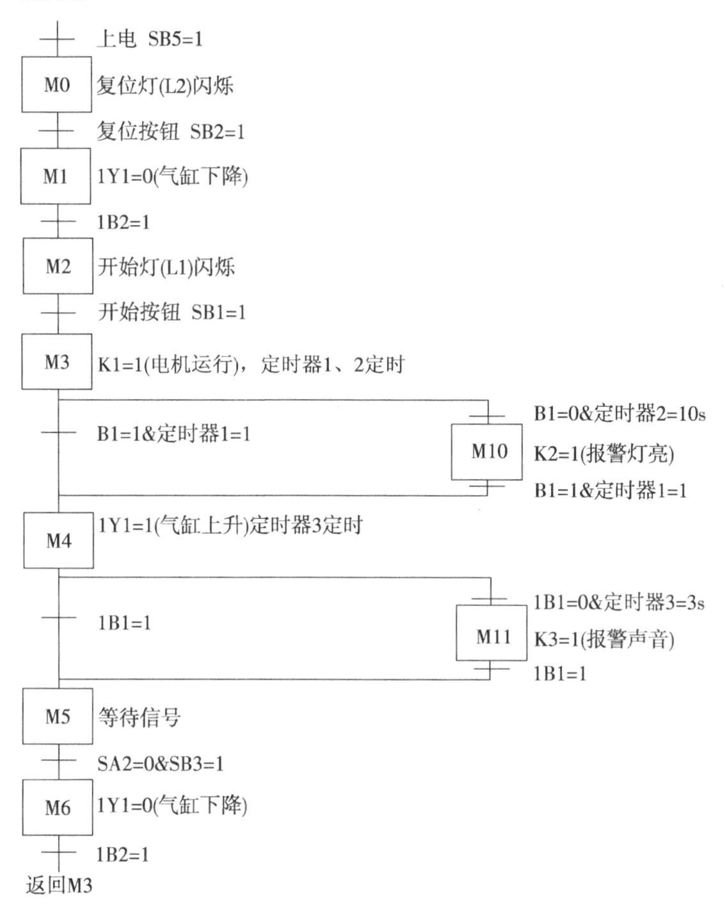

图 2-47　上料检测站流程图

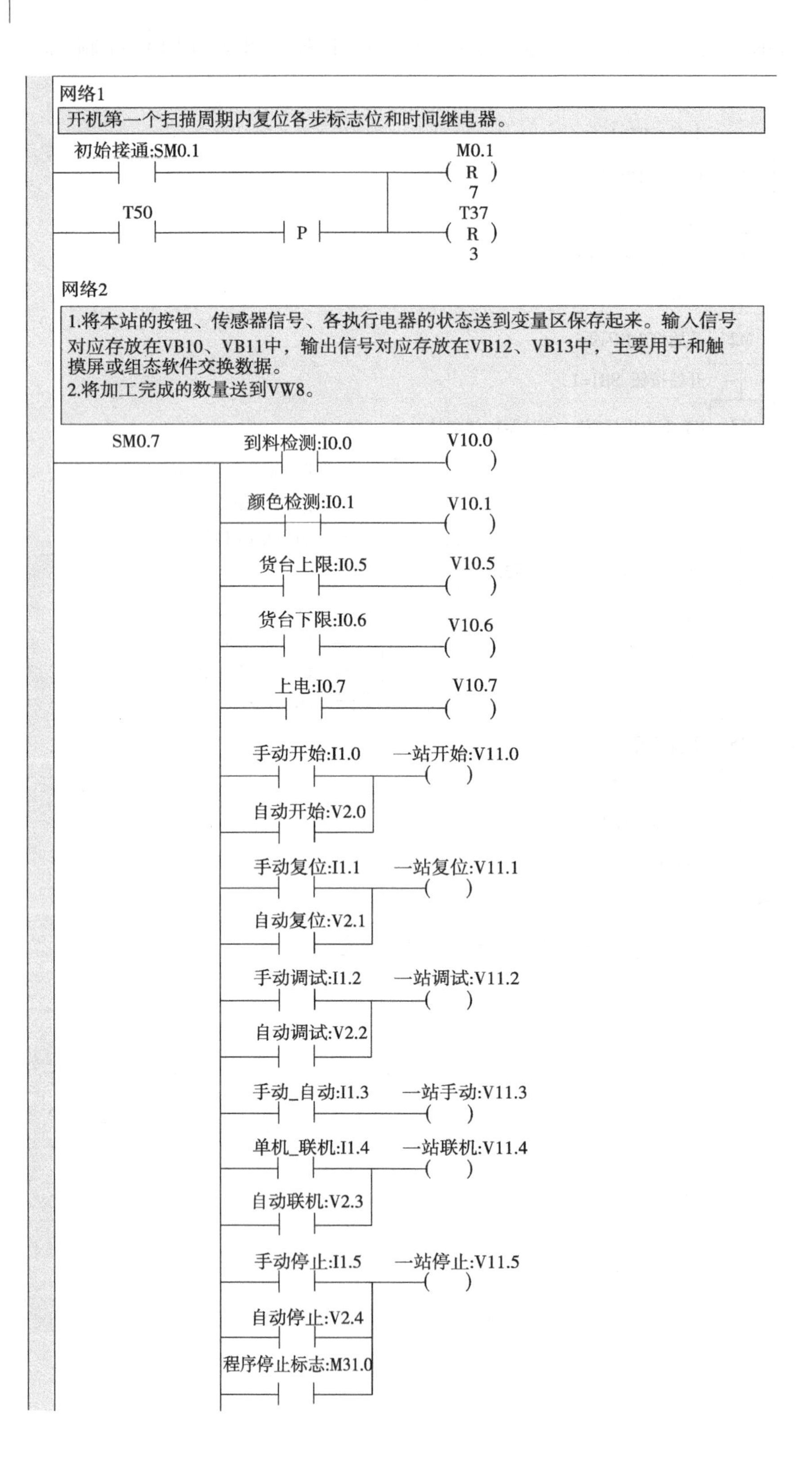

网络1
开机第一个扫描周期内复位各步标志位和时间继电器。
初始接通:SM0.1
M0.1
R
7
T50
P
T37
R
3
网络2
1.将本站的按钮、传感器信号、各执行电器的状态送到变量区保存起来。输入信号对应存放在VB10、VB11中，输出信号对应存放在VB12、VB13中，主要用于和触摸屏或组态软件交换数据。
2.将加工完成的数量送到VW8。
SM0.7
到料检测:I0.0
V10.0
颜色检测:I0.1
V10.1
货台上限:I0.5
V10.5
货台下限:I0.6
V10.6
上电:I0.7
V10.7
手动开始:I1.0
一站开始:V11.0
自动开始:V2.0
手动复位:I1.1
一站复位:V11.1
自动复位:V2.1
手动调试:I1.2
一站调试:V11.2
自动调试:V2.2
手动_自动:I1.3
一站手动:V11.3
单机_联机:I1.4
一站联机:V11.4
自动联机:V2.3
手动停止:I1.5
一站停止:V11.5
自动停止:V2.4
程序停止标志:M31.0

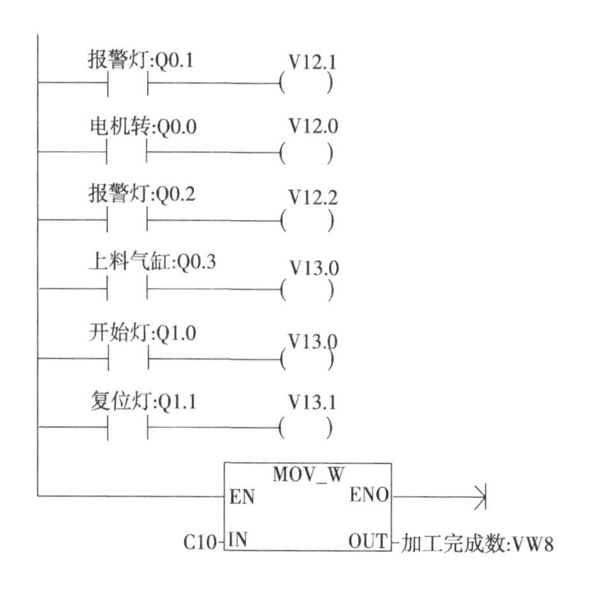

报警灯:Q0.1
V12.1
电机转:Q0.0
V12.0
报警灯:Q0.2
V12.2
上料气缸:Q0.3
V13.0
开始灯:Q1.0
V13.0
复位灯:Q1.1
V13.1
MOV_W
EN
ENO
C10
IN
OUT
加工完成数:VW8

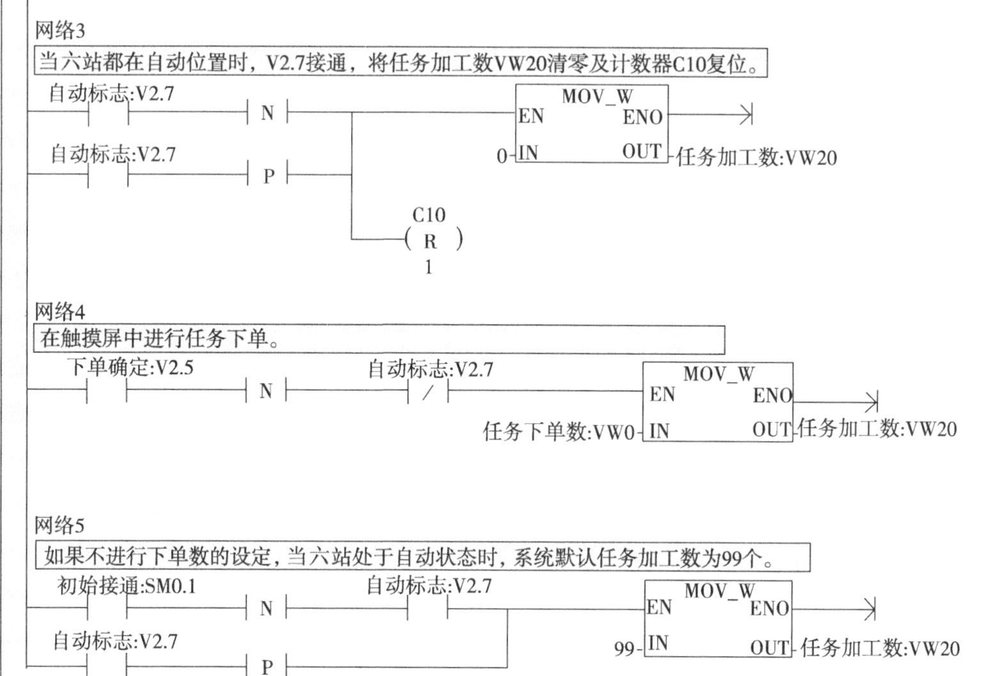

网络3
当六站都在自动位置时，V2.7接通，将任务加工数VW20清零及计数器C10复位。
自动标志:V2.7
N
自动标志:V2.7
P
MOV_W
EN
ENO
0
IN
OUT
任务加工数:VW20
C10
R
1
网络4
在触摸屏中进行任务下单。
下单确定:V2.5
N
自动标志:V2.7
MOV_W
EN
ENO
任务下单数:VW0
IN
OUT
任务加工数:VW20
网络5
如果不进行下单数的设定，当六站处于自动状态时，系统默认任务加工数为99个。
初始接通:SM0.1
N
自动标志:V2.7
自动标志:V2.7
P
MOV_W
EN
ENO
99
IN
OUT
任务加工数:VW20

网络6

记录停止信息。

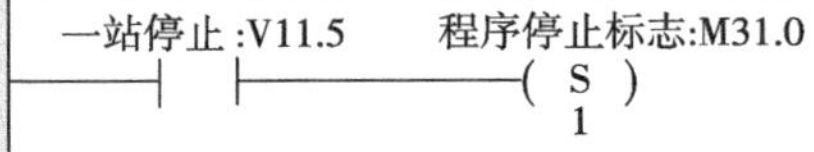

一站停止 :V11.5 程序停止标志:M31.0 (S) 1

网络7

复位停止信息。

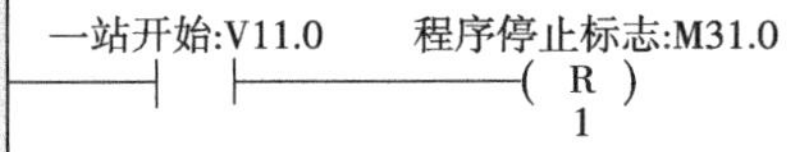

一站开始:V11.0 程序停止标志:M31.0 (R) 1

网络8

按下复位按钮后开始灯闪烁；在系统运行时，按下停止按扭后，开始灯闪烁。

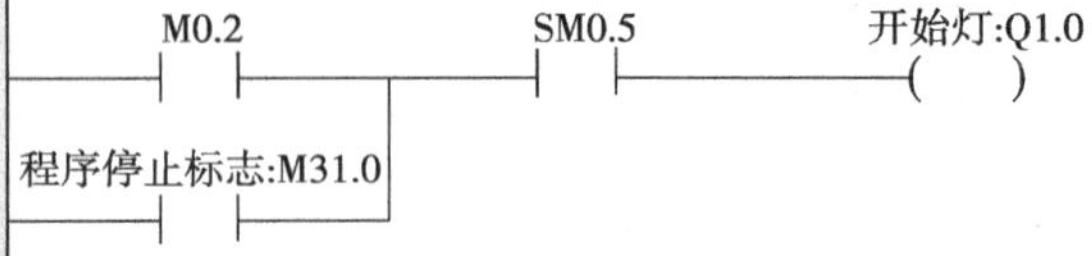

M0.2 SM0.5 开始灯:Q1.0 ( )

程序停止标志:M31.0

网络9

如果按下停止按钮，将跳过JMP–LBL之间的程序。

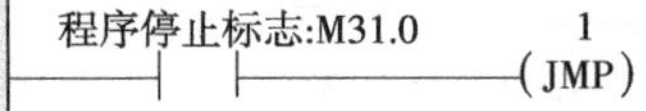

程序停止标志:M31.0 1 (JMP)

网络10

按“开始”键5 s后重新复位。
在网络1中让M0.1~M0.7,T37~T39复位，同时，5 s后进入M0. 0步。

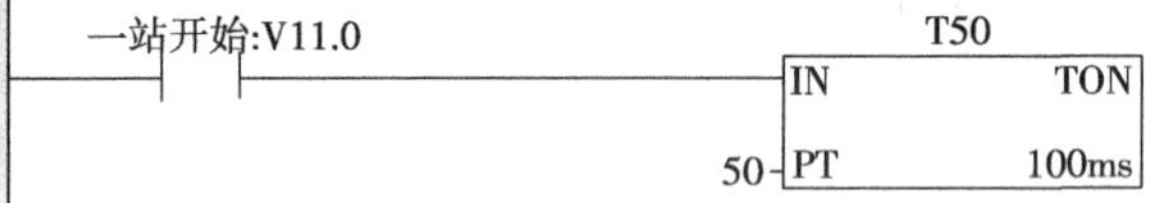

一站开始:V11.0 T50 IN TON

50-PT 100ms

网络11

确定程序开始运行，在网络19中使复位灯闪烁。

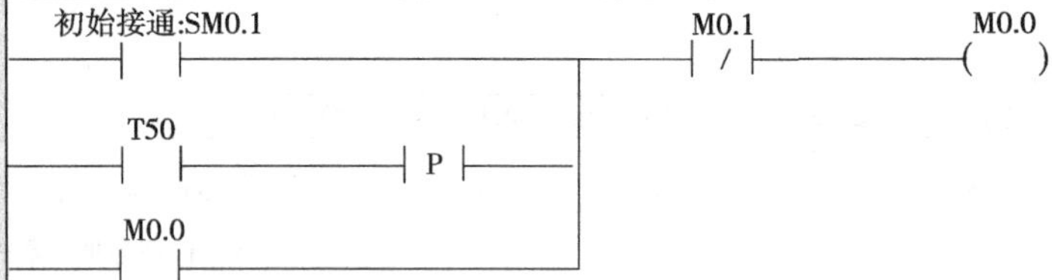

初始接通:SM0.1 M0.1 / M0.0 ( )

T50 P

M0.0

网络12

上电并复位。

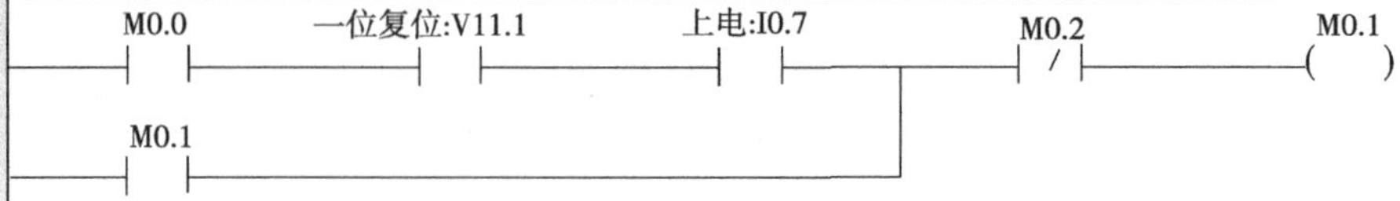

M0.0 一位复位:V11.1 上电:I0.7 M0.2 / M0.1 ( )

M0.1

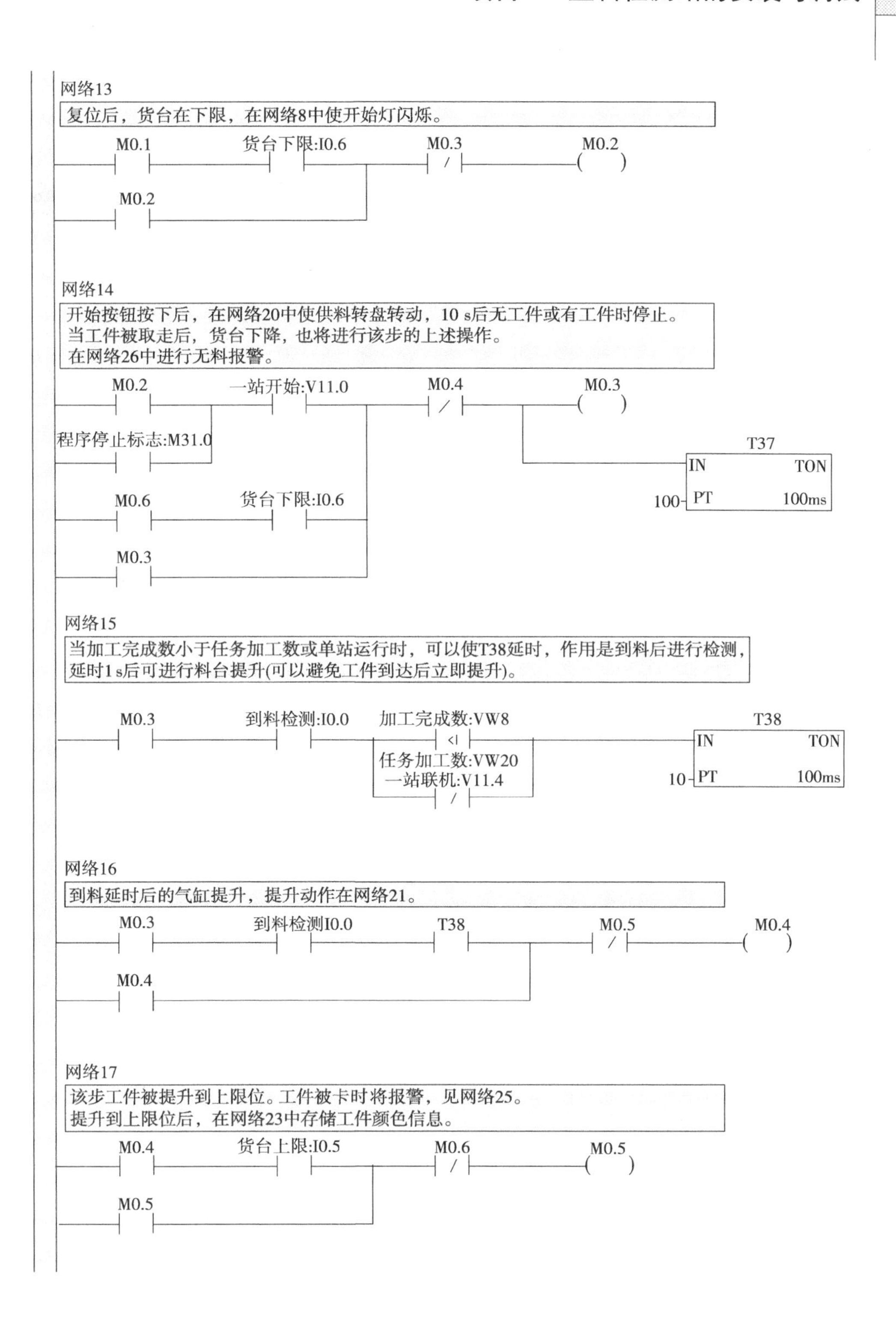
网络13
复位后，货台在下限，在网络8中使开始灯闪烁。
M0.1
货台下限:I0.6
M0.3
M0.2
M0.2
网络14
开始按钮按下后，在网络20中使供料转盘转动，10 s后无工件或有工件时停止。
当工件被取走后，货台下降，也将进行该步的上述操作。
在网络26中进行无料报警。
M0.2
一站开始:V11.0
M0.4
M0.3
程序停止标志:M31.0
T37
IN
TON
100
PT
100ms
M0.6
货台下限:I0.6
M0.3
网络15
当加工完成数小于任务加工数或单站运行时，可以使T38延时，作用是到料后进行检测，
延时1 s后可进行料台提升(可以避免工件到达后立即提升)。
M0.3
到料检测:I0.0
加工完成数:VW8
<I
任务加工数:VW20
一站联机:V11.4
T38
IN
TON
10
PT
100ms
网络16
到料延时后的气缸提升，提升动作在网络21。
M0.3
到料检测I0.0
T38
M0.5
M0.4
M0.4
网络17
该步工件被提升到上限位。工件被卡时将报警，见网络25。
提升到上限位后，在网络23中存储工件颜色信息。
M0.4
货台上限:I0.5
M0.6
M0.5
M0.5

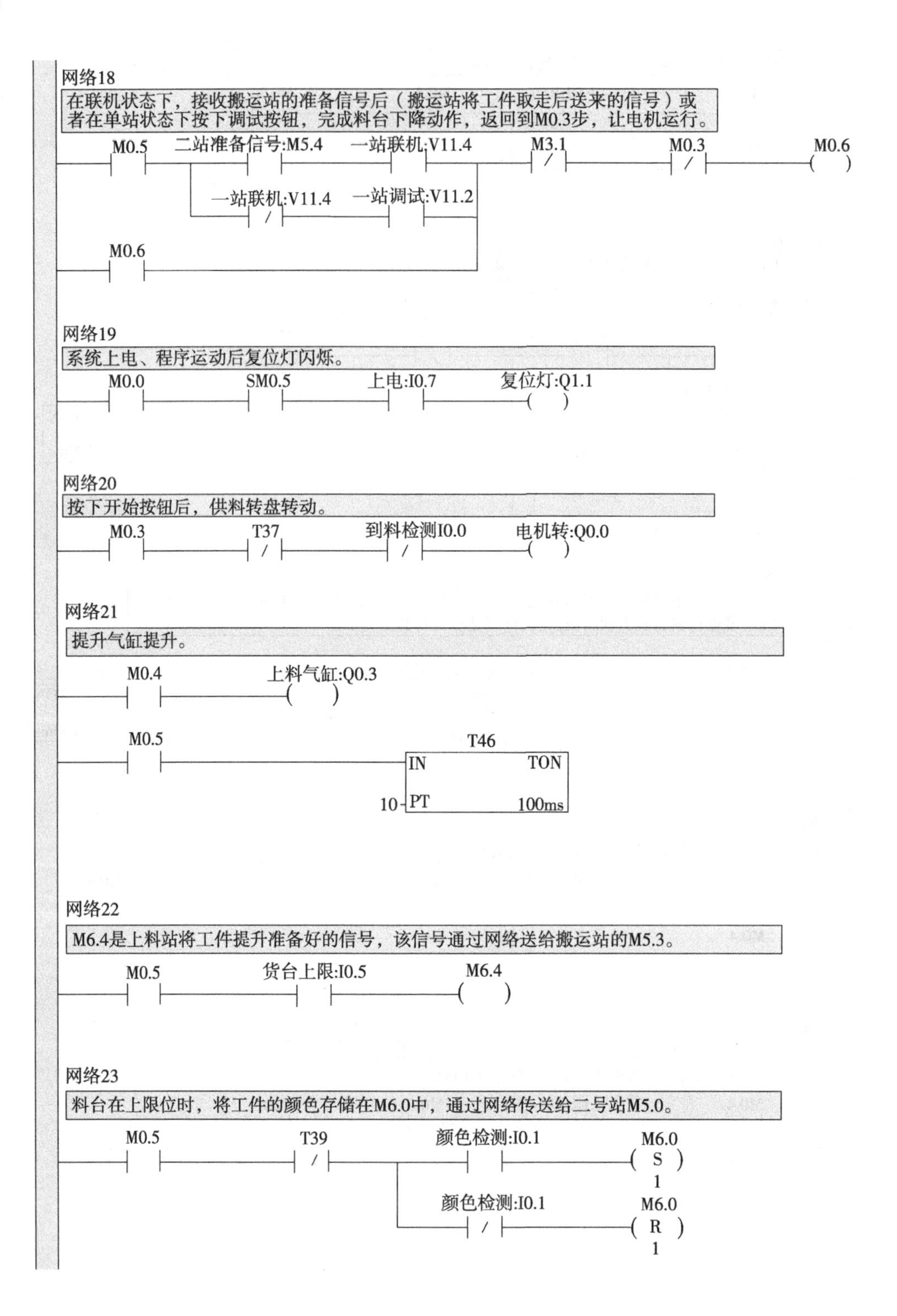
网络18
在联机状态下，接收搬运站的准备信号后（搬运站将工件取走后送来的信号）或者在单站状态下按下调试按钮，完成料台下降动作，返回到M0.3步，让电机运行。
M0.5
二站准备信号:M5.4
一站联机:V11.4
M3.1
M0.3
M0.6
一站联机:V11.4
一站调试:V11.2
M0.6
网络19
系统上电、程序运动后复位灯闪烁。
M0.0
SM0.5
上电:I0.7
复位灯:Q1.1
网络20
按下开始按钮后，供料转盘转动。
M0.3
T37
到料检测I0.0
电机转:Q0.0
网络21
提升气缸提升。
M0.4
上料气缸:Q0.3
M0.5
T46
IN
TON
10
PT
100ms
网络22
M6.4是上料站将工件提升准备好的信号，该信号通过网络送给搬运站的M5.3。
M0.5
货台上限:I0.5
M6.4
网络23
料台在上限位时，将工件的颜色存储在M6.0中，通过网络传送给二号站M5.0。
M0.5
T39
颜色检测:I0.1
M6.0
S
1
颜色检测:I0.1
M6.0
R
1

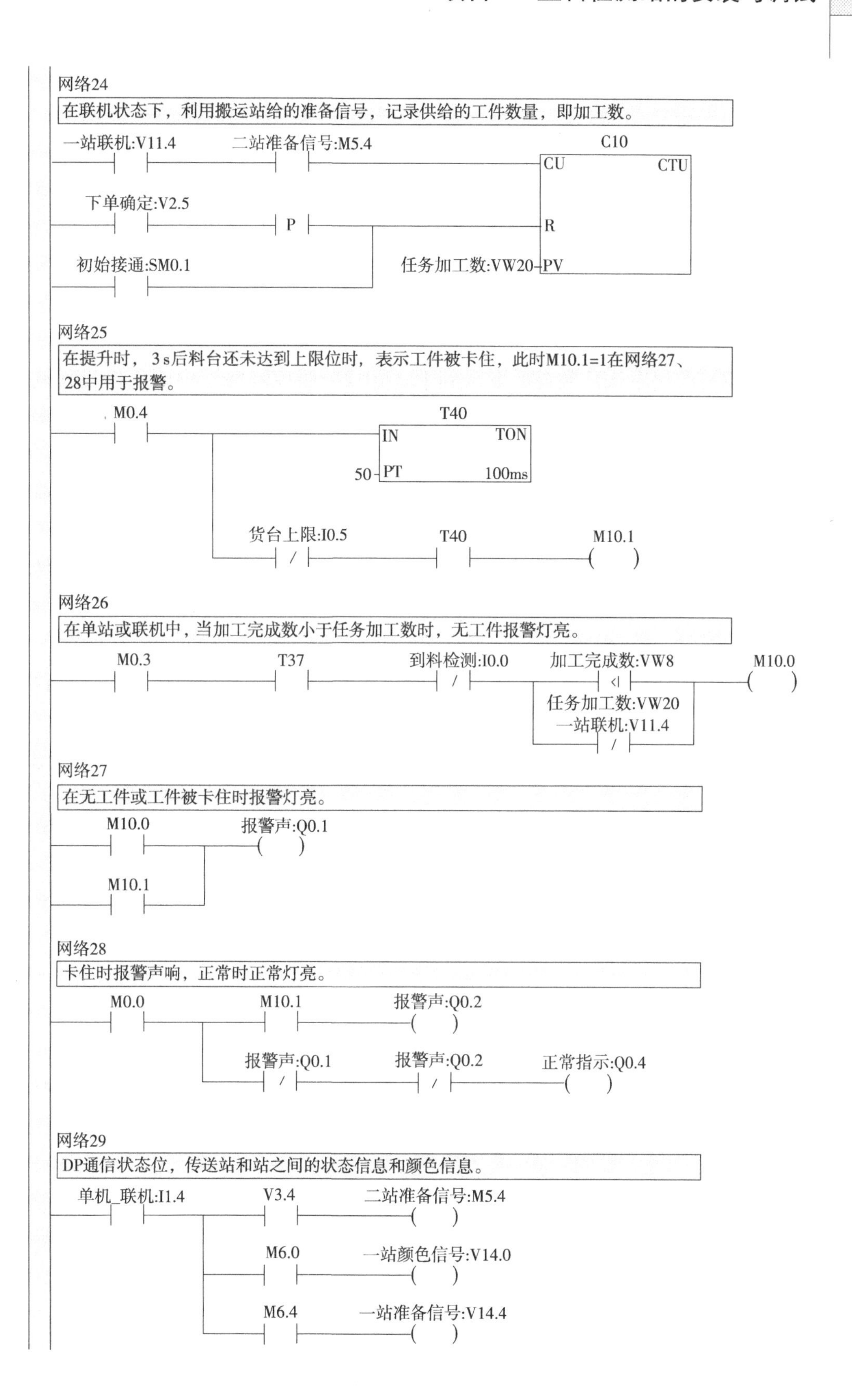

网络24
在联机状态下，利用搬运站给的准备信号，记录供给的工件数量，即加工数。
一站联机:V11.4
二站准备信号:M5.4
C10
CU
CTU
下单确定:V2.5
P
R
初始接通:SM0.1
任务加工数:VW20
PV
网络25
在提升时，3 s后料台还未达到上限位时，表示工件被卡住，此时M10.1=1在网络27、28中用于报警。
M0.4
T40
IN
TON
50
PT
100ms
货台上限:I0.5
T40
M10.1
网络26
在单站或联机中，当加工完成数小于任务加工数时，无工件报警灯亮。
M0.3
T37
到料检测:I0.0
加工完成数:VW8
M10.0
任务加工数:VW20
一站联机:V11.4
网络27
在无工件或工件被卡住时报警灯亮。
M10.0
报警声:Q0.1
M10.1
网络28
卡住时报警声响，正常时正常灯亮。
M0.0
M10.1
报警声:Q0.2
报警声:Q0.1
报警声:Q0.2
正常指示:Q0.4
网络29
DP通信状态位，传送站和站之间的状态信息和颜色信息。
单机_联机:I1.4
V3.4
二站准备信号:M5.4
M6.0
一站颜色信号:V14.0
M6.4
一站准备信号:V14.4

图 2-48　上料检测站的源程序

3. 程序的调试

将编写的程序认真检查后下载到 PLC 中,按照控制要求中的工作流程调试程序,使其满足控制要求。在编写、调试程序的过程中,要进一步了解设备的调试方法和技巧,培养严谨的工作作风。

(1)下载程序前,必须保证气缸、电机、传感器工作正常,认真检查程序,避免各执行机构的动作发生冲突。

(2)确认程序基本没有问题的方法是:将程序下载到 PLC,并运行程序。按照操作流程进行操作,仔细观察各执行机构的工作是否满足控制要求。如没有满足要求,分析原因并进行修改。

(3)在设备运行中,一旦发生异常情况,应及时采取措施,如急停切断执行机构的控制信号,切断气源和总电源,避免造成更大的损失。

(4)总结经验,把调试中遇到的问题和解决方法记录下来,便于分析和解决类似问题。

项目 3　搬运站的安装与调试

学习目标

□掌握搬运站的功能，了解其组成及各部分的结构。
□熟悉各种电磁阀和气缸等气动原件，理解搬运站的气动控制原理。
□认识并掌握搬运站使用的磁性开关、电感式传感器的工作原理及其应用。
□熟悉搬运站的电气控制系统，掌握机械手的基本控制方法。
□通过学习搬运站的安装与调试方法，学会有计划、有目的地完成工作任务，具有安全、团结合作意识。
□学会根据项目任务查阅电磁阀、气缸、电感式传感器、磁性开关等零部件的资料，以获取有用信息的方法。

任务 3.1　搬运站的认知

3.1.1　搬运站的功能与结构组成

工件在自动化生产线中的移动，需要具有搬运功能的设备来完成，生产线中常用的搬运设备主要有工业机器人、气动机械手、气动吸盘等。在 THWSPX-2A 型自动化生产线的第二站中采用气动机械手作为工件搬运的设备，其主要功能是通过气动机械手的运动，将工件从上料检测站搬运到加工站。

如图 3-1 所示，搬运站工作台上的装置主要由摆动单元、前后伸缩单元、升降单元、气爪单元、导轨单元以及控制按钮面板组成，机械手各单元部件通过支架固定在台面上。此外，搬运站下方还有一块控制板，上面主要有 S7-200 CPU224 PLC、EM277、I/O 接口板、开关电源以及电源控制电器等。

一、摆动单元

如图 3-2 所示，摆动单元主要由摆动气缸、电感式传感器、缓冲器、机械手支架等组成。其主要功能是由摆动气缸带动机械手做左右摆动,安装在左右侧的电感式传感器用于检测机械手摆动是否到位。当机械手摆到左边时,电感式传感器1B1=1,给出一个开关信号;当机械手摆到右边时,电感式传感器1B2=1,并利用缓冲器缓解机械手即将到达左右侧时的冲击力,保护电感式传感器。

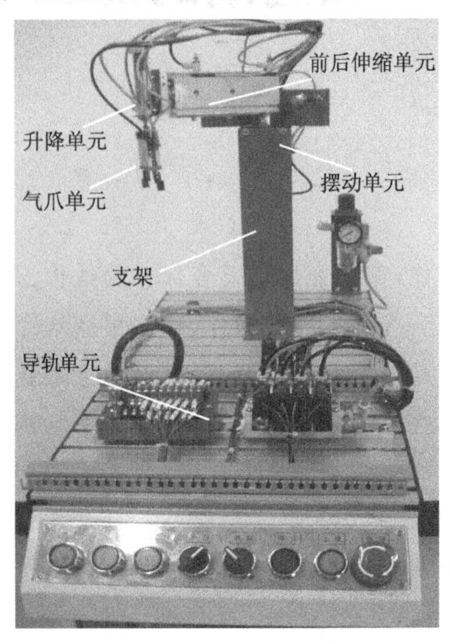

图3-1 搬运站的组成

二、前后伸缩单元

如图3-2所示,前后伸缩单元主要由前后伸缩气缸和磁性开关组成,它通过连接器与摆动气缸的转轴连接,主要功能是负责机械手的前后运动。前后伸缩气缸是一个双活塞杆气缸,利用磁性开关2B1检测双活塞杆气缸缩回的后限位位置,利用磁性开关2B2检测双活塞杆气缸伸出的前限位位置。

三、升降单元

如图3-2所示,升降单元由升降气缸和磁性开关组成。当气爪上升时,磁性开关4B1接通;当气爪下降时,磁性开关4B2接通。磁性开关安装在导轨上,主要功能是负责机械手的上下运动。

四、气爪单元

如图3-2所示,气爪单元主要由气爪和磁性开关组成。气爪的主要功能是夹紧和放松工件。气爪的夹紧和放松由磁性开关3B1来检测,当气爪放松时,3B1=1。

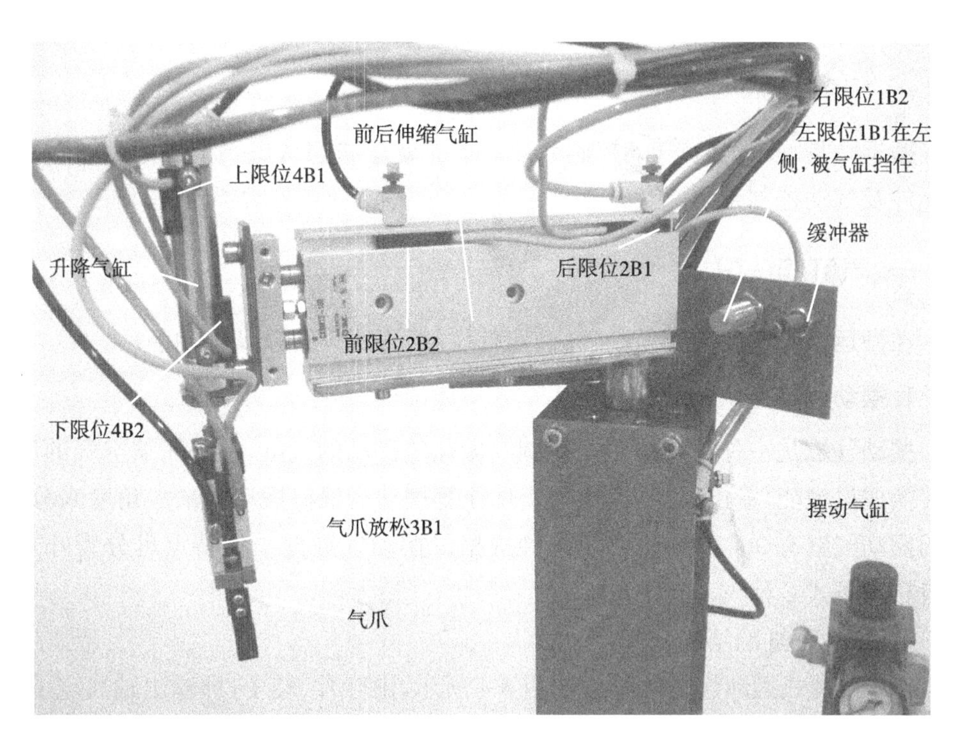

图 3-2　搬运机械手各组成单元示意图

五、导轨单元

如图 3-3 所示，导轨单元主要由 I/O 接线板和电磁阀组组成，主要作用是将工作台面上的信号与控制板的信号进行交换。电磁阀组用于控制各气缸的工作。

图 3-3　搬运站导轨单元

3.1.2 搬运站的气动控制系统

搬运站是一个纯电-气动控制系统。下面就让我们认识一下搬运站的各个气动元件及气动控制系统。

一、气缸的认识

在搬运站中主要用到摆动气缸、双杆气缸、直线气缸以及气动手爪。

1. 摆动气缸

摆动气缸是一种在360°角度范围内做往复摆动的气缸，它将压缩空气的压力能转换成机械能，输出力矩，使机构实现往复摆动。根据摆动的最大角度来分，常用的摆动气缸有90°、180°和270° 3种规格。摆动气缸按结构特点可分为叶片式和齿轮齿条式2种。

(1)摆动气缸的结构。

①单叶片式摆动气缸的结构如图3-4所示，由叶片、转子(即输出轴)、定子、缸体和前后端盖等部分组成。定子和缸体固定在一起，叶片和转子连在一起。定子上有2条气路，当左路进气、右路排气时，压缩空气推动叶片带动转子做顺时针摆动；反之，叶片做逆时针摆动。摆动气缸驱动的可调止动装置与旋转叶片相互独立，从而使挡块可以限制摆动的角度。在终端位置，弹性缓冲环可对冲击进行缓冲。

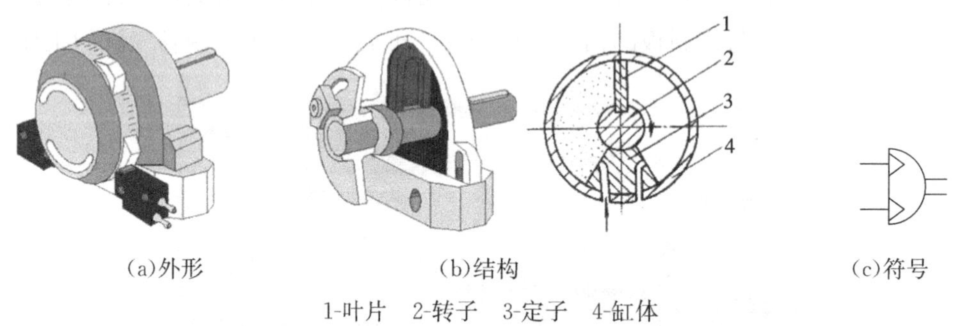

(a)外形　　(b)结构　　(c)符号

1-叶片　2-转子　3-定子　4-缸体

图3-4　单叶片式摆动气缸结构图

②齿轮齿条式摆动气缸有单齿条式和双齿条式2种。如图3-5所示为单齿条式摆动气缸结构图，它由齿轮、齿条、活塞、缓冲装置、端盖及缸体等组成。

齿轮齿条式摆动气缸通过一个可补偿磨损的齿轮齿条，将活塞直线运动转化为输出轴的回转运动。在图3-5中，当气缸右腔进气、左腔排气时，活塞推动齿条向左运动，齿轮和轴做逆时针回转运动，输出转矩；反之，齿轮做顺时针回转运动，其回转角度取决于活塞的行程和齿轮的节圆半径。

齿轮齿条式摆动气缸的行程终点位置可调，且在终端可调缓冲装置，缓冲大小与气缸设定的摆动角度无关。在活塞上装有一个永久磁环，磁性开关可固定在缸体上的安装沟槽中。

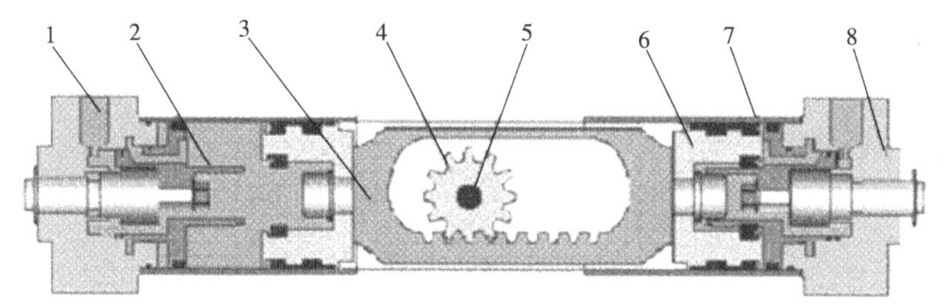

1-缓冲节流阀　2-缓冲柱塞　3-齿条组件　4-齿轮　5-输出轴　6-活塞　7-缸体　8-端盖

图 3-5　单齿条式摆动气缸结构图

(2)摆动气缸的调节。

①叶片式摆动气缸的调节。在 THWSPX-2A 型自动化生产线中，叶片式摆动气缸如图 3-6(a)所示，用螺丝刀松开调节块螺钉，把调节块调整到合适位置后，再拧紧螺钉。

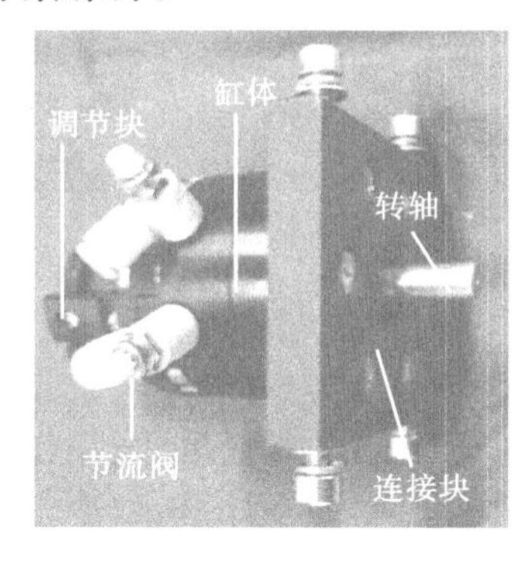

(a)叶片式摆动气缸

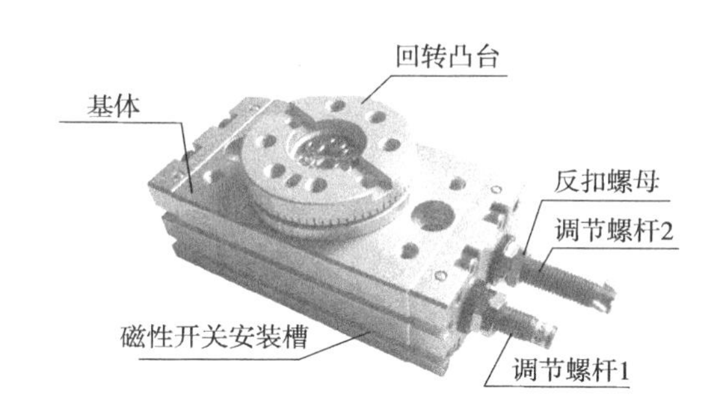

(b)齿轮齿条式摆动气缸

图 3-6　摆动气缸实物

②齿轮齿条式摆动气缸的调节。如图 3-6(b)所示，齿轮齿条式摆动气缸的回转角度能在 0～90°和 0～180°任意调节，而且可以在磁性开关安装槽中安装磁性开关，用于检测旋转到位信号。松开磁性开关的紧定螺丝，磁性开关就可以沿着槽左右移动。确定位置后，旋紧紧固螺丝，即可完成位置的调整。

当需要调节回转角度或调整摆动位置精度时，应首先松开调节螺杆上的反扣螺母，通过旋入和旋出调节螺杆，改变回转凸台的回转角度，调节螺杆 1 和调节螺杆 2 分别用于左旋和右旋角度的调整。调整好摆动角度后，应将反扣螺母与基体反扣锁紧，防止调节螺杆松动，造成回转精度降低。

2. 手指气缸

手指气缸是一种变型气缸，也称“气爪”，能实现各种抓取功能，是机械手的关键部件。气动手爪的开闭一般是通过由气缸活塞产生的往复直线运动带动与手爪相连的曲柄连杆、滚轮或齿轮等机构，驱动各个手爪同步做开、闭运动。由于活塞上有永久磁铁,因此可以用磁性开关检测气爪的开闭。

图3-7所示为平行开合气爪,两个气爪对心移动,输出较大的抓取力,既可用于内抓取,也可用于外抓取。在THWSPX-2A型自动化生产线中,就是使用这种气爪抓取工件的。

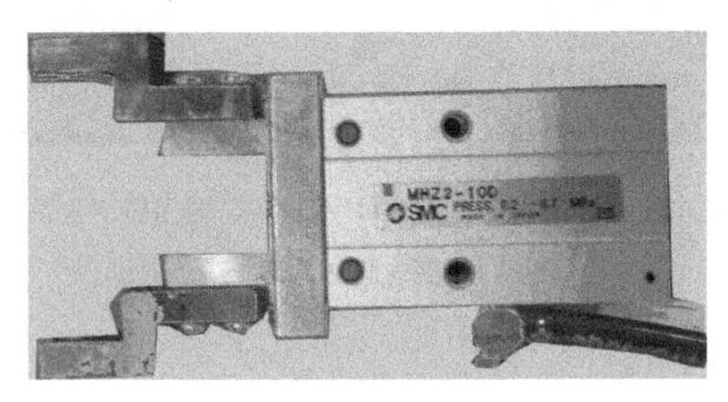

(a)气爪实物

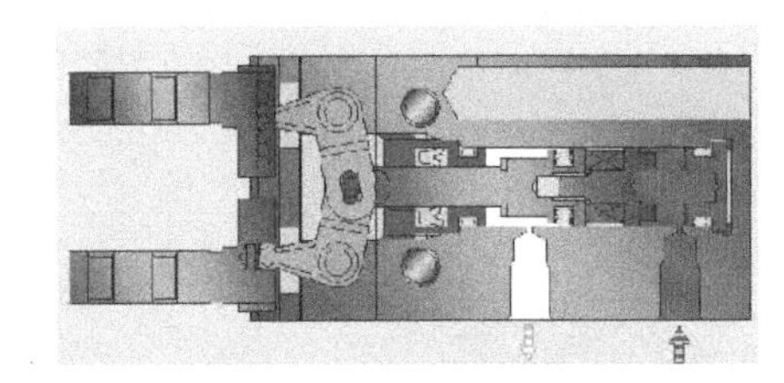

(b)气爪开

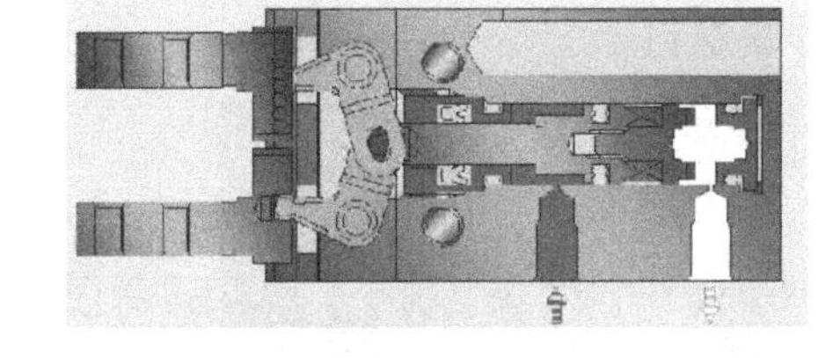

(c)气爪闭

图3-7 平行开合气爪

图3-8所示是几种常见的气爪:三个气爪同时开闭的三点气爪,适用于夹持圆柱体工件及压入工件;内外抓取40°摆角的摆动气爪;开度180°的旋转气爪,气爪不仅抓取力大,而且能确保抓取力矩恒定。

(a)三点气爪

(b)摆动气爪

(c)旋转气爪

图3-8 常见气爪

3. 双活塞杆气缸

在搬运站中,用于机械手伸缩的气缸是一个双活塞杆气缸,如图3-9所示。气缸的动作方式为双作用式。它采用薄型双气缸结构,不回转,精度高,具有二倍输出能力,抵抗侧面负载能力强。缸体可以在顶部、底部、两个侧面用螺钉固定,也可以在端板的三个平面安装工件。磁性开关安装在磁性开关槽内。

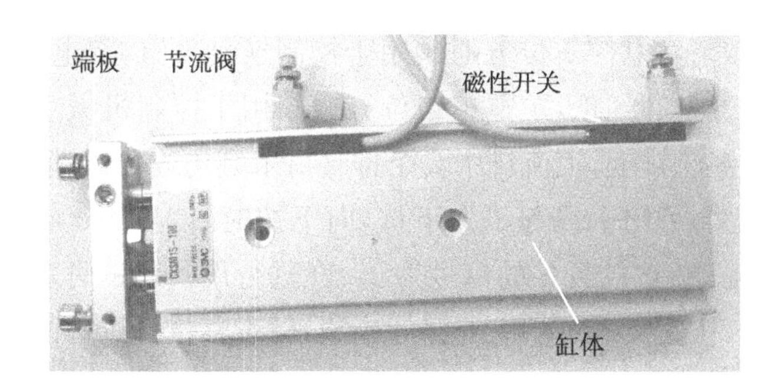

图 3-9　双活塞杆气缸

4. 气缸的使用注意事项

在实际应用时，气缸的使用压力、速度、侧向力及周围环境、温度、磁场、润滑情况等参数必须符合规定要求，这是气缸正常工作的前提。在使用气缸时要注意以下事项：

(1)使用正确处理后的压缩空气，避免使用有害工作介质。

(2)温度应高于露点温度，低于最大使用环境温度，低温时要防止结冰。

(3)压缩空气使用前应经过有效地分水、过滤，所含杂质颗粒最大为 40 μm；在环境温度很低的冰冻地区，对介质的除湿要求更高。

(4)除无给油润滑气缸外，都应对气缸进行给油润滑。一般在气源入口处安装油雾器，应使用样本中推荐的润滑油。

(5)气缸在安装前应进行空载试运转，正常后才能安装。安装前，应清除安装管道内的脏物，管路应尽量短。

(6)活塞杆只能承受轴向负载，应避免承受径向或偏负载。安装时，应确保负载运动方向与气缸轴线一致。

(7)避免气缸的行程终端发生大的碰撞，以防损坏机构。缓冲气缸开始运行前，把节流缓冲阀拧在节流量较小位后逐渐打开。

(8)行程中负载有变化时，应尽量使用输出力充裕的气缸，并附加缓冲装置。气缸应避免使用满行程，以防活塞与缸盖相撞。

(9)气缸长期闲置不用时，应定期通气运行和保养，或对气缸进行涂油保护，以防锈蚀。

二、电磁阀组的认识

1. 电磁阀组的结构

电磁阀组就是将多个阀集中在一起构成的一组阀，而每个阀的功能是彼此独立的。电磁阀组的外观如图 3-10 所示。搬运站电磁阀组包括 1 个双电控三位五通阀(图 3-10 中最长的阀)、2 个双电控二位五通阀和 1 个单电控二位五通阀(图

3-10中最短的阀)。双电控三位五通阀用于控制摆动气缸,双电控二位五通阀用于控制前后伸缩气缸和气爪,单电控二位五通阀用于控制机械手的升降气缸。4个阀集中安装在汇流排上,汇流排中2个排气口末端均连接了消声器。此电磁阀组带手动换向开关,可用手或起子向下按,向下按时,信号为1,等同于该侧的电磁信号为1。常态下,手控开关的信号为0。在进行设备调试时,可以使用手控开关对阀进行控制,从而实现对相应气路的控制,以观察执行机构的状态,达到调试的目的。

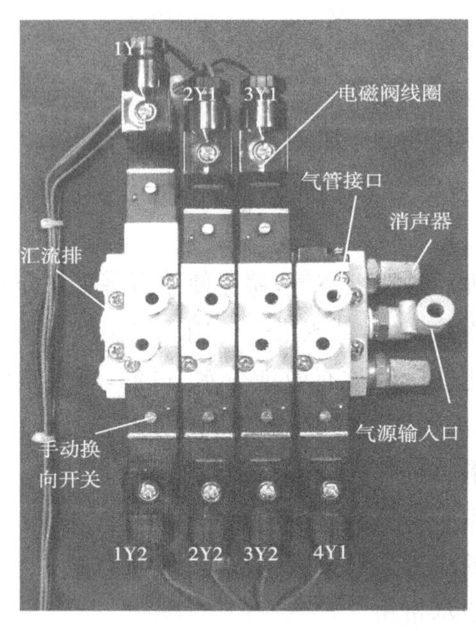

图3-10 电磁阀组

2. 双电控先导式二位五通阀

图3-11所示是双电控先导式二位五通阀的结构示意图,左边为电磁线圈1,右边为电磁线圈2。当线圈1通电、线圈2断电时,活塞右移,将阀芯推到右端,P-A接通,A有输出,B-S接通,B腔泄气;反之,若线圈2通电、线圈1断电时,活塞移至左端,此时P-B接通,B有输出,A-R接通,A腔泄气。其特点是控制的主阀具有记忆功能,长、短控制信号均可,动作迅速、灵活,结构紧凑,尺寸小,重量轻。

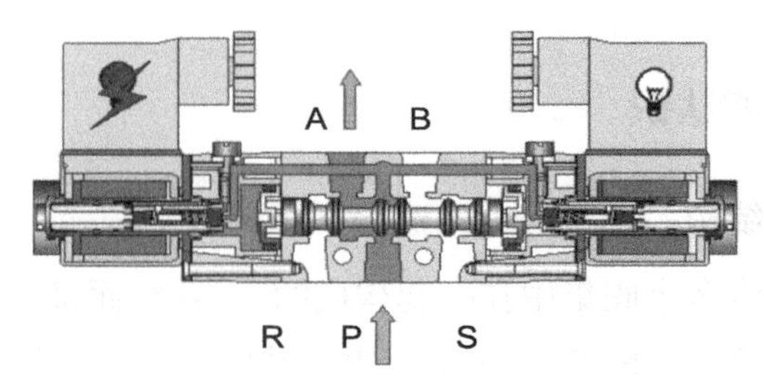

图3-11 双电控先导式二位五通阀结构示意图

3. 双电控先导式三位五通阀

图 3-12 所示为双电控先导式三位五通阀的结构示意图。左边为电磁线圈 1，右边为电磁线圈 2，当电磁线圈 1 和电磁线圈 2 断电时，先导阀处于排气状态，阀芯处于中间位置，此时 P-A、P-B、A-R、B-S 之间互不相通。当电磁线圈 1 通电、电磁线圈 2 断电时，先导阀 2 处于排气状态，先导阀 1 处于进气状态，推动阀芯右移，使阀芯处于右端，此时 P-A 接通，A 有输出，B-S 接通，B 腔排气。同理，当电磁先导阀 1 的线圈断电、电磁先导阀 2 的线圈通电时，则阀芯处于右端，此时 P-A 接通，A 有输出，B-S 接通，B 腔排气。

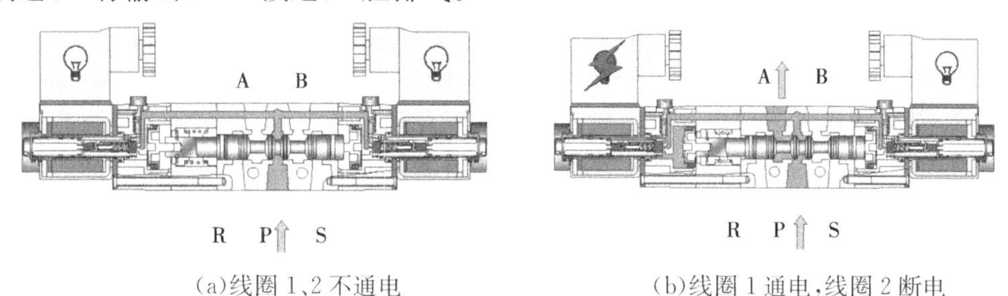

(a)线圈 1、2 不通电　　(b)线圈 1 通电，线圈 2 断电

图 3-12　双电控先导式三位五通阀结构示意图

三位五通阀中间位置有 3 种不同的状态，即中封式、中压式及中泄式。

(1)图 3-13(a)所示为三位五通中封式换向阀控制一个双作用气缸的气动回路，其特点如下：

①中封式换向阀可使控制的气缸在行程中的任何位置停止。

②不允许整个回路系统内有泄漏，也不允许阀内有泄漏，漏气会降低精度。

③定位精度不高，长时间保持一个位置比较困难。

(2)图 3-13(b)所示为三位五通中压式换向阀控制一个双作用气缸的气动回路，其特点如下：

①可使气缸在行程中的任何位置停止，若外负载较大，则活塞停止位置不确定。

②由于活塞两侧受压面积不同，在压差作用下，活塞会产生位移。如控制双伸杆气缸，由于气缸活塞两侧的有效受压面积相等，若能保证两腔同时受压，则活塞能停在任意位置。

③即使有少量泄漏，也不会有太大影响，比中封式可靠。

(3)图 3-13(c)所示为三位五通中泄式换向阀控制一个双作用气缸的气动回路，其特点如下：

①活塞处于由外力决定的某一位置，这种阀常用于由外部力来决定气缸停止位置的场合。为安全起见，在气缸停止的位置排掉缸内的气体。

②在空载和负载不大的情况下，用手可使气缸动作。

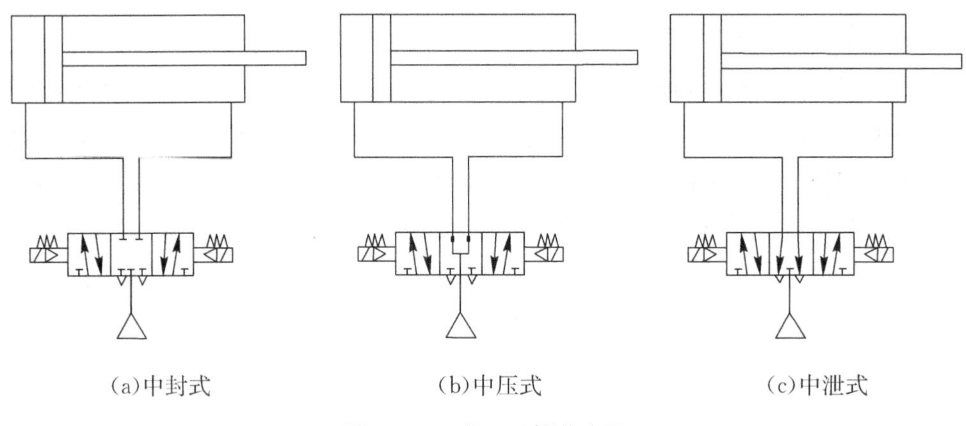

(a)中封式　(b)中压式　(c)中泄式

图 3-13　三位五通阀的应用

4. 电磁阀组的更换和安装

如果一个电磁阀损坏,就需要更换新的电磁阀,可按下列步骤操作:

(1)切断气源,用螺丝刀拆卸下已经损坏的电磁阀。

(2)用螺丝刀将新的电磁阀装上。

(3)将电气控制接头插入电磁阀。

(4)将气管插入电磁阀上的快速接头。

(5)接通气源,用手控开关进行调试,检查气缸的动作情况。

5. 方向控制阀使用注意事项

(1)安装前应确认阀的使用条件,如气压范围、电源条件(交流或直流、电压大小等)、阀的功能、通径等,要与阀的标牌或使用说明书上所注明的一致。

(2)应确保所使用的压缩空气经过适当处理,且不带腐蚀性介质,即在阀气源口上游安装过滤减压装置;需要润滑的元件还要装油雾器,以提供具有一定压力的干燥、洁净、润滑的空气。水分会使阀腐蚀或瞬时堵塞,造成换向不良;油分会使橡胶、塑料、密封材料等变质;进入阀体的粉尘是造成方向阀动作失灵的主要原因。

(3)应注意阀的安装位置和标明的气流方向,切勿接错。

(4)安装前应彻底清除管道内的粉尘、铁锈等污物。

(5)温度应高于露点温度,低于最大使用环境温度;相对湿度≤90%。

(6)对要求润滑的元件应进行适度的润滑。若润滑不良,会造成摩擦阻力增大而使阀芯动作失灵。

检查润滑是否良好的方法是:将一张干净的白纸放在换向阀的排气口附近,如果在阀工作 3～4 个循环后,白纸上只有很淡的斑点,表明润滑良好。

对于不供油润滑的阀,一旦使用供油润滑的压缩空气,便不能维持无给油机能,在以后的工作中,必须使用给油润滑,这是因为油雾气体会冲走密封件上的基本润滑脂。

（7）二位或三位双电控电磁阀禁止同时通电，否则会造成故障。

（8）用电磁阀手动操作装置动作后，必须把手动操作装置恢复到初始位置（无锁定式会自动复位，锁定式则要解除锁定）后，方可进行装置运转。

三、搬运站的气动控制回路

搬运站的气动回路相对上料检测站来说要复杂一些，电磁阀主要由 1 个双电控先导式三位五通中封式阀、2 个双电控先导式二位五通阀和 1 个单电控先导式二位五通阀组成，这些阀安装在汇流排上，构成一个电磁阀组。气缸主要有负责机械手摆动的摆动气缸、负责机械手前后伸缩的伸缩气缸（它是一个双活塞杆气缸）、负责工件抓放的气爪以及负责机械手升降的升降气缸。具体实物及位置参见图 3-2。

如图 3-14 所示，摆动气缸由一个双电控先导式三位五通中封式阀控制：当 1Y1 线圈通电、1Y2 线圈断电时，机械手左转；当 1Y1 线圈断电、1Y2 线圈通电时，机械手右转。机械手前后伸缩气缸由一个双电控先导式二位五通阀控制：当 2Y1 线圈通电、2Y2 线圈断电时，机械手前伸；当 2Y1 线圈断电、2Y2 线圈通电时，机械手后缩。气爪也由一个双电控先导式二位五通阀控制：当 3Y1 线圈通电、3Y2 线圈断电时，机械手气爪处于放松状态；当 3Y1 线圈断电、3Y2 线圈通电时，机械手气爪处于夹紧状态。负责机械手升降的升降气缸由一个单电控先导式二位五通阀控制：当 4Y1 通电时，升降气缸下降；当 4Y1 断电时，升降气缸上升。

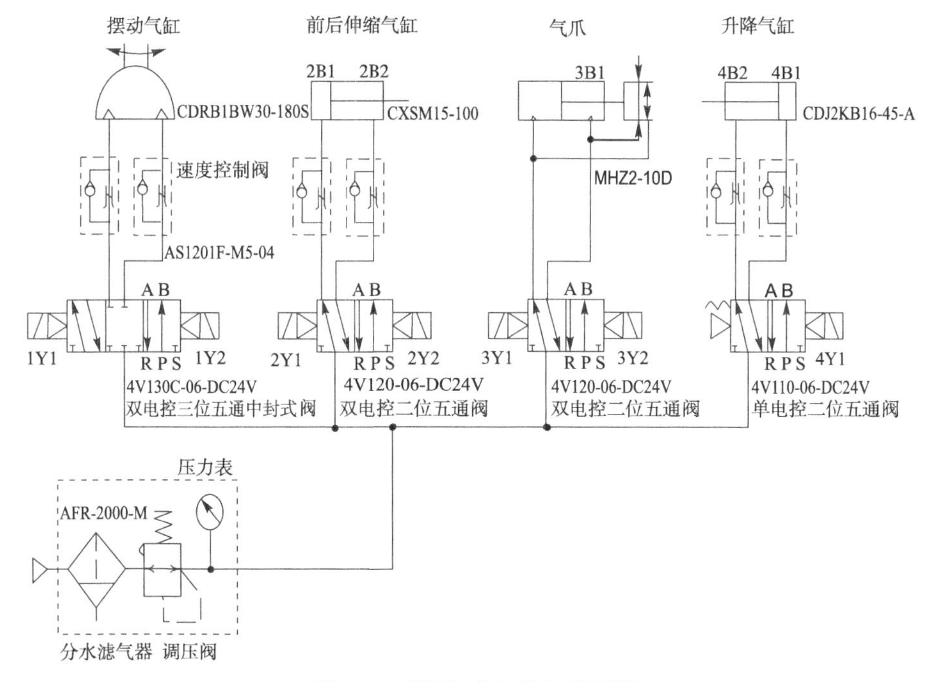

图 3-14　搬运站的气动控制回路

整个机械手臂的运动轨迹是根据实际的空间及工件的位置来决定的,因此,要想实现机械手的连贯动作,必须使相对应的电磁线圈按照一定的组合规律进行通电。在本站中,各电磁线圈的得电组合由 PLC 进行控制。

3.1.3 搬运站的电气控制系统

一、搬运站的传感器

1. 磁性开关

在本站中所采用的磁性开关共计 5 只,其中有触点式磁性开关 D-A73 2 只、无触点式磁性开关 D-Y59B 3 只。D-A73 采用轨道安装形式,负载电压 DC 24 V,用于升降气缸位置的检测,对应图 3-2 中的 4B1、4B2;D-Y59B 采用直接安装形式,是两线型的,负载电压 DC 24 V,用于检测气爪的夹紧与放松以及伸缩气缸的伸出与缩回,分别对应图 3-2 中的 3B1 和 2B1、2B2。

图 3-15 所示为无触点式磁性开关 D-A73、D-Y59B 的内部电路和实物图,无触点式磁性开关内部电路采用电子线路,有两线型和三线型输出。

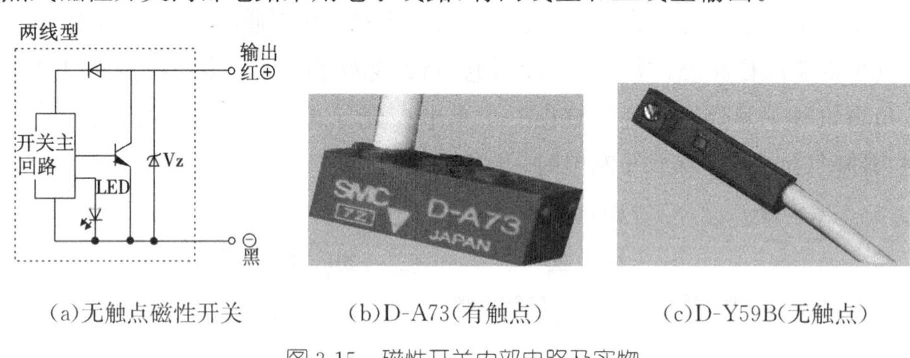

(a)无触点磁性开关　(b)D-A73(有触点)　(c)D-Y59B(无触点)

图 3-15　磁性开关内部电路及实物

2. 电感式传感器

在搬运站中除采用磁性开关检测气缸运行位置外,还用到电感式传感器,主要用于检测机械手摆动是否到位。在此主要介绍电感式传感器。

电感式传感器是利用线圈自感或互感系数的变化来实现非电量电测的一种装置,能对位移、压力、振动、应变、流量等参数进行测量。它具有结构简单、灵敏度高、输出功率大、输出阻抗小、抗干扰能力强及测量精度高等优点,因而在机电控制系统中得到广泛的应用。图 3-16 所示为本站中使用的电感式传感器。

电感式传感器种类很多,一般分为自感式和互感式两大类。一般电感式传感器就是指自感式传感器。

(1)电感式传感器的工作原理。电感式传感器属于一种开关量输出的位置传感器,又称“电感式接近开关”,主要由 LC 振荡器、开关器及输出器三大部分组成，如图 3-17 所示。

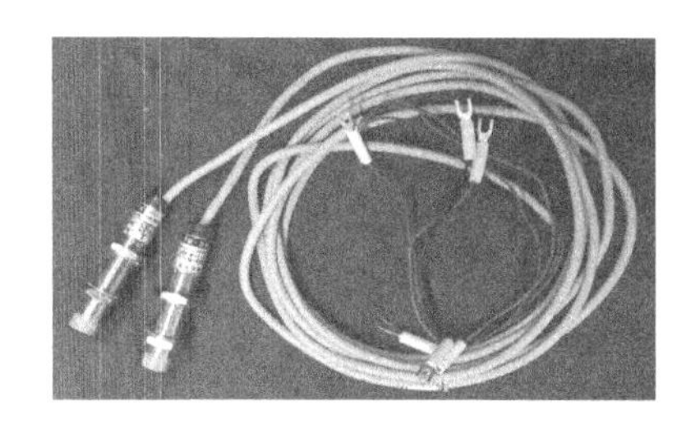

图 3-16　搬运站的电感式传感器

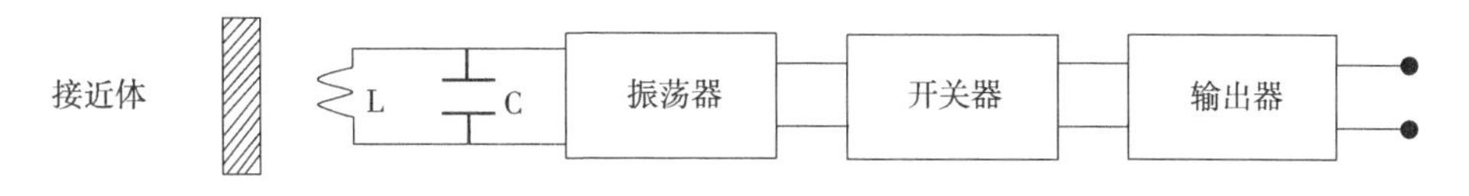

图 3-17　电感式传感器组成

电感式传感器在接通电源且无金属工件靠近时，其头部产生自激振荡的磁场，如图 3-18 所示。当金属物体接近这一磁场，并达到感应距离时，在金属物体内产生电涡流，从而导致振荡衰减，以至停振。振荡器振荡及停振的变化被后级放大电路处理并转换成开关信号，触发驱动控制器件，由此识别出有无金属物体接近，进而控制开关的通或断，从而达到非接触式检测的目的。这种接近开关只能检测金属物体。

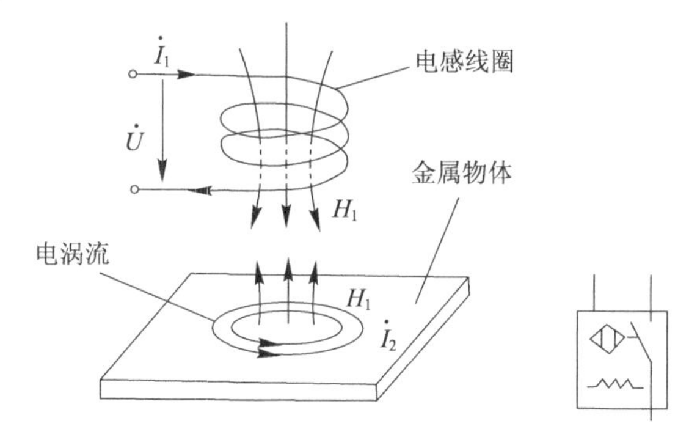

图 3-18　电感式传感器工作原理及符号

电感式传感器对于不同金属材料的检测范围是不同的，这主要与材料的衰减系数有关，衰减系数越大，其检测结果的范围越大。表 3-1 列出了部分常用金属的衰减系数。

表 3-1　部分常用金属的衰减系数

材料	衰减系数	材料	衰减系数
钢	1	黄铜	0.3
不锈钢	0.85	铜	0.4

(2)使用注意事项。

①电感式传感器只对金属敏感,不能应用于非金属的检测。

②电感式传感器的接通时间为 50 ms,当负载和传感器采用不同电源时,务必先接通电感式传感器的电源。

③当使用感性负载时,其瞬态冲击电流过大,会损坏或劣化交流二线的电感式传感器,这时需要经过交流继电器作为负载来转换使用。

④在对检测正确性要求较高的场合或传感器安装周围有金属的情况下,需要选用屏蔽式电感式传感器,只有当金属处于传感器前端时,才触发传感器状态发生变化。

⑤电感式传感器的检测距离会因被测对象的尺寸、金属材料的种类,甚至金属材料表面镀层的种类和厚度的不同而不同,因此,使用时应查阅相关的参考手册。

⑥避免电感式传感器在有化学溶剂尤其是强酸、强碱的环境下使用。

3. 电感式传感器的应用

电感式传感器的应用如图 3-19 所示。在实际应用中,要注意传感器安装的场合(环境恶劣的场合一般不要使用电容器式传感器),同时还要注意传感器本身的输出特性以及负载特性,接线时一定要在断电情况下进行。晶体管接近式传感器在机床、纺织、轻工等行业中应用很多,但在与可编程序控制器互联时应注意以下几点:

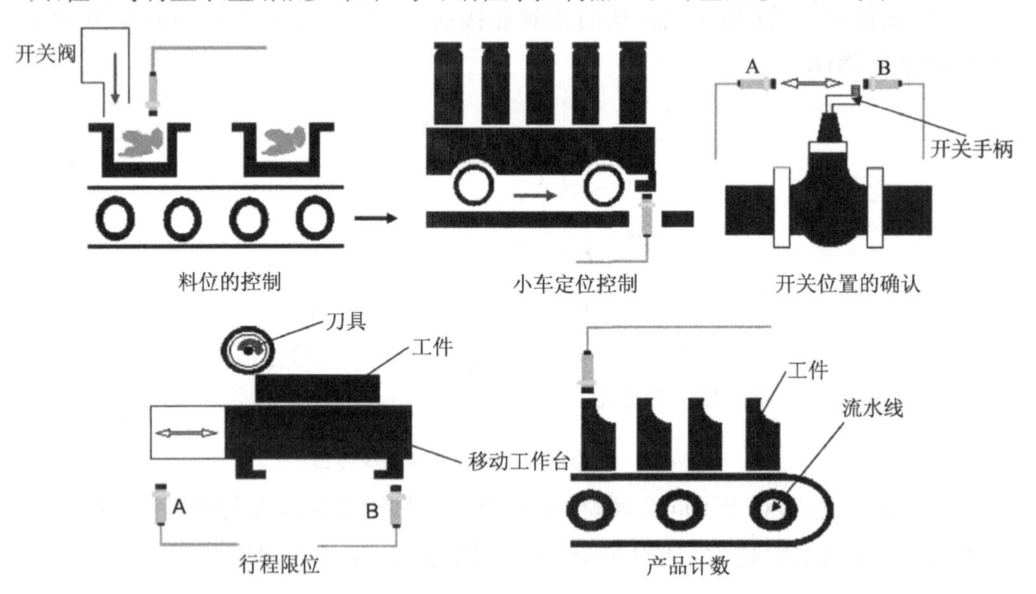

图 3-19 电感式传感器的应用

(1)可编程序控制器的输入回路一般都是光电耦合器件,有单独的电源供电,以便于和内部的 CPU 工作电源隔离。而接近式传感器是有源器件,它不同于按钮或行程开关等无源器件,因此,接入时必须考虑电源的等级和电压的极性。

(2)晶体管接近式传感器通常以晶体管的通断作为传感器的输出。在 PLC 的输入回路中,发光二极管电路中串接了一个限流电阻,在互联时应考虑光电管与三极管的极性、接法以及允许输出电流的大小，适当调整电阻值，防止晶体管损坏。

(3)若接近式传感器的频率很高，为了提高 PLC 的响应速度，应将阻容滤波回路中的 C1 去掉。

二、搬运站 PLC 控制 I/O 接线图

在搬运站中，机械手的运动主要是通过摆动气缸、前后伸缩气缸、升降气缸、气爪的动作来完成的，因而对这四个气缸的控制尤为重要。

搬运站 PLC 的 I/O 接线图如图 3-20、图 3-21 所示，主要由 S7-200 CPU224 PLC，机械手左右摆动限位的电感式传感器 1B1、1B2，机械手前后伸缩限位的磁性开关 2B1、2B2，机械手爪放松、夹紧检测磁性开关 3B1，机械手垂直升降限位的磁性开关 4B1、4B2，控制按钮 SB1、SB2、SB3、SB4、SA1、SA2，双电控三位五通阀左转电磁线圈 1Y1、右转电磁线圈 1Y2，双电控二位五通前伸电磁线圈 2Y1、后缩电磁线圈 2Y2，双电控二位五通气爪放松电磁线圈 3Y1、气爪夹紧电磁线圈 3Y2，单电控二位五通阀垂直下降电磁线圈 4Y1 等组成。它们与 PLC 输入端、输出端的对应关系见表 3-2。

表 3-2　搬运站 I/O 分配表

搬运站							
输入端		输出端		输入端		输出端	
I0.0	左限位 1B1	Q0.0	左转 1Y1	I1.0	开始 SB1	Q1.0	开始灯
I0.1	右限位 1B2	Q0.1	右转 1Y2	I1.1	复位 SB2	Q1.1	复位灯
I0.2	后限位 2B1	Q0.2	前伸 2Y1	I1.2	调试 SB3		
I0.3	前限位 2B2	Q0.3	后缩 2Y2	I1.3	手动/自动 SA1		
I0.4	夹紧位 3B1	Q0.4	放松 3Y1	I1.4	单机/联机 SA2		
I0.5	上限位 4B1	Q0.5	夹紧 3Y2	I1.5	停止 SB4		
I0.6	下限位 4B2	Q0.6	下降 4Y1				
I0.7	上电 K0(SB5)						

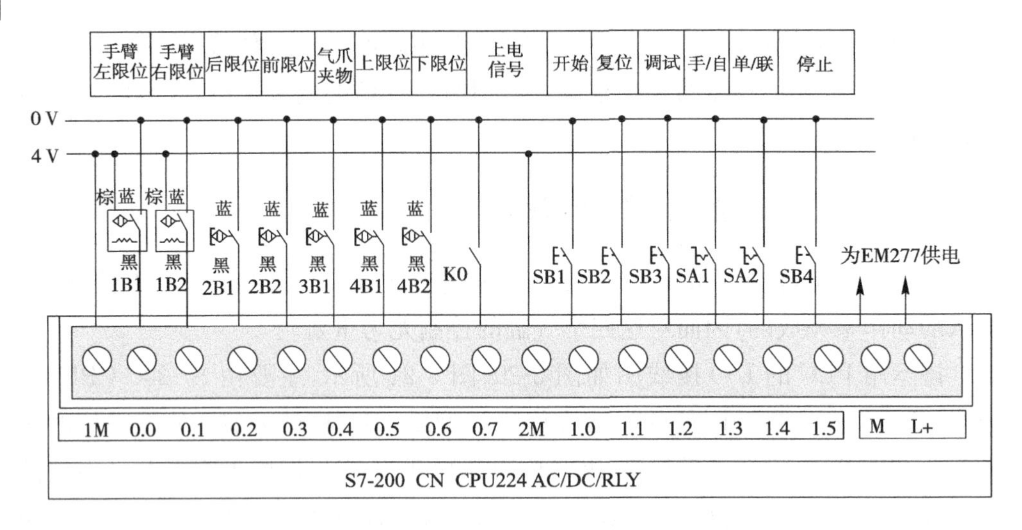

图 3-20 搬运站 PLC 输入端接线图

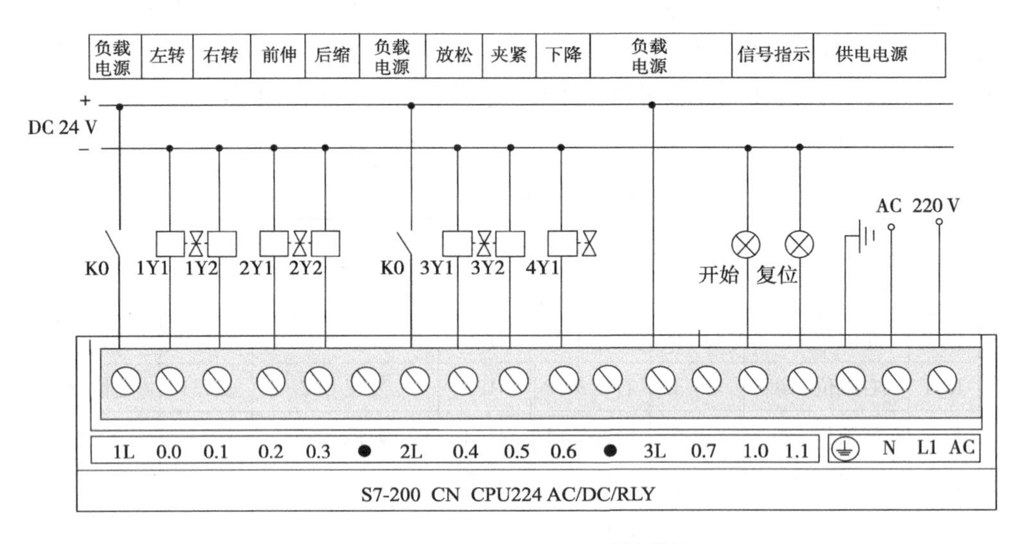

图 3-21 搬运站 PLC 输出端接线图

3.1.4 搬运站认知工作任务与实践

(1)仔细观察搬运站的结构,对照附件中的元件清单,熟悉各个部件、元件的名称、功能、型号和数量,并研究各部分在组成机械手时的连接方式。

(2)登录 http://www.smc.com.cn 和 http://www.airtacworld.com 等网站,查阅气缸、电磁阀、磁性开关等资料,详细了解摆动气缸、前后伸缩气缸、升降气缸、气爪、磁性开关、电感式传感器等各项参数。

(3)接通气源后,操作各电磁阀的手动换向开关,控制相应气缸动作,观察各气动执行结构的动作特征,分析并判断与各个执行机构相对应的电磁阀类型,找出阀与阀的控制信号与气动执行机构动作之间的关系。

在观察各气缸动作特性时，主要观察3种状态：操作前执行机构的常态；操作过程中，突然丢掉手控信号时执行机构的状态；在手控信号一直维持到使执行机构动作完成后去掉该信号的情况下，执行机构的状态。

(4)观察气动回路组成情况，如有无节流阀、气缸的进排口等情况，并尝试在不看书的情况下画出搬运站气动控制回路图。

(5)接通电源，操作各电磁阀的手动换向开关，观察各磁性开关、电感式传感器的状态与气缸运动位置的关系，弄清按钮信号、传感器信号、电磁阀线圈与PLC之间的接线关系。

(6)整理上述工作任务中查阅的资料和观察的结果，并进行小组总结。

任务3.2　搬运站的PLC控制

搬运站中的执行部件主要是气缸，由于本站是一个典型的电-气动控制系统，因此，在本任务中主要学习各气缸动作的控制以及气缸之间连贯协调的控制。

搬运站的I/O接线图如图3-20和图3-21所示，I/O分配表见表3-2。

3.2.1　搬运站各部件的控制

一、摆动气缸的控制

1. 控制要求

按下开始按钮，机械手执行一次右摆、左摆的动作。要求在按开始按钮时，机械手臂必须处于左边位置，转到右边时才能返回。

2. 程序分析

由搬运站的气动回路和I/O接线图可知，机械手的左右摆动是由摆动气缸驱动的，而摆动气缸由一个双电控二位五通中封式阀控制。当给电磁线圈1Y1(Q0.0)通电时，摆动气缸左转，左限位电感式传感器1B1(I0.0)接通；当给电磁线圈1Y2(Q0.1)通电时，摆动气缸右转，右限位电感式传感器1B2(I0.1)接通。

对于如图3-22所示的程序，在网络1中，当机械手在左边时，I0.0=1，按下开始按钮，I1.0=1，使得Q0.1=1置位，Q0.0=0复位，摆动气缸右摆。在网络2中，当机械手转到右边时，I0.1=1，使得Q0.0=1置位，Q0.1=0复位，摆动气缸左摆。机械手到达左边后等待按下开始按钮。

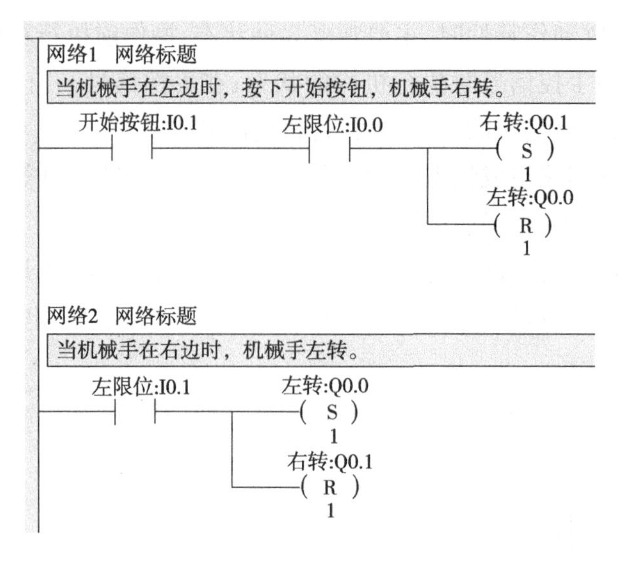

图 3-22 摆动气缸的控制

一般在编写某设备的控制程序时，出于安全考虑，设备在运行前，各个执行机构都应处于特定的工作位置，否则不可以启动。在本任务中，只有摆动气缸一个执行部件，其初始位置设定为机械手在左边，在网络 1 中通过 I1.0 和 I0.0 常开触点的串联实现。另外，电磁阀是一个双电控电磁阀，因此，它的两个线圈不能同时通电。在程序网络 1 和网络 2 中可以看到，利用置位、复位指令使得 Q0.0 和 Q0.1 不能同时通电。

二、机械手前后伸缩气缸、升降气缸和气动手爪的控制

1. 控制要求

按下开始按钮，机械手按照下列顺序工作：手臂前伸，手臂下降，气爪抓工件，手臂上升，手臂后缩，气爪放工件。然后等待再次按下开始按钮后重新开始。初始状态：按开始按钮前，前后伸缩气缸缩回，升降气缸缩回，气爪松开。

2. 程序分析

本任务是一个典型的顺序控制程序，控制要求中的每个动作都可以看作一个工作状态，要完成控制要求中的动作，其实就是要实现工作状态的转换。在程序设计时，可以用 PLC 的位存储器记忆每个工作状态。表 3-3 所示是控制要求中各工作状态下的输出以及工作状态切换时的条件，表中的“＋”号表示该元件得电或接通，“－”号表示该元件断电或断开。

表 3-3　工作状态表

工作状态名称	工作状态存储器	输出					状态转移条件
		前伸 2Y1 (Q0.2)	后缩 2Y2 (Q0.3)	放松 3Y1 (Q0.4)	夹紧 3Y2 (Q0.5)	下降 4Y1 (Q0.5)	
初始	M0.0	−	+	+	−	−	I1.0+
前伸	M0.1	+	−	+	−	−	2B2(I0.3)+
下降	M0.2	+	−	+	−	+	4B2(I0.6)+
抓工件	M0.3	+	−	−	+	+	3B1(I0.4)−
上升	M0.4	+	−	−	+	−	4B1(I0.5)+
后缩	M0.5	−	+	−	+	−	2B1(I0.2)+
放工件	M0.6	−	+	+	−	−	3B1(I0.4)+

根据工作状态表画出顺序功能流程图，然后可以根据顺序功能流程图写出梯形图程序。顺序功能流程图如图 3-23 所示，在流程图中没有放工件 M0.6 这一步，而多了初始步 M0.0，主要是考虑在按开始按钮前，让机械手处于初始位置，而初始位置的状态和放工件 M0.6 的状态相同。因此，在流程中经过后缩 M0.5 后，进入初始步 M0.0，等待再次按下开始按钮。

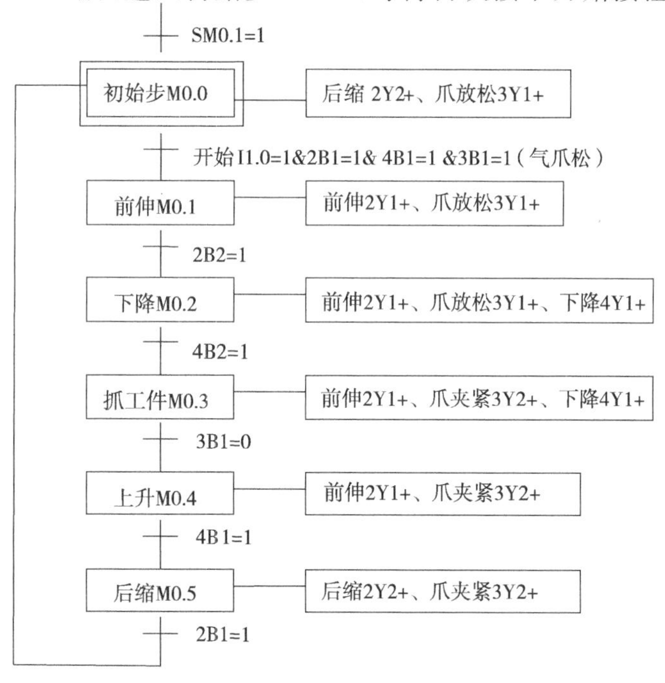

图 3-23　机械手控制的顺序功能流程图

将顺序功能流程图用梯形图表示时可以采用多种方式,常见的方式有利用启保停程序、利用置位复位指令、利用移位寄存器指令和顺序控制指令,可以参考PLC 顺序控制编程方法。

本例的 PLC 梯形图程序是采用移位寄存器指令来实现其功能的,如图 3-24所示。网络 1 中主要对位存储器进行开机运行的复位,网络 2 中利用 SM0.1 进入 M0.0 步,在这一步使相应的电磁阀线圈通电,使机械手处于初始位置。网络 3

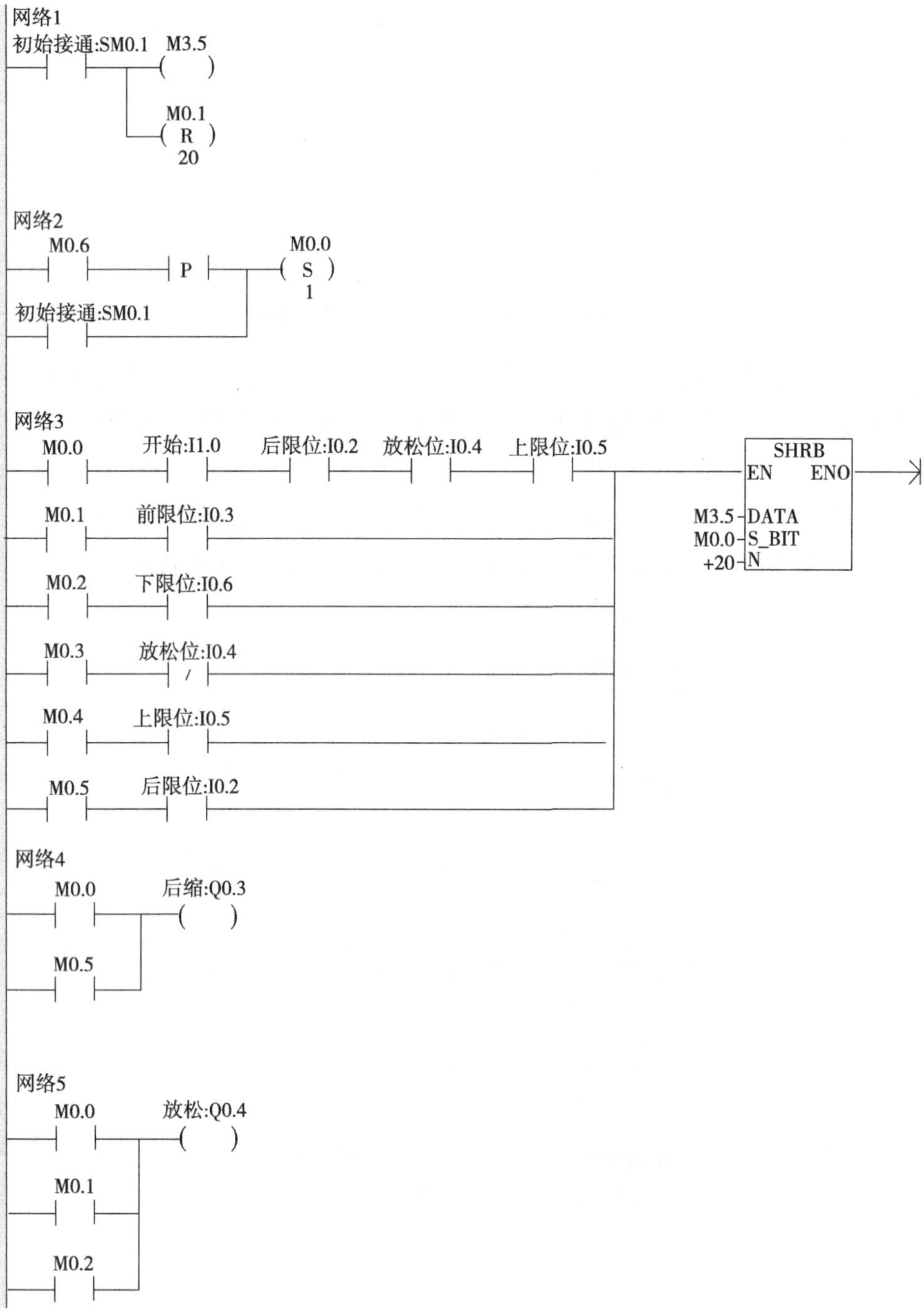

网络1
初始接通:SM0.1 M3.5
M0.1
R
20

网络2
M0.6 P M0.0
S
1
初始接通:SM0.1

网络3
M0.0 开始:I1.0 后限位:I0.2 放松位:I0.4 上限位:I0.5
SHRB
EN ENO
M0.1 前限位:I0.3
M3.5 DATA
M0.0 S_BIT
+20 N
M0.2 下限位:I0.6
M0.3 放松位:I0.4
M0.4 上限位:I0.5
M0.5 后限位:I0.2

网络4
M0.0 后缩:Q0.3
M0.5

网络5
M0.0 放松:Q0.4
M0.1
M0.2

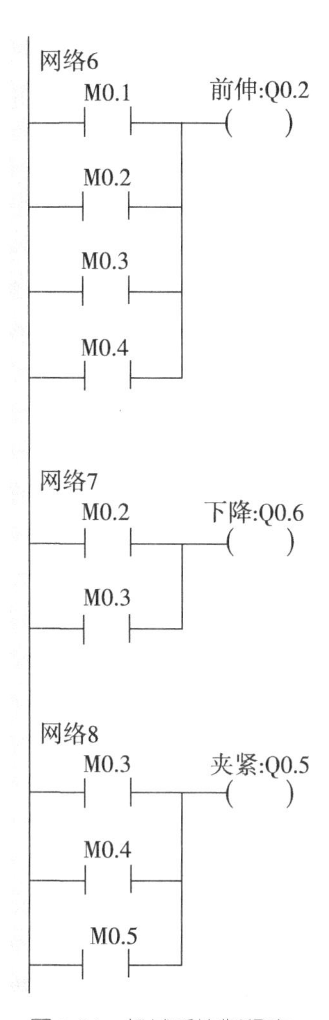

图 3-24　机械手控制程序

中利用移位寄存器实现各个工作状态的转换，所有的转换比较集中，便于浏览。在网络 4 至网络 8 中，将每个工作状态下要驱动的输出点集中驱动，这样可以避免因多重输出而造成程序混乱。

另外，在程序执行时，如果各气缸动作比较快，除了可以调整节流阀外，还可以考虑在每个工作状态进行切换时加上合适的延时。

3.2.2　搬运站编程工作任务与实践

请按照下述控制要求分别画出流程图，并编写控制程序。

(1)当手动/自动开关打在手动位置时，按下开始按钮，机械手左摆；按下复位按钮时，机械手右转。当手动/自动开关打在自动位置时，按下开始按钮，机械手执行 3 次右摆和左摆的动作后自动停下。要求在按开始按钮时，机械手臂必须处于左边位置，转到右边时才能返回。

(2)按下开始按钮后机械手右摆,然后机械手向前伸出,2 s后机械手左摆,再过2 s后机械手向后缩回,等待再次按下开始按钮继续执行上述过程。机械手的初始位置在左边,处于缩回状态。

(3)按下开始按钮后机械手下降,第一次按下开始按钮后机械手气爪抓紧工件,第二次按下开始按钮后机械手上升,第三次按下开始按钮后机械手气爪放工件。

(4)按下开始按钮,机械手双杆缸伸出,机械手直线气缸伸出,气爪抓工件,直线气缸缩回,双杆缸缩回。按下调试按钮,直线气缸伸出,放下工件,直线气缸缩回。再次按下开始按钮,重复上述过程。

任务3.3 搬运站的拆卸、安装与调试

3.3.1 搬运站的拆卸

在拆装搬运站前,由小组长带领组员研究拆装计划和步骤,做好登记、记录等工作。在本任务中主要针对工作台面各部件和控制板进行拆装。

一、拆卸前准备

在拆卸前应做好如下准备:

(1)熟悉搬运站各零部件,了解其结构和功能。

(2)测量并记录工作台面上各部件的安装位置及尺寸。

(3)认真研究拆卸步骤,合理规划拆卸顺序。

(4)对照图纸,了解图纸与实物的关系,读懂电气图和气路图。

(5)准备记录用的表格和摆放工具、零部件的台面。

二、拆卸注意事项及步骤

1. 拆卸注意事项

(1)在拆卸搬运站时,该站应在断电、断气状态。

(2)由于搬运站的气动元件、电气部件比较多,要将拆卸下来的零部件特别是小部件妥善保管。

(3)拆卸电磁阀组时,要避免灰尘等杂物落入汇流板。

(4)拆卸时工具不要随意乱放。

2. 拆卸步骤

(1)拆除管线及传感器。

①将 C4 的连接电缆头两边的锁扣向外拉开，并将电缆头取下，然后依次拆下各接线插头。

②拆卸快速接头上的气管时，右手将快速接头端按下，左手拔下气管；将绑扎带剪掉，整理拆下的气管；将行线槽盖抽下，将导线从槽内取出，并进行整理。

③松开磁性开关紧固螺钉，取下磁性开关，并将磁性开关按类别整理。

④卸下左右缓冲器和左右限位的电感式传感器。

(2)拆卸机械手各气缸。

①将机械手在台面上的固定螺钉卸下，并将机械手从工作台面上取下。

②将前后伸缩气缸支架与摆动气缸转轴连接的紧固螺钉卸下，使前后伸缩气缸、升降气缸、气爪与摆动气缸分开。

③卸下机械手支架与摆动气缸支架之间的螺钉，将支架与摆动气缸分开；卸下摆动气缸支架上的螺钉，将摆动气缸与其支架分开。

④卸下前后伸缩气缸支架上的螺钉，将前后伸缩气缸与其支架分开。

⑤松开气爪连接块上的螺钉及螺母，使气爪与升降气缸分离。

⑥松开升降气缸支架上的升降气缸紧固螺母，取下升降气缸。

⑦将升降气缸支架与前后伸缩气缸连接螺钉卸下，取下升降气缸支架。

(3)拆卸控制板。

①将 C4 接线板和 C1 接线板上的 24 芯连接电缆头取下，用手向上提控制板的把手，将控制板取下。

②取下线槽盖板，将各电器端子上的导线卸下。

③按照次序将各电器的紧固螺钉卸下，将各电器从板上取下。

3.3.2　搬运站的安装

一、搬运站工作台上部件的安装

1. 安装步骤

参照搬运站部件安装示意图及工作台面接线图进行安装与接线，如图 3-25、图 3-26 所示。

(1)将二联件安装在过滤器支架上，再将过滤器支架安装在型材桌面。

(2)将电磁阀组、I/O 接线盒安装在导轨上，再将导轨安装在型材桌面。

(3)将叶片式摆动气缸与摆动气缸的支架安装在一起，再将机械手支架与摆动气缸的支架通过螺钉连接起来，最后将机械手支架安装在型材桌面。

(4)将升降气缸支架与前后伸缩气缸的端板连接在一起，然后将升降气缸安装到升降气缸支架上，旋紧螺母。

(5)组装气爪,先将磁性开关装入磁性开关安装槽内,再将气爪和连接块组装在一起,最后用螺母将升降气缸的活塞杆与连接块连接起来。

(6)将前后伸缩气缸与前后伸缩气缸支架连接上。

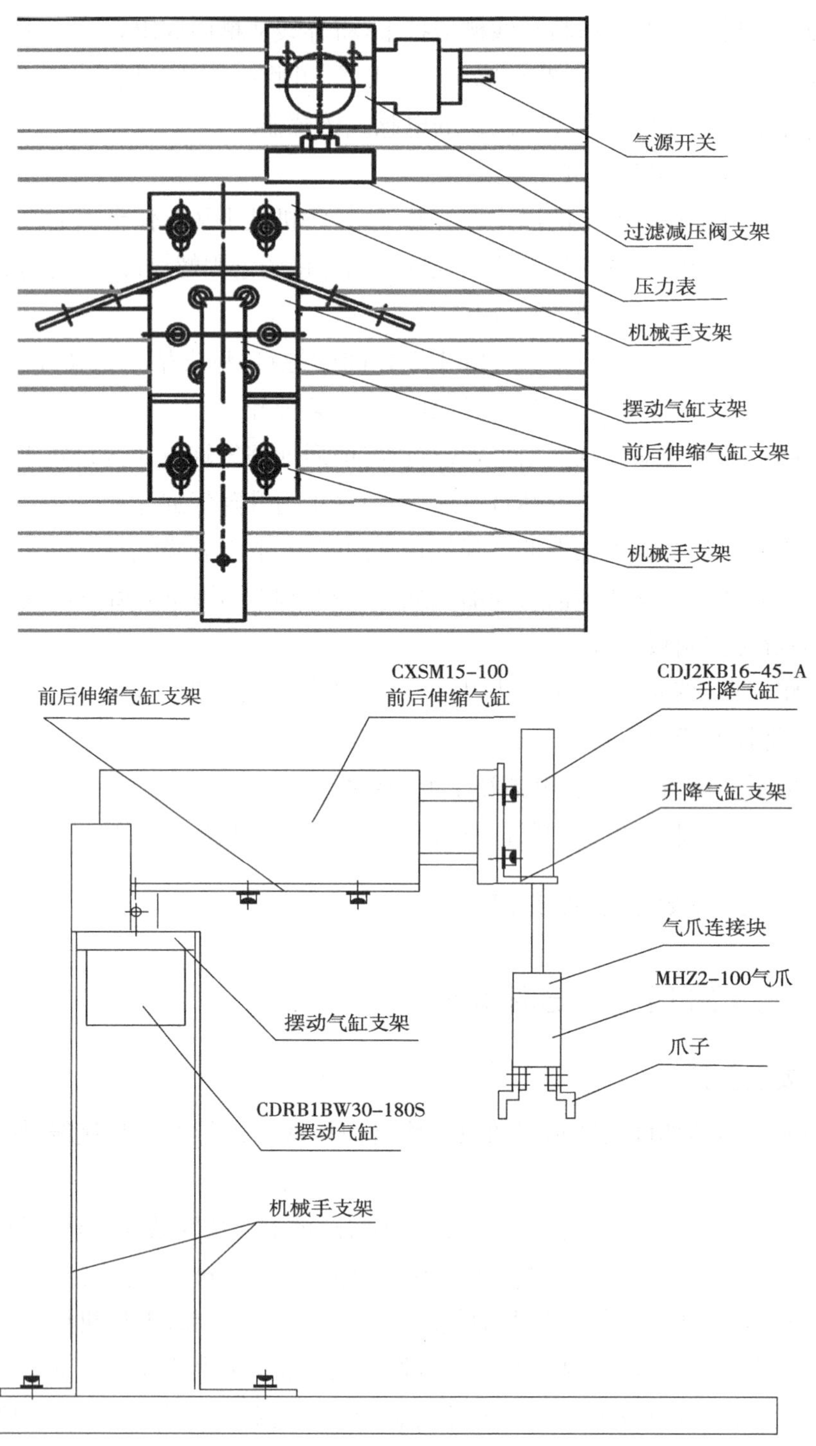

图3-25 搬运站部件安装示意图

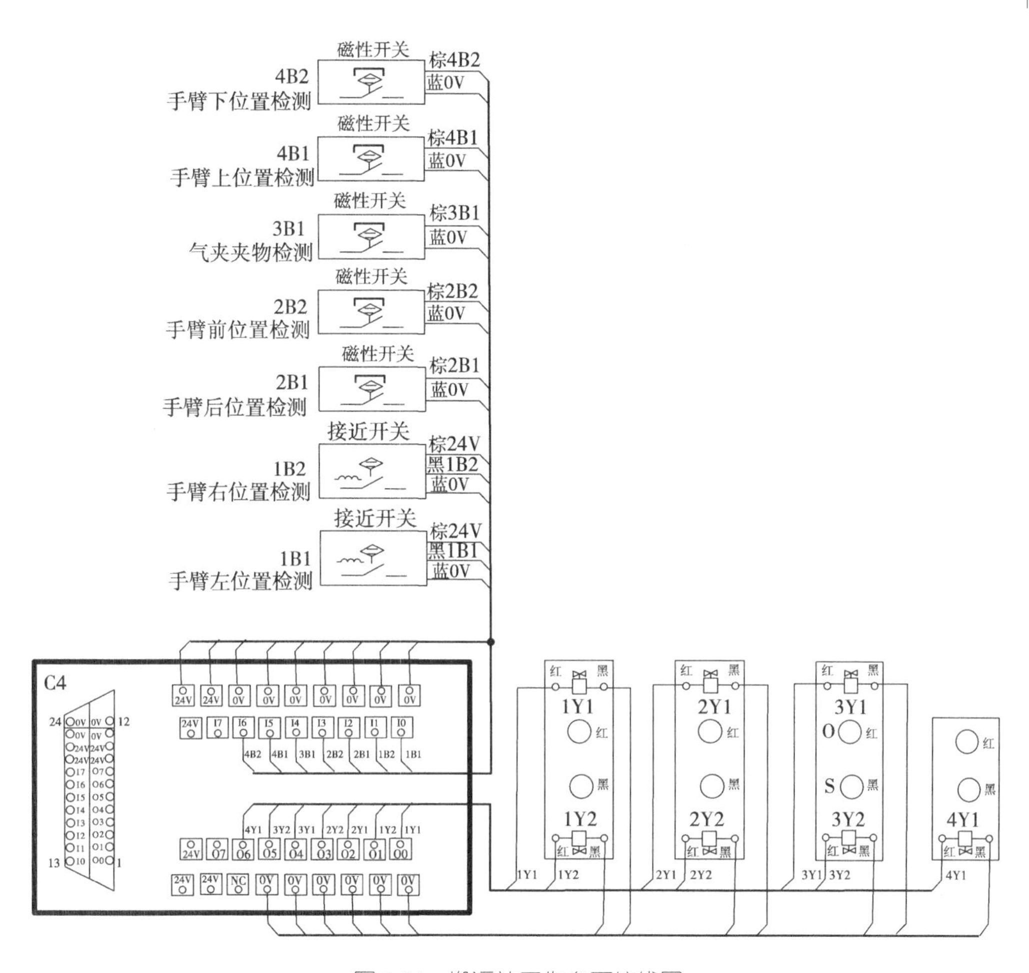

图3-26　搬运站工作台面接线图

(7)将组装好的前后伸缩气缸、升降气缸、气爪的组件等通过前后伸缩气缸支架与摆动气缸的转轴连接。

(8)安装缓冲器、电感式传感器、磁性开关,分别按照电路图和气路图进行接线和配管。

2. 注意事项

(1)安装时要有明确的分工和计划,按照从零变整的方式进行。

(2)对于二联件的安装,要轻拿轻放,以免摔坏。

(3)槽外的管线待调试完毕后再进行绑扎。绑扎时要整齐,并用绑扎带固定。绑扎升降气缸、气爪上的气管及传感器上的导线时,要把前后伸缩气缸的活塞杆拉出,把升降气缸的活塞杆拉出。

二、搬运站控制板的安装

1. 安装步骤

(1)将线槽、PLC、EM277、C1 接线板、接线排、断路器、熔断器座、继电器、开关电源等固定到板上。

(2)按照控制板的接线图进行接线,控制板的接线图如图 3-27 所示。

(3)对控制板进行通电检查。

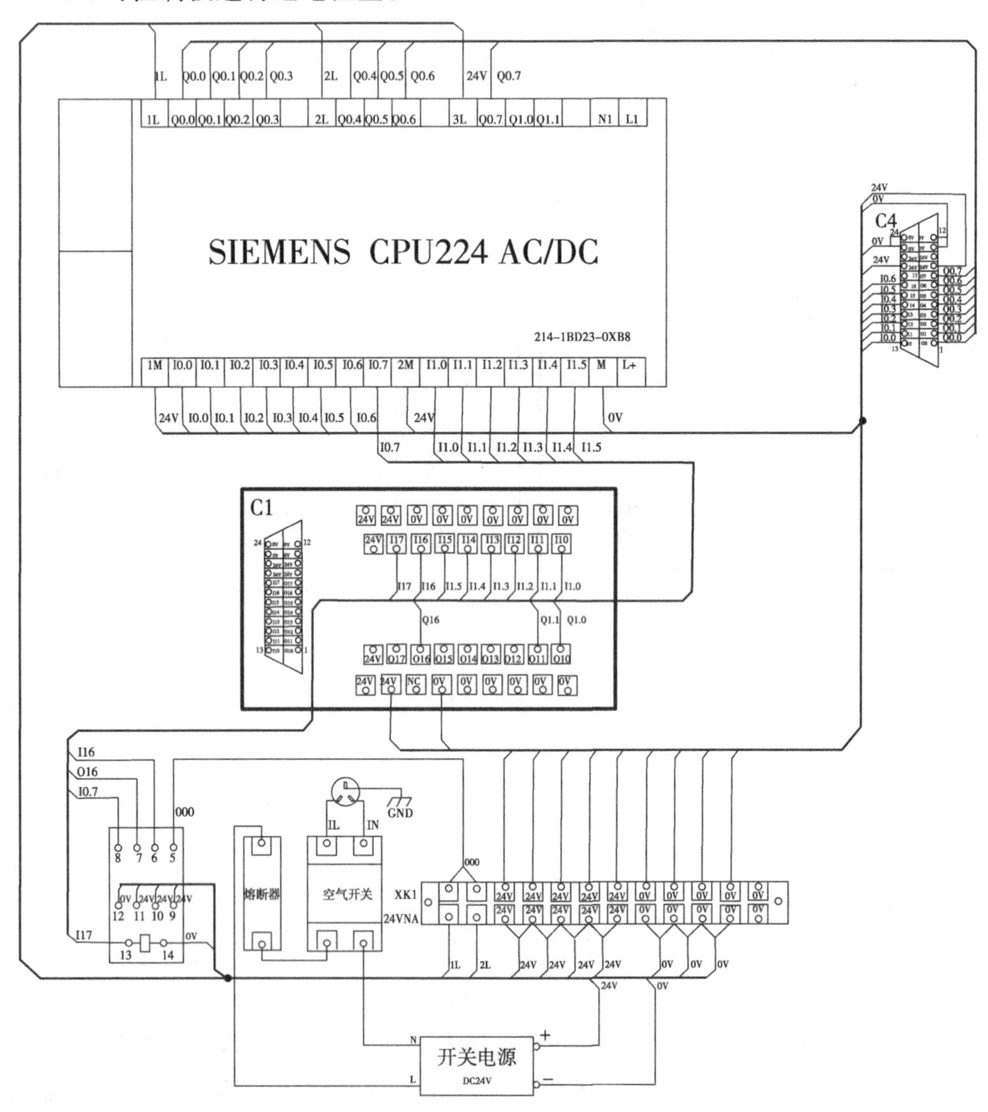

图 3-27 搬运站控制板接线图

2. 注意事项

(1)查阅资料,了解各电器的安装、接线形式及注意事项。

(2)接线端子的导线上要套号码管，并按图纸进行标记。

(3)在通电检测控制板时，PLC 的电源先不要接，待确认没有短路故障后再将 PLC 电源接入。

三、气管、电缆安装绑扎工艺要求

气管、电缆安装绑扎工艺要求见表 3-4。

表 3-4　气管、电缆安装绑扎工艺要求

工艺要求	正确	错误
设备电路的导线与气路的气管不能绑扎在一起，但同一活动模块上的可以绑扎在一起	 	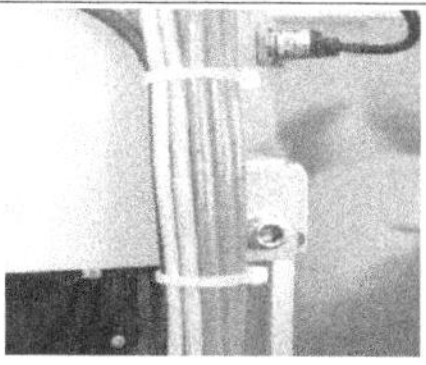 
绑扎在一起的导线、气管应理顺，不能交叉		
第一根绑扎带离电磁阀组气管接头连接处 60 mm ±5 mm		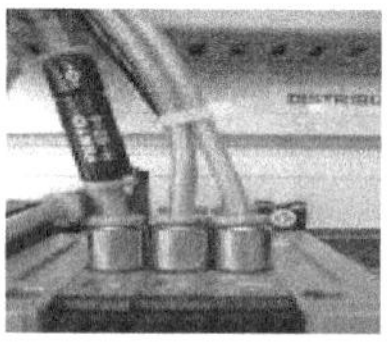
两个绑扎带之间的距离不超过 50 mm		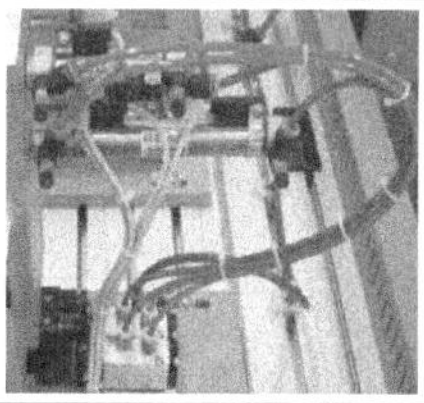
应在扎口不超过 1 mm 的地方剪切绑扎带，切口圆滑不割手	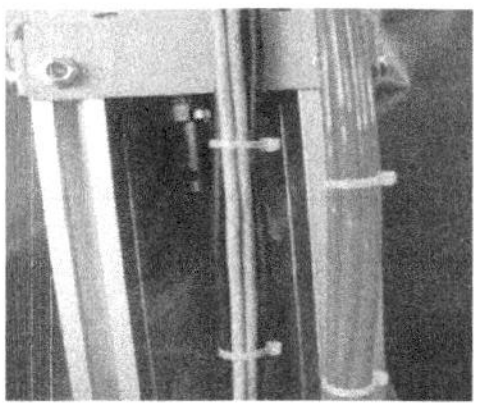	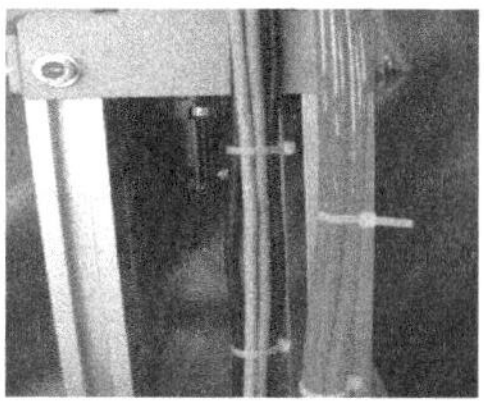

续表

工艺要求	正确	错误
两个线夹子之间的距离不超过 120 mm	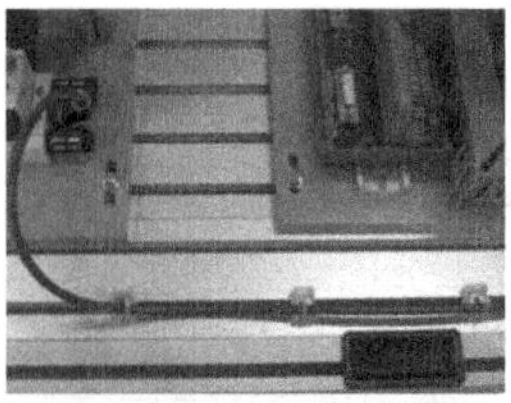	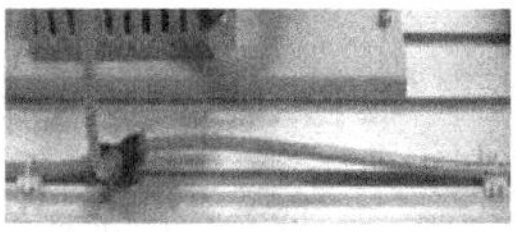
气管不能进入行线槽		
电线连接时必须用冷压端子，电线金属材料不外露	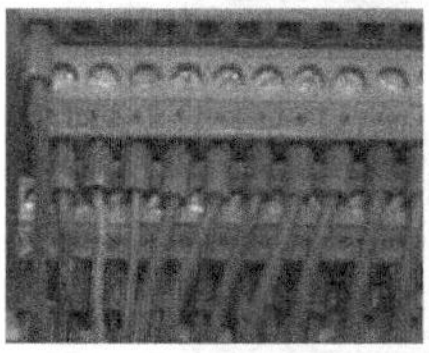	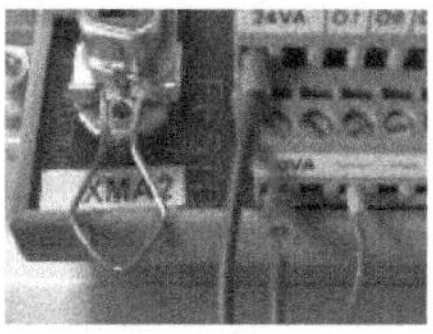
冷压端子金属部分不外露	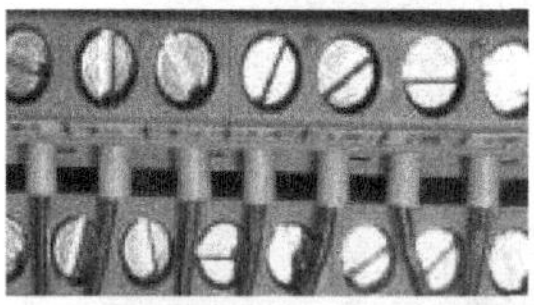	
线槽与接线端子排之间的导线不能交叉	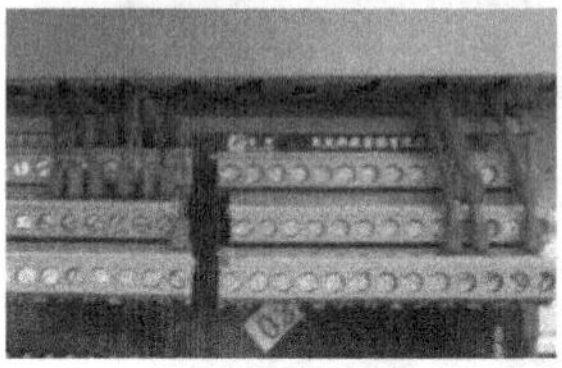	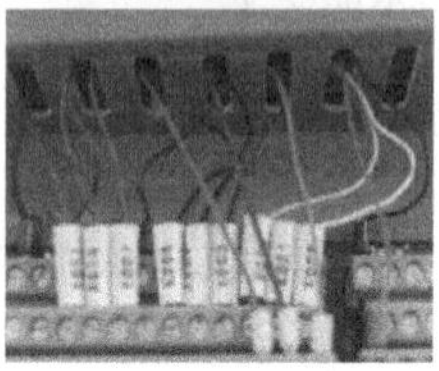
传感器不用的芯线应剪掉，并用热塑管套住，或用绝缘胶带包裹在护套绝缘层的根部，不可裸露	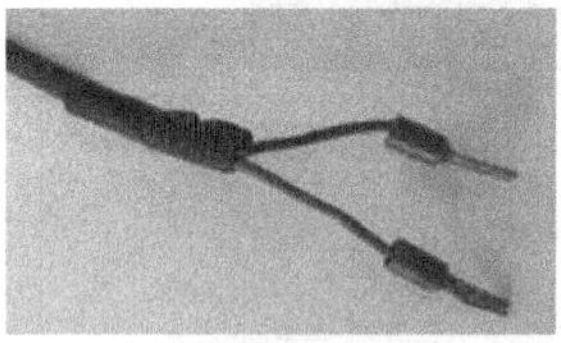	
传感器芯线进入线槽时应与线槽垂直，且不交叉	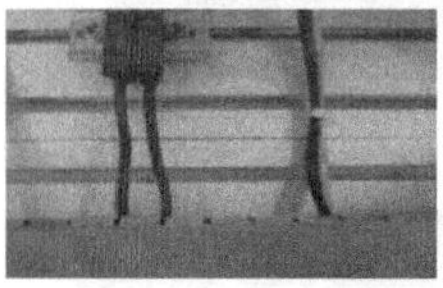	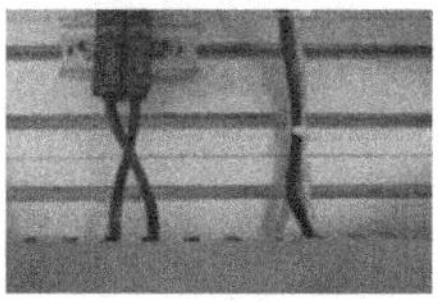

续表

工艺要求	正确	错误
电缆在走线槽里最少保留 10 cm。如果是一根短接线，在同一个走线槽里不要求		

3.3.3　搬运站的调试

一、搬运站各部件的调试

1. 机械部件的调试

将机械手支架固定到铝合金型材上，扳动机械手臂，拉动伸缩气缸的活塞杆，使其与上料检测站提升后的料台位置以及加工站接收工件的位置对准。注意：各部件不能有明显的松动。

2. 气动部件的调试

在气路元件都安装好后，可以按下各手动换向阀，调节气缸的节流阀，使执行气缸动作平稳。

3. 电气部件的调试

当系统上电后，操作各手动换向阀，根据气缸活塞的位置调整磁性开关的位置，在确定位置后，拧紧固定螺钉；检查 I/O 接线板上的接线是否正确。

二、搬运站的程序与调试

1. 控制要求

搬运站上电后，复位按钮灯闪烁，按下复位按钮，气缸进行复位。气缸复位完成后的状态：摆动气缸使机械手在左边，左限位电感式传感器 1B1＝1，前后伸缩气缸缩回，后限位磁性开关 2B1＝1，气爪松开磁性开关 3B1＝1，升降气缸在上位，上限位磁性开关 4B1＝1。此时，开始按钮灯闪烁，按开始按钮，程序开始运行；按调试按钮，手臂伸出，手臂伸出到位后，再下降到位，之后气夹将工件夹紧并上升，手臂退回后右转到位时，右限位电感式传感器 1B2＝1，后限位磁性开关 2B1＝1，上限位磁性开关 4B1＝1；再次按调试按钮，手臂前伸到第三站一号工位上方，然后下降，气夹打开，将物料放入一号工位中；各气缸复位，等待下一个工件到来。

2. 任务要求

根据以上控制要求画出搬运站的流程图，编写控制程序并进行调试，参考流程图如图3-28所示。

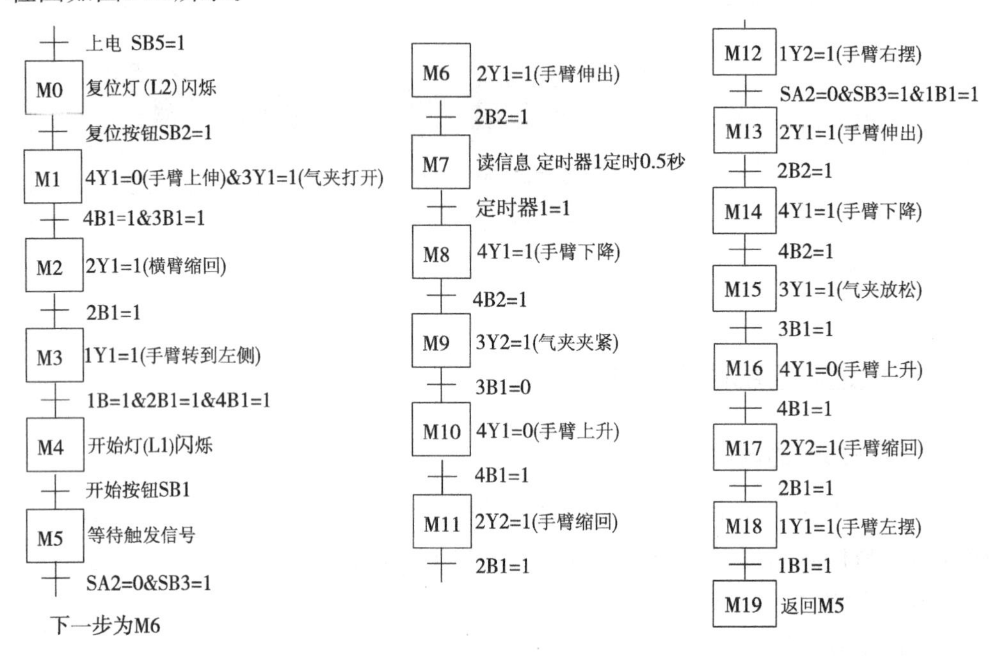

图3-28 搬运站流程图

3. 程序的调试

进行程序调试时,要保证设备硬件完好。

(1)将编写的程序认真检查后,下载到PLC中,按照控制要求中的工作流程调试程序,使其满足控制要求。

(2)阅读源程序,如图3-29所示,理解其功能,下载源程序并调试。调试时正确操作控制面板上的控制按钮,调试搬运站的各项功能。如果遇到问题,应及时记录现象,并进行讨论和分析,找到解决问题的方案。

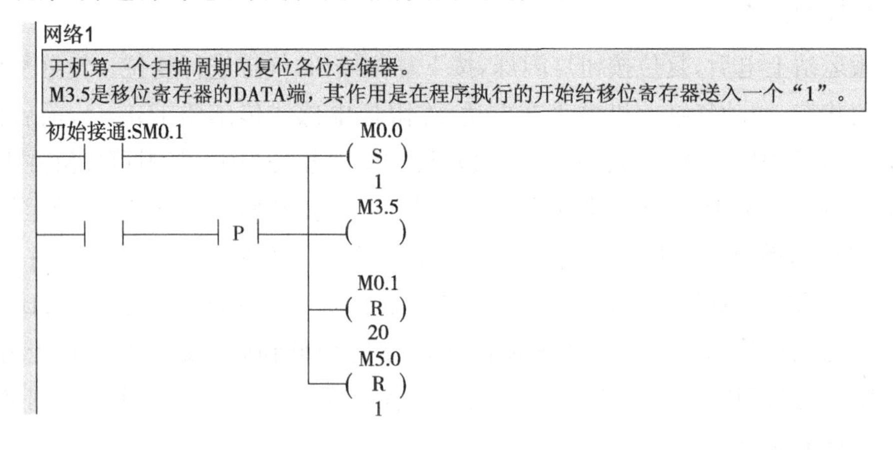

网络2

将本站的按钮、传感器信号的状态送到变量区保存起来。输入信号对应存放在VB10、VB11中，主要用于和触摸屏或组态软件交换数据。

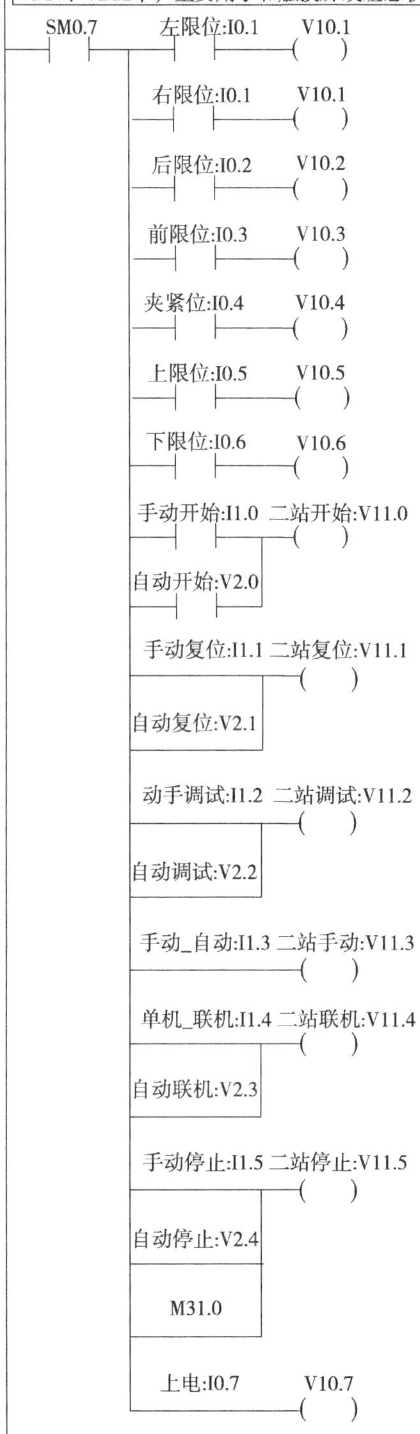

网络3

1.将本站的各执行电器的状态送到变量区保存起来。输出信号对应存放在VB12、VB13中，主要用于和触摸屏或组态软件交换数据。
2.将加工完成的数量送到VW8。

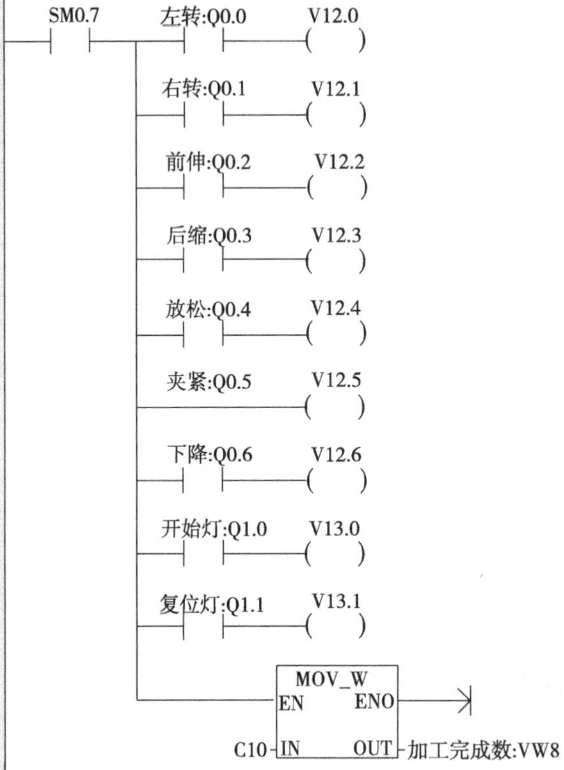

SM0.7 左转:Q0.0 V12.0
右转:Q0.1 V12.1
前伸:Q0.2 V12.2
后缩:Q0.3 V12.3
放松:Q0.4 V12.4
夹紧:Q0.5 V12.5
下降:Q0.6 V12.6
开始灯:Q1.0 V13.0
复位灯:Q1.1 V13.1
MOV_W EN ENO
C10-IN OUT-加工完成数:VW8

网络4

当六站都在自动位置时，V2.7接通，将任务加工数VW20清零及计数器C10复位。

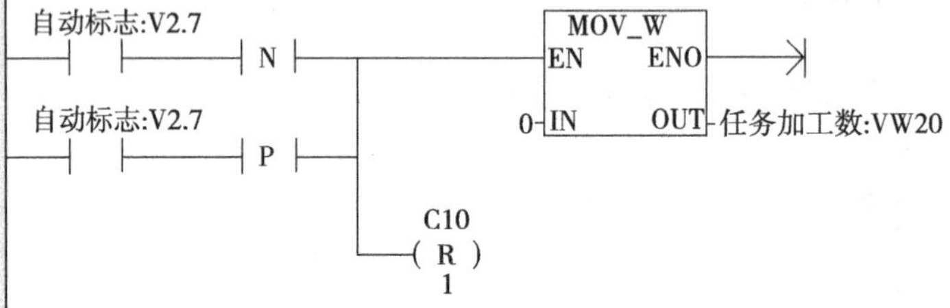

自动标志:V2.7 N
自动标志:V2.7 P
MOV_W EN ENO
0-IN OUT-任务加工数:VW20
C10 R 1

网络5

在触摸屏中进行任务下单。

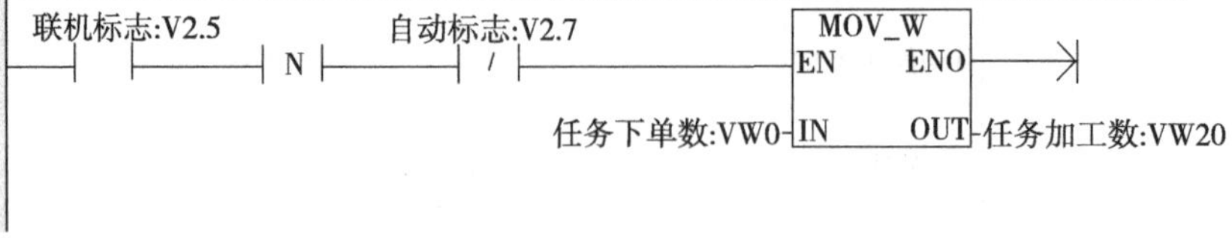

联机标志:V2.5 N 自动标志:V2.7 /
MOV_W EN ENO
任务下单数:VW0-IN OUT-任务加工数:VW20

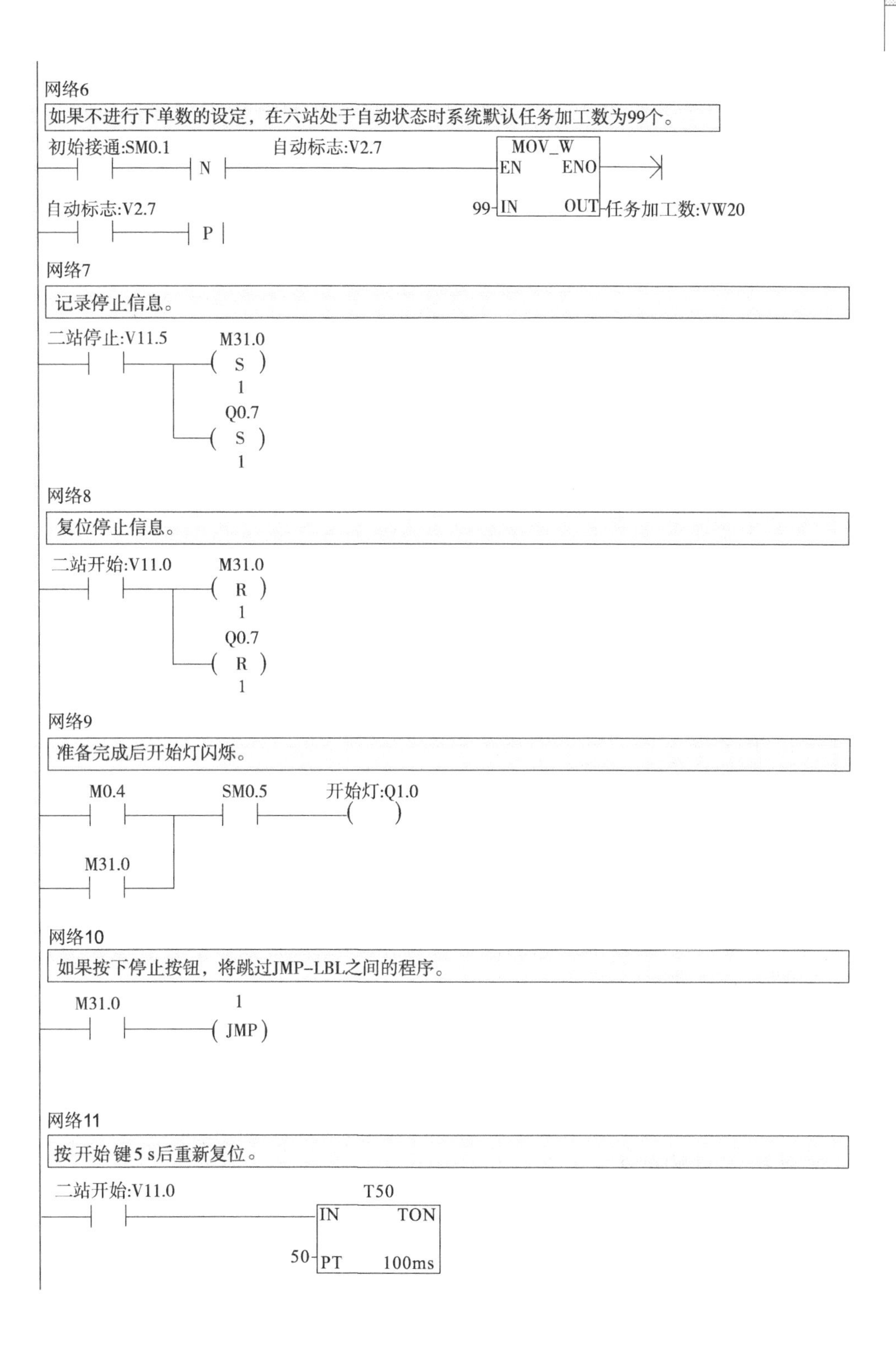
网络6
如果不进行下单数的设定，在六站处于自动状态时系统默认任务加工数为99个。
初始接通:SM0.1
N
自动标志:V2.7
MOV_W
EN
ENO
99
IN
OUT
任务加工数:VW20
自动标志:V2.7
P
网络7
记录停止信息。
二站停止:V11.5
M31.0
S
1
Q0.7
S
1
网络8
复位停止信息。
二站开始:V11.0
M31.0
R
1
Q0.7
R
1
网络9
准备完成后开始灯闪烁。
M0.4
SM0.5
开始灯:Q1.0
M31.0
网络10
如果按下停止按钮，将跳过JMP-LBL之间的程序。
M31.0
1
JMP
网络11
按开始键5 s后重新复位。
二站开始:V11.0
T50
IN
TON
50
PT
100ms

网络12

1.M0.0~M0.3为复位动作，使气爪松开，垂直方向的气缸缩回，双杆缸缩回，机械手在左侧。
2.开始后的第一步为M0.5，是循环的切入步，此步为联机和单站模式的选择。
3.M5.3为一站准备好的信息。
4.M0.7这一步接收一站传递来的工件颜色信号，T37延时保证可靠接收。
5.在M1.2步，机械手将一站的工件抓住提起，并告诉一站的M5.4，等待双杆缸缩回右摆。
6.在M1.5步，双杆缸伸出，并向后站传送状态信息和颜色信息。

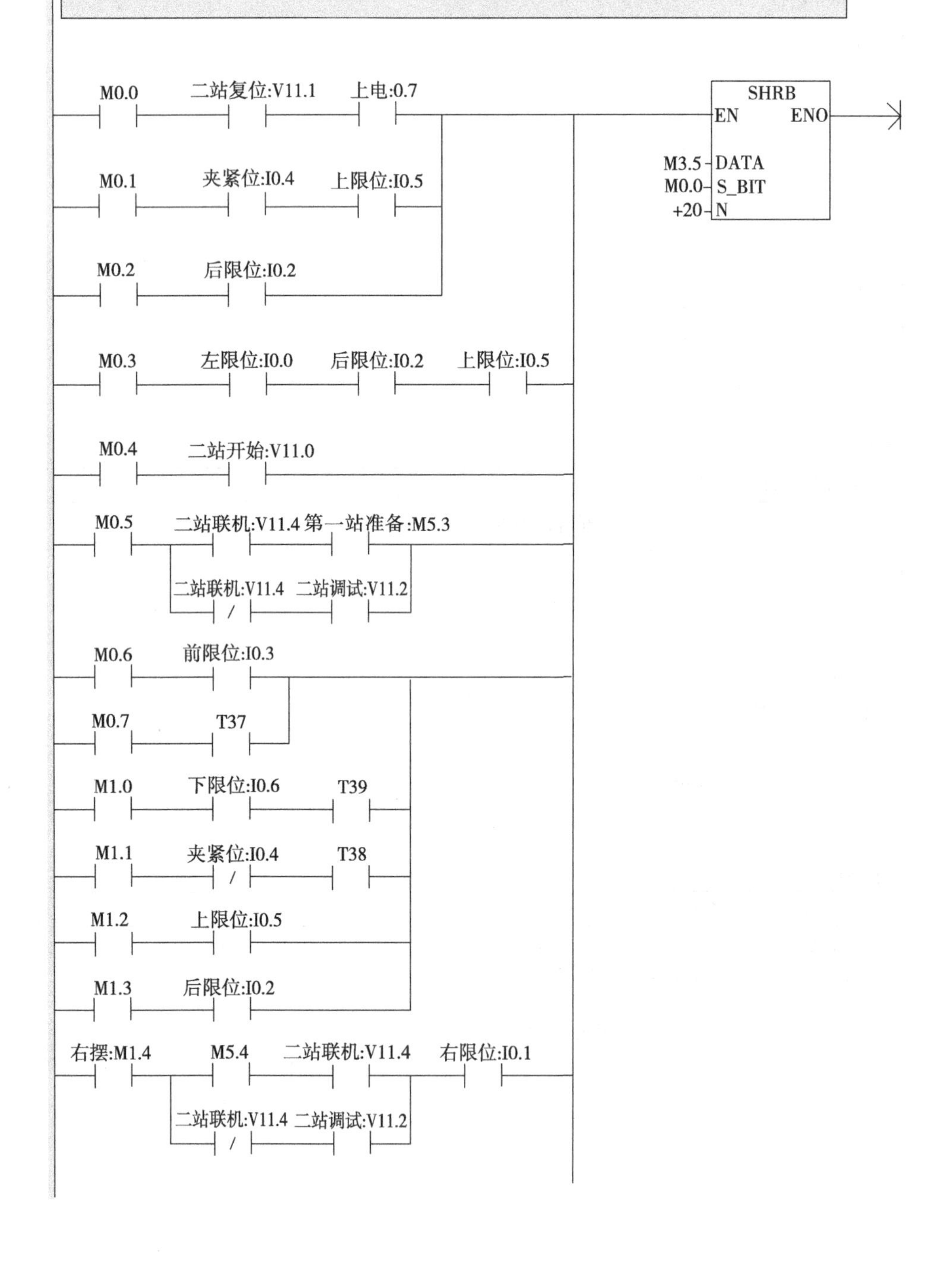

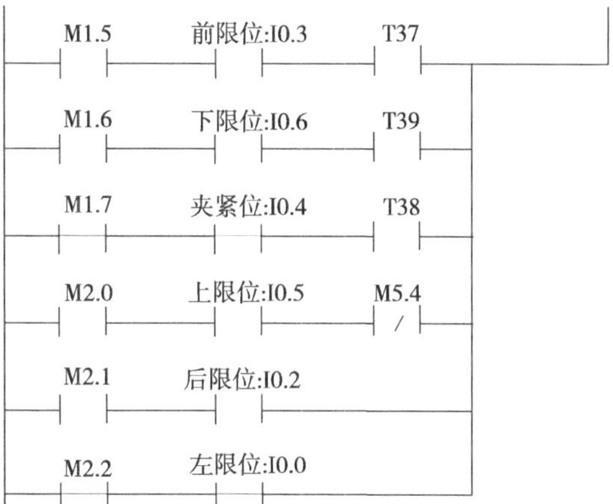

M1.5　前限位:I0.3　T37

M1.6　下限位:I0.6　T39

M1.7　夹紧位:I0.4　T38

M2.0　上限位:I0.5　M5.4 /

M2.1　后限位:I0.2

M2.2　左限位:I0.0

网络13

完成一个动作周期，返回到M0.5步重新开始。

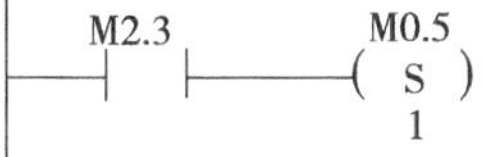

M2.3　M0.5 (S) 1

网络14

网络14和网络16所加的延时，是为了保证机械手动作平稳可靠。

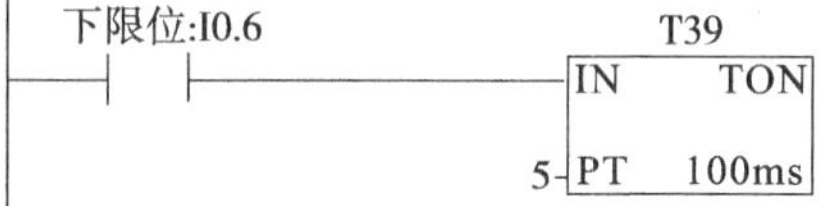

下限位:I0.6　T39 IN TON　5-PT 100ms

网络15

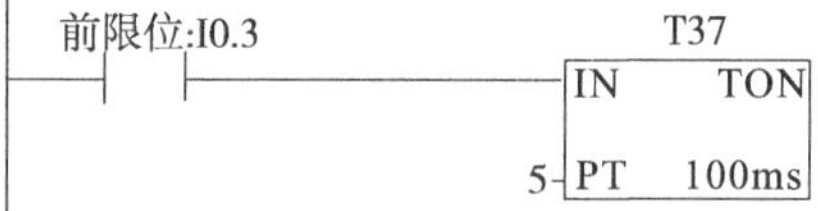

前限位:I0.3　T37 IN TON　5-PT 100ms

网络16

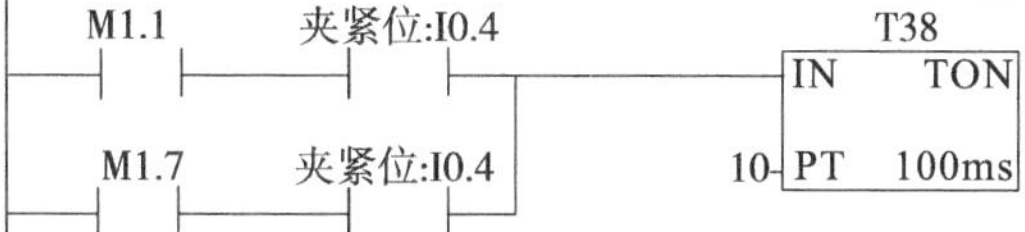

M1.1　夹紧位:I0.4　T38 IN TON

M1.7　夹紧位:I0.4　10-PT 100ms

网络17

系统上电、程序运行后复位灯闪烁。

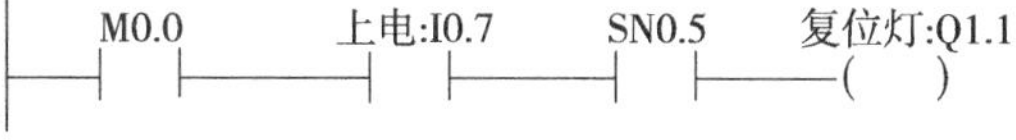

M0.0　上电:I0.7　SN0.5　复位灯:Q1.1 ( )

网络18

直线气缸(垂直方向)处于缩回状态。

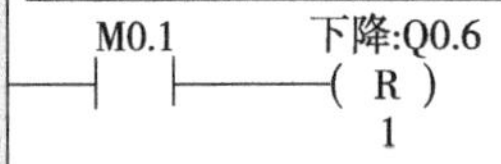

M0.1 下降:Q0.6 (R) 1

网络19

上料检测站传送过来的颜色信号。

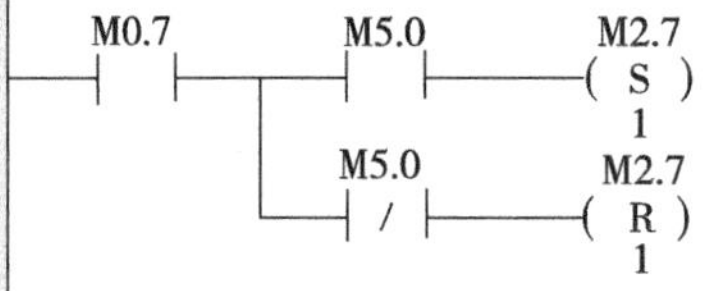

M0.7 M5.0 M2.7 (S) 1

M5.0 / M2.7 (R) 1

网络20

搬运站的机械手在左边时准备好的信息，传送给上料检测站的M5.4。

M1.2 M6.3 ( )

网络21

搬运站的机械手在右边时准备好的信息，传送给加工站的M5.3。

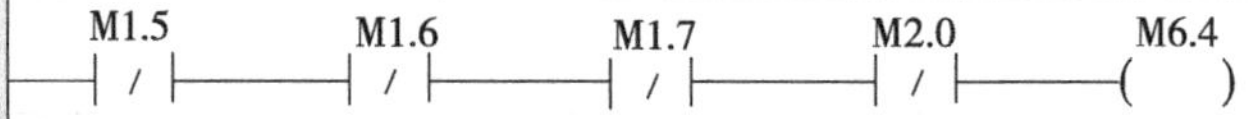

M1.5 / M1.6 / M1.7 / M2.0 / M6.4 ( )

网络22

将工件颜色信号传给加工站M5.0信号(颜色信号)。

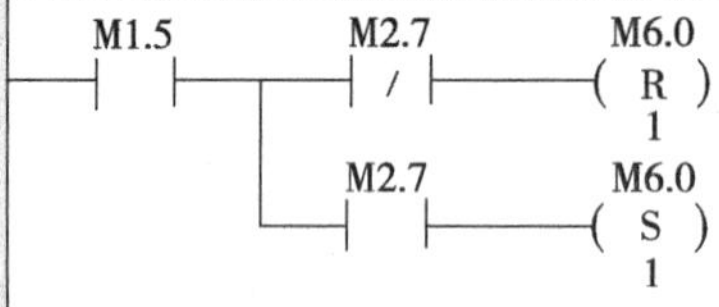

M1.5 M2.7 / M6.0 (R) 1

M2.7 M6.0 (S) 1

网络23

在以下状态时机械手左转。

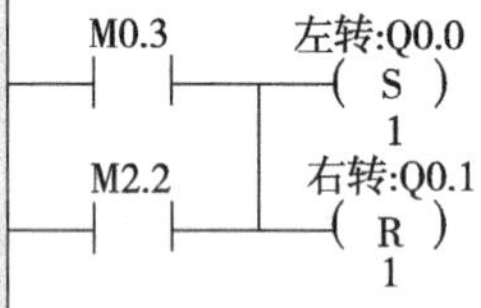

M0.3 左转:Q0.0 (S) 1

M2.2 右转:Q0.1 (R) 1

网络24

在以下状态时机械手右转。

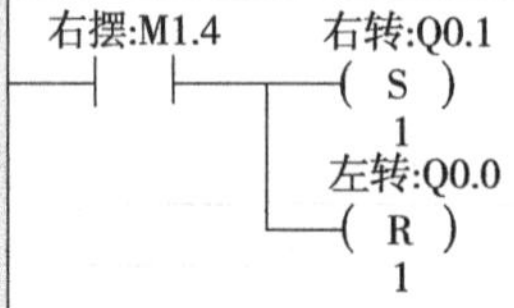

右摆:M1.4 右转:Q0.1 (S) 1

左转:Q0.0 (R) 1

网络25

在以下状态时机械手前伸。

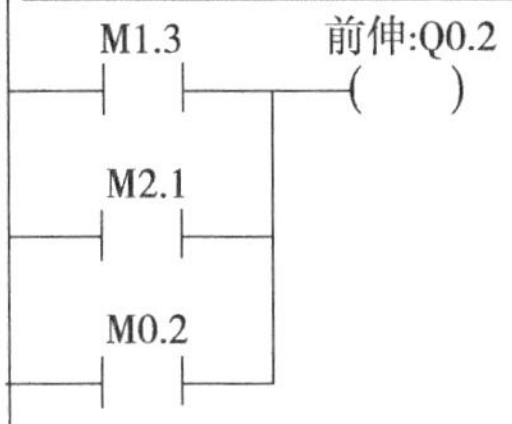

M1.3 前伸:Q0.2
M2.1
M0.2

网络26

在以下状态时机械手后缩。

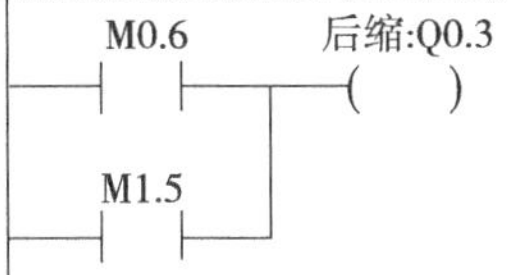

M0.6 后缩:Q0.3
M1.5

网络27

在以下状态时机械手放松。

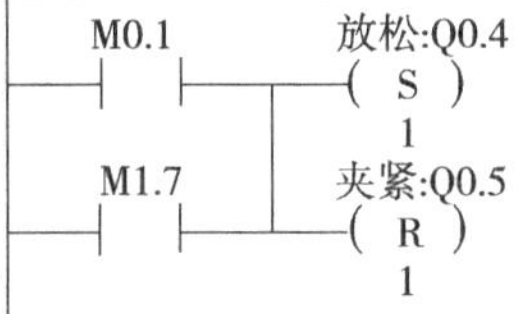

M0.1 放松:Q0.4 (S) 1
M1.7 夹紧:Q0.5 (R) 1

网络28

在以下状态时机械手夹紧。

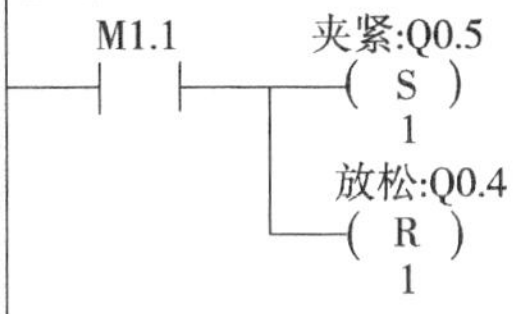

M1.1 夹紧:Q0.5 (S) 1
放松:Q0.4 (R) 1

网络29

在以下状态时机械手下降。

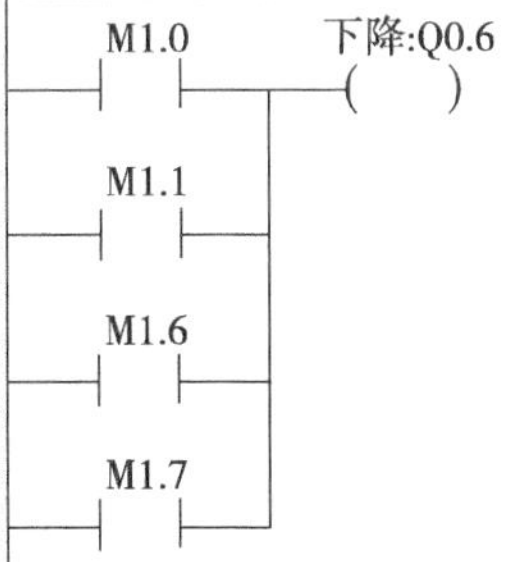

M1.0 下降:Q0.6
M1.1
M1.6
M1.7

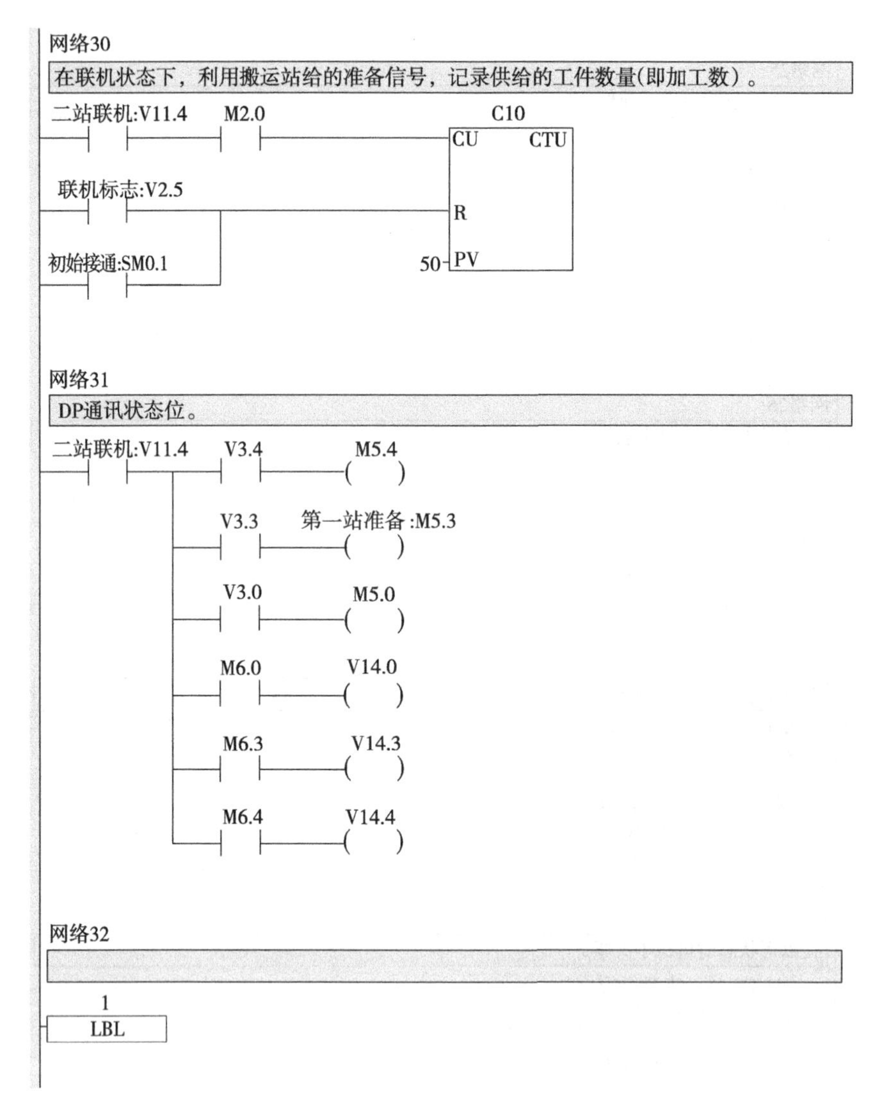

网络30
在联机状态下，利用搬运站给的准备信号，记录供给的工件数量(即加工数)。
二站联机:V11.4
M2.0
C10
CU
CTU
联机标志:V2.5
R
初始接通:SM0.1
50
PV
网络31
DP通讯状态位。
二站联机:V11.4
V3.4
M5.4
V3.3
第一站准备:M5.3
V3.0
M5.0
M6.0
V14.0
M6.3
V14.3
M6.4
V14.4
网络32
1
LBL

图 3-29　搬运站源程序

项目 4　加工站的安装与调试

学习目标

□熟悉加工站的功能和结构组成。
□熟悉各个气动元件、电气元件在加工站中的作用。
□掌握加工站气动控制及 PLC 控制的基本原理和编程方法。
□掌握变频器参数设置的基本方法和控制的实现过程。
□通过加工站的安装与调试，掌握机电设备的安装与调试技巧。
□通过本项目的实施，学会阅读相关手册，学会有计划、有目的地进行工作，树立安全意识，培养团结合作精神。

任务 4.1　加工站的认知

4.1.1　加工站的功能与结构组成

在自动化生产线的工作流程中，工件加工是重要的环节，而用于加工的设备有很多，如加工中心、组合机床等。在本任务中要认识的加工站是整个生产线的第三站，其主要功能是将搬运机械手送来的工件，通过回转工作台送到钻孔单元进行加工，加工完成后，再由回转工作台将工件送到检测单元进行钻孔深度的检测，检测完毕后由回转工作台将工件送到下一个位置，由安装搬运站的机械手将其取走。

图 4-1 所示为加工站的结构组成。工作台面上主要由回转工作台单元、钻孔加工单元、检测单元、导轨单元及控制按钮面板等组成。工作台下主要由控制板构成，与前面两站不同的是，控制面板上多了一个西门子 MM420 变频器。

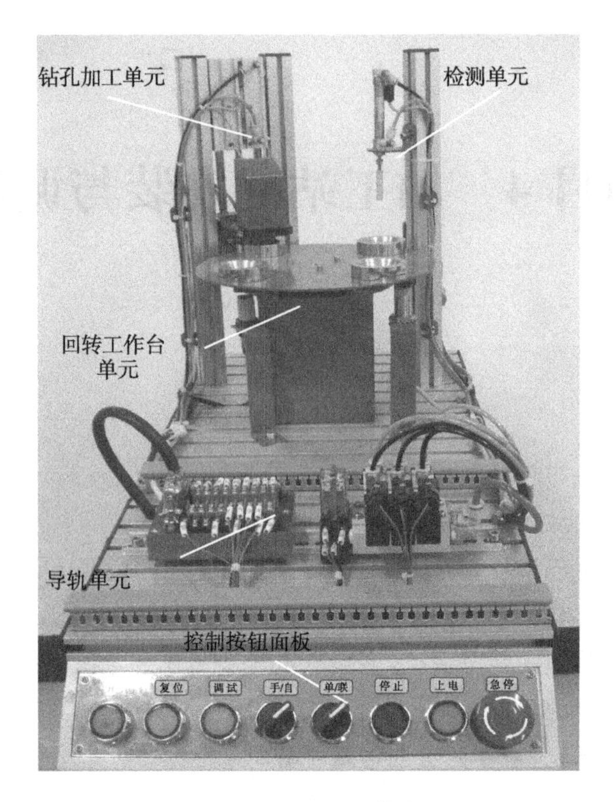

图 4-1 加工站的结构组成

一、回转工作台单元

回转工作台单元如图 4-2 所示,它主要由回转盘、回转电机、电机固定盘、电

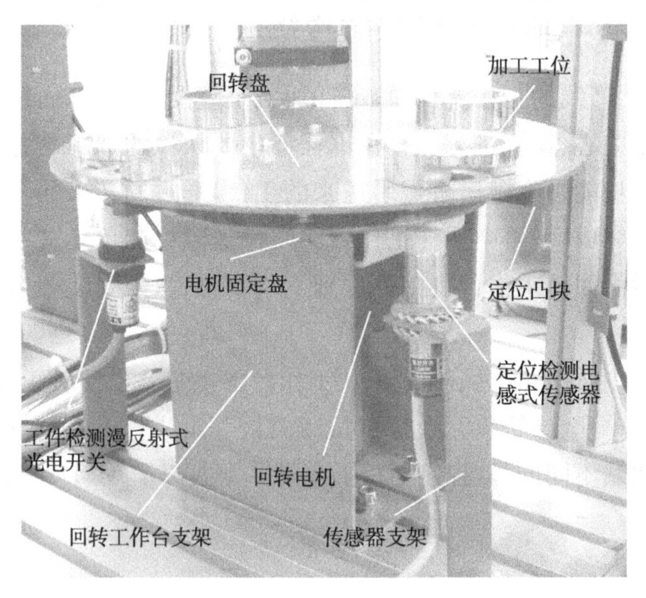

图 4-2 回转工作台单元

机固定支架、轴承、回转工作台支架、加工工位、定位凸块、定位检测电感式传感器、工件检测漫反射式光电开关、传感器支架等组成。其主要作用是通过回转工作台的顺时针转动，将工件分别送到各个工位，以完成加工检测等工序。

回转工作台上有 4 个工位，用于存放工件，每个工位上都有一个圆孔，光电开关通过圆孔可以检测此工位上是否有工件。4 个工位从光电开关位置开始，沿顺时针方向依次为 1 号工位、2 号工位、3 号工位和 4 号工位。

在回转工作台单元中，回转台是采用三相异步电动机驱动的，它通过连接器和轴承连接，而轴承又和回转盘连接，因此，电机转动时可以带动回转盘转动。回转盘的转动速度由电机决定，回转电机的转速由变频器控制。

工件检测传感器 B1 是一个漫反射式光电开关，固定在一个传感器支架上，如图 4-3(a)所示，主要用于判断回转工作台的 1 号工位有无工件。当工作台转到 1 号工位时，由于工作台在各个工位处都留有圆孔，光电开关发出的光线将直接穿过圆孔而不被遮挡，没有光线返回给传感器，因此，光电开关输出一个断开的开关信号，可表示为"0"。如果该工位上有工件，工件将圆孔堵住，将光线反射给光电开关，此时光电开关输出一个接通的开关信号，可表示为"1"。因此，可以利用光电开关信号的变化来判断工件是否被放到 1 号工位。

定位检测传感器 B2 是一个电感式传感器，固定在一个传感器支架上，如图 4-3(b)所示，主要用于判断回转工作台的转动位置，以便进行定位控制。对于工作台上的 4 个工位，分别有 4 个金属的定位凸块与之对应，各凸块与工作台相对固定。当凸块接近电感式传感器时，就会使电感式传感器动作，输出一个接通的开关信号，可表示为"1"，用该信号可以判断工作台是否转到工位。

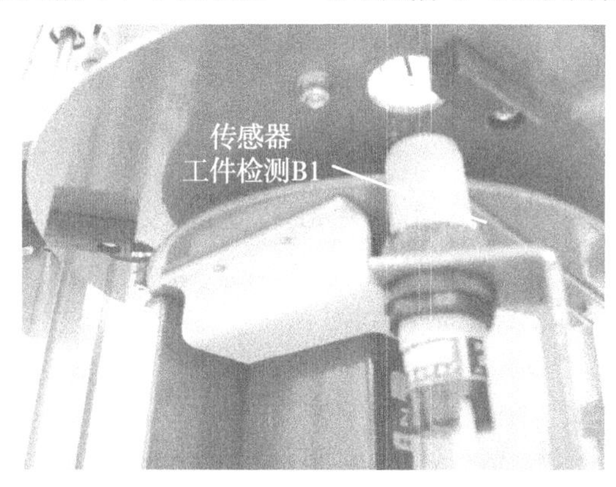

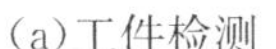
(a)工件检测

(b)定位检测

图 4-3　工件检测与定位检测

二、钻孔加工单元

钻孔加工单元如图 4-4 所示,主要由钻孔电机、钻孔进给气缸、工件夹紧气缸、安装板、磁性开关、立柱等组成。钻孔加工单元的主要作用是对被回转工作台运到该工位的工件进行钻孔加工。

钻孔电机用于实现钻孔的动作,是钻孔的执行机构。钻孔电机是直流电机,工作电压为 24 V。钻孔进给气缸用于实现钻孔的进给动作,夹紧气缸用于在钻孔时夹紧工件。在钻孔进给气缸和夹紧气缸的两端都装有磁性开关,分别用于检测气缸运动的极限位置。

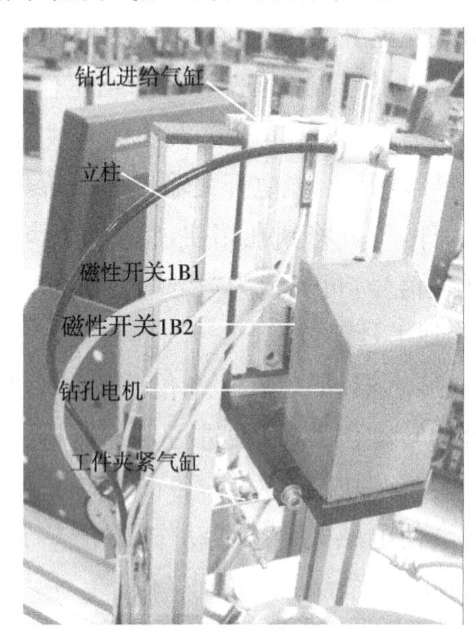

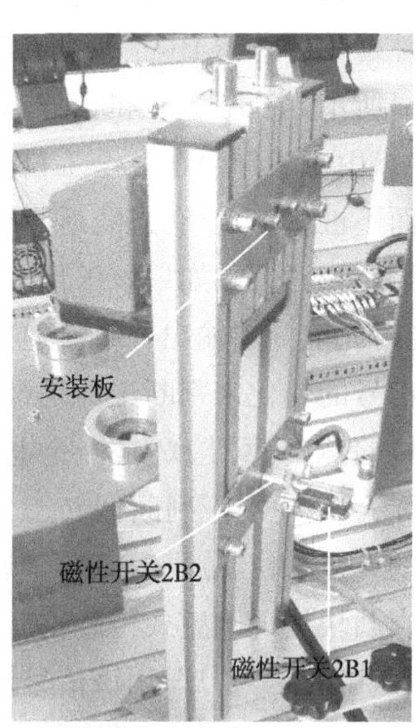

图 4-4 钻孔加工单元

三、检测单元

检测单元如图 4-5 所示,主要由检测气缸、磁性开关 3B1、立柱、支架等组成。检测单元用于对钻孔加工结果进行模拟检测。

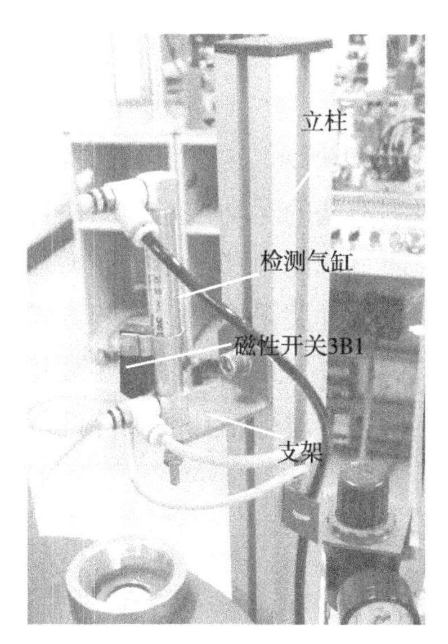

图 4-5　检测单元

四、导轨单元

导轨单元如图 4-6 所示，主要由 I/O 接线板(C4)、继电器 K1、电磁阀组等组成。I/O 接线板(C4)主要用于负责工作台面与控制板之间信号的传送；继电器 K1 主要用于控制钻孔电机电源的接通与断开；电磁阀组主要用于控制钻孔进给气缸、夹紧气缸、检测气缸的动作。

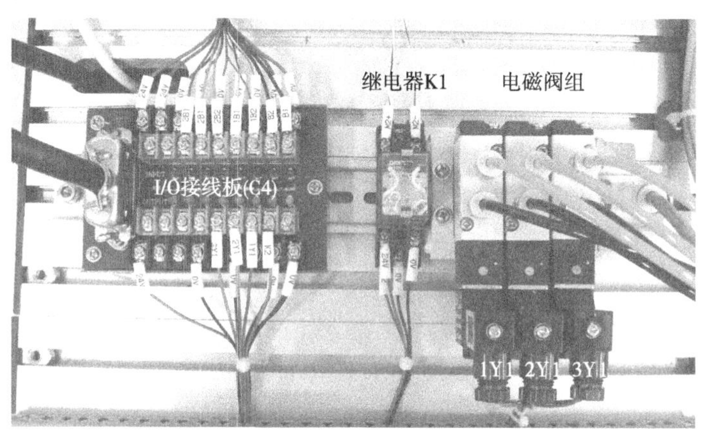

图 4-6　导轨单元

4.1.2　加工站的气动控制系统

加工站的气动系统主要由 1 个带导杆双作用气缸、2 个带内置磁环的双作用气缸以及 3 个单电控二位五通电磁阀组成。

一、加工站的气缸

加工站所用的气缸如图4-7所示，这些气缸都是双作用气缸，上面都可以安装相应的磁性开关，用于检测活塞的运动位置。图4-7(a)所示为带导杆双作用气缸，这种气缸的特点是耐横向负载能力和耐扭矩能力强，不回转精度高，主要用于完成钻孔电机的进给运动，磁性开关采用槽式安装方式。图4-7(b)、(c)所示为内置磁环的标准型双作用气缸，图4-7(b)所示气缸主要用于钻孔加工时对工件进行夹紧，图4-7(c)所示气缸主要用于对被钻孔的工件进行检测。

(a)带导杆双作用气缸

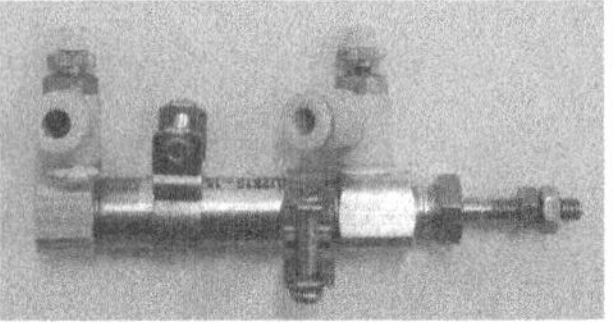

(b)标准型双作用气缸1

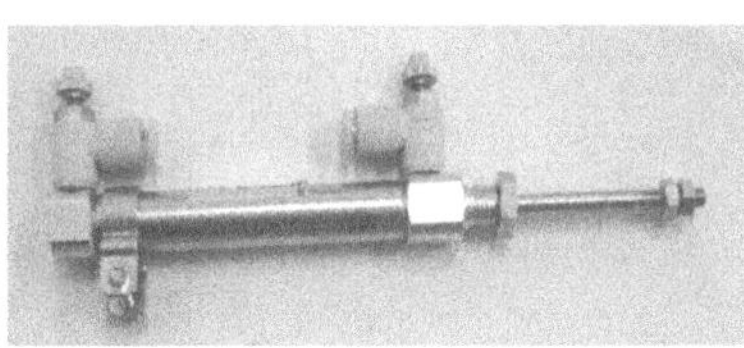

(c)标准型双作用气缸2

图4-7 加工站的气缸

二、加工站的电磁阀

在加工站中，为了控制上述3个气缸，系统采用了3个单电控二位五通阀。这3个单电控二位五通阀装在一块汇流板上，组成电磁阀组，分别用于控制钻孔进给气缸、夹紧气缸和检测气缸。电磁阀组如图4-8所示。

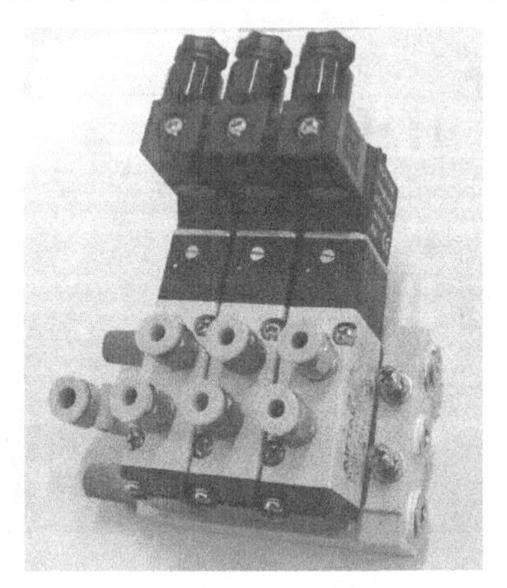

图4-8 加工站电磁阀组

三、加工站的气动回路

加工站的气动回路如图4-9所示，气源通过过滤减压后，分别送到3个单电控二位五通阀上：阀1Y控制带导杆的气缸MGP16M-75，用于钻孔气缸的进给；阀2Y控制标准型气缸CDJ2B10-15-B，用于工件的夹紧；阀3Y控制标准型气缸

CDJ2B10-45-B,用于工件的检测。当 1Y1 通电时,钻孔进给气缸伸出;当 1Y1 断电时,钻孔进给气缸缩回。当 2Y1 通电时,夹紧气缸伸出,并将工件夹紧;当 2Y1 断电时,夹紧气缸缩回,将工件松开。当 3Y1 通电时,检测气缸伸出,对工件检测;当 3Y1 断电时,检测气缸缩回,完成工件的检测。各个气缸动作的快慢由可调节流阀控制,活塞的位置由各气缸上的磁性开关进行检测。

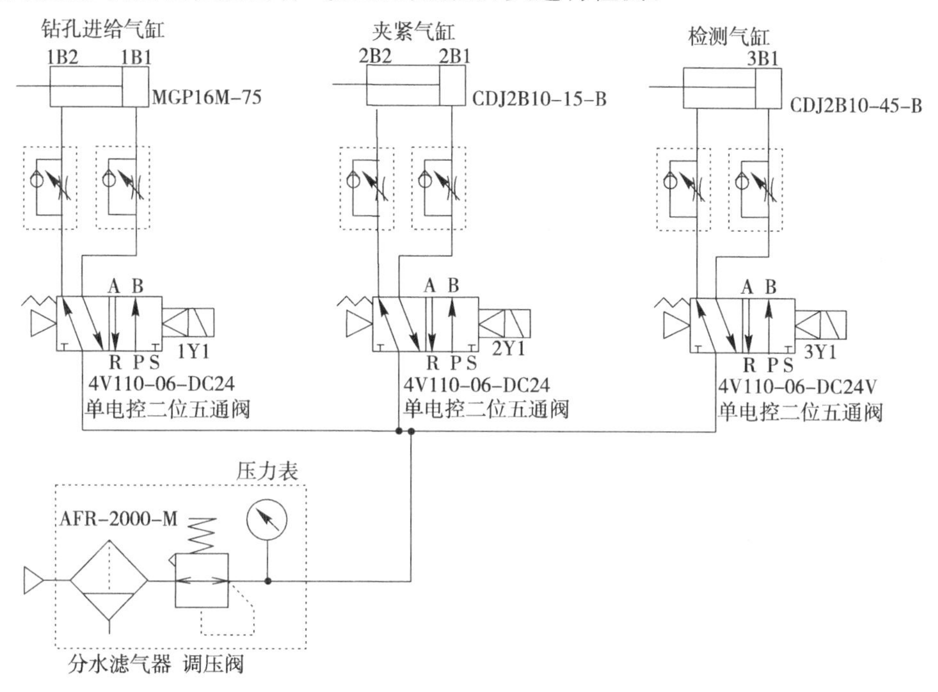

图 4-9　加工站的气动回路

4.1.3　加工站的电气控制系统

在加工站的电气控制系统中,主要被控对象是控制气缸运动的电磁阀线圈 1Y1、2Y1 和 3Y1,控制钻孔电机的继电器 K1 以及回转工作台电机。回转工作台电机采用三相异步电动机,为了使其能够平稳可靠地工作,在本系统中采用西门子 MM420 变频器驱动该电机。变频器的数字量输入端子 5 与 9 之间的接通由 PLC 的输出点 Q0.6 来控制。用于现场检测的信号元件主要有负责检测钻孔进给的磁性开关 1B1、1B2;负责夹紧气缸夹紧放松检测的磁性开关 2B1、2B2;负责 3 号工位检测工件质量的磁性开关 3B1;负责 1 号工位工件检测的光电开关 B1;负责回转盘定位的电感式传感器 B2。控制器仍然采用 S7-200 CPU224 PLC。图 4-10、图 4-11 所示为加工站的 PLC 输入端、输出端的接线图,其 I/O 分配表见表 4-1。

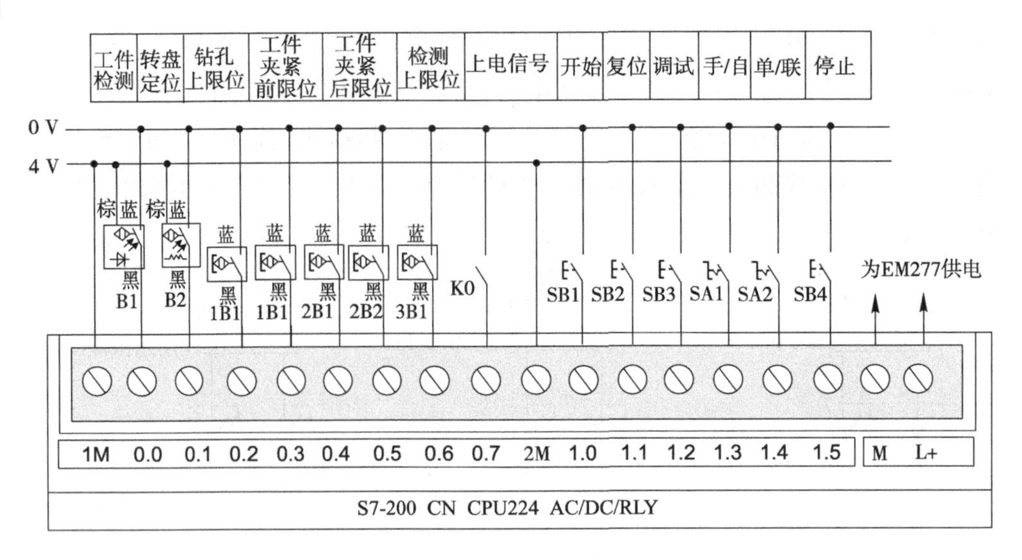

图 4-10　加工站 PLC 输入端接线图

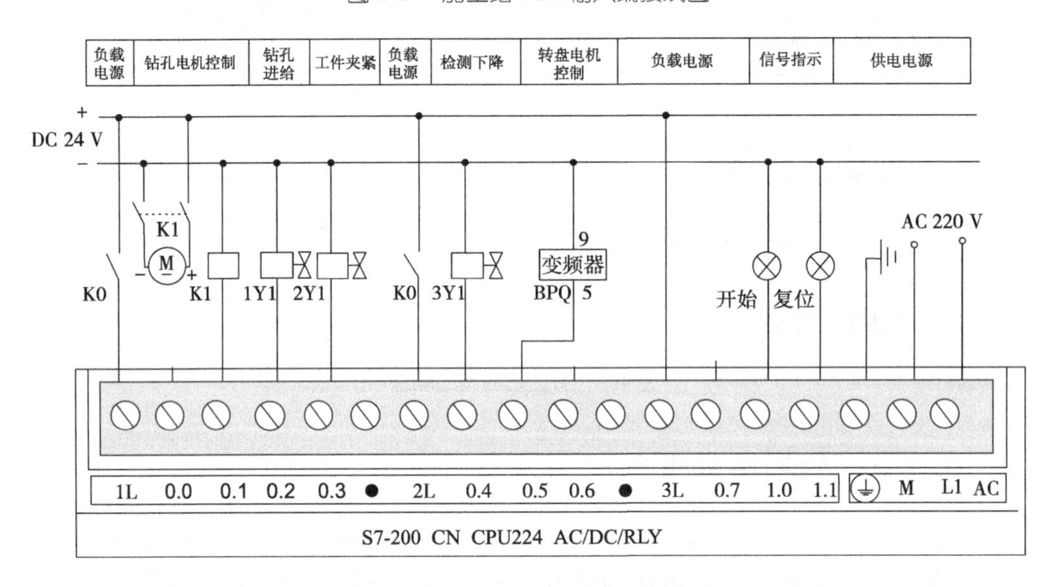

图 4-11　加工站 PLC 输出端接线图

表 4-1　加工站 I/O 分配表

加工站							
输入端		输出端		输入端		输出端	
I0.0	工件检测 B1(1 号工位有工件 1,无工件 0)	Q0.1	继电器 K1(控制钻孔电机)	I1.0	开始 SB1	Q1.0	开始灯
I0.1	定位检测 B2	Q0.2	钻孔进给 1Y1	I1.1	复位 SB2	Q1.1	复位灯
I0.2	钻孔进给下限位 1B2	Q0.3	工件夹紧 2Y1	I1.2	调试 SB3		
I0.3	钻孔进给上限位 1B1	Q0.4	检测下降 3Y1	I1.3	手动/自动 SA1		

续表

加工站							
输入端		输出端		输入端		输出端	
I0.4	夹紧前限位 2B2	Q0.5	变频器 BPQ(控制变频器 5 和 9 之间的接通)	I1.4	单机/联机 SA2		
I0.5	夹紧后限位 2B1			I1.5	停止 SB4		
I0.6	检测限位 3B1						
I0.7	上电 K0(SB5)						

4.1.4 加工站认知工作任务及实践

(1)仔细观察加工站的结构组成，对照附件中的元件清单，了解各个部件、元件的名称、功能、型号和数量。

(2)登录 http://www.smc.com.cn 和 http://www.airtacworld.com 等网站，查阅气缸、电磁阀、磁性开关等资料，详细了解 MGP16M-75、CDJ2B10-15-B、CDJ2B10-45-B 气缸的参数及其型号的含义；了解电磁阀 4V110-06-DC24V 的参数及符号；了解磁性开关 D-C73、D-Z73的参数及含义；了解光电开关 SB03-1K、电感式传感器 LG8-1K 的各项参数及接线方式。

(3)接通气源后，操作各电磁阀的手动换向开关，控制相应气缸动作，观察各气动执行结构的动作特征，分析并判断与各个执行机构相对应的电磁阀的类型，找出阀与阀的控制信号与气动执行机构动作之间的关系。

在观察各气缸动作特性时，主要观察 3 种状态：操作前执行机构的常态；操作过程中，突然丢掉手控信号时执行机构的状态；在手控信号一直维持到使执行机构动作完成后去掉该信号的情况下，执行机构的状态。

(4)观察气动回路组成情况，如有无节流阀、气缸的进排口等，并尝试在不看书的情况下画出安装站气动控制回路图。

(5)接通电源，操作各电磁阀的手动换向开关，观察各磁性开关、电感式传感器的状态与气缸运动位置的关系，查明按钮信号、传感器信号、电磁阀线圈与 PLC 之间的连接关系。

(6)测绘钻孔加工单元，要求画出其三视图，并进行标注。

(7)注意事项。

①在观察结构时不要用力拽导线、气管，不要随意拆卸元器件和其他装置。

②在气源接通后，禁止用手直接扳动气缸。

③在运行程序时，禁止手动操作电磁阀。

任务 4.2 变频器及其使用

在机电设备中,三相异步电动机被普遍作为提供动力的设备。在自动化生产线的加工站中,利用一台三相异步电动机来带动回转工作台进行运转,而电机的转速是由变频器进行调节的。

4.2.1 三相异步电动机简介

图 4-12 所示为回转工作台所用的三相异步电动机,其额定电压为 380 V,额定电流为0.05 A,额定频率为 50 Hz,额定功率为 10 W,额定转速为 1250 r/min。图中左边部分为转轴、连接块以及齿轮箱,右边部分为三相异步电动机。

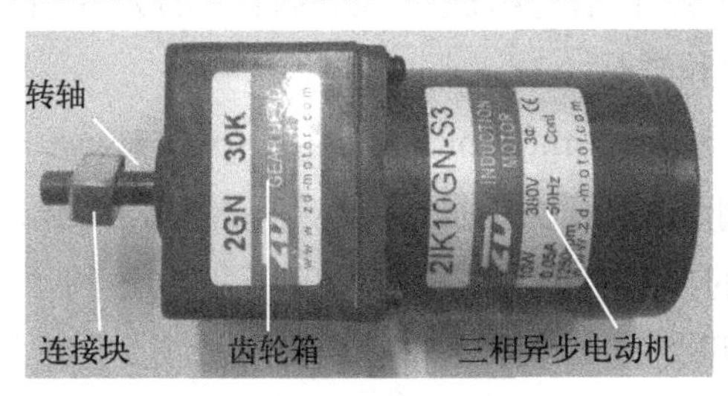

图 4-12 回转工作台电机

旋转磁场的转速称为“三相异步电动机的同步转速”,表示为

$$n_0 = \frac{60f}{p} \tag{4-1}$$

异步电动机的实际转速为

$$n = \frac{60f}{p}(1-s) \tag{4-2}$$

式中,n_0 为电动机的同步转速, n 为电动机的转速,f 为电源频率,p 为电动机磁极对数,s 为电动机的转差率。由式(4—2)可见,异步电动机的转速总是小于其同步转速,电动机的转速可以通过改变磁极对数 p、转差率 s 以及电源频率 f 来进行调节。

在 THWSPX-2A 型自动化生产线中,三相异步电动机的速度和方向的控制都由变频器来完成。然而在使用三相异步电动机时,要特别注意电动机的缺相运行。在负载不变的情况下,定子绕组中的电流会增大,导致电机过热,电机会发出嗡嗡声,应及时排除故障。电动机在使用时还要注意接地,防止因漏电引起人身伤害。

4.2.2　变频器基础知识

一、变频器的定义

变频器是利用电力半导体器件的通断作用将工频电源变换为另一频率的电能控制装置，主要用于交流电动机的变频调速。

二、变频器的类型

变频器有 2 种类型，即交直交变频器和交交变频器。

交直交变频器通常先将电网交流整流成直流，再由直流逆变成交流。它是一种间接的变频器。之所以要用中间直流环节，是因为这样可以获得低于或高于电网频率(50 Hz)的调频范围。

交交变频器又称“周波变流器”，是直接变频器。但是当用普通晶闸管——半控型电力半导体器件构成时，为了能利用电网交流自然换流，只能获得低于电网频率 1/2 或 1/3 的低频调频范围。

常用的通用变频器都是交直交变频器，通常称为“VVVF”。交交变频器主要适用于低速、大容量的交流同步和异步电动机传动系统，如钢铁厂的可逆轧机、矿井提升机、水泥转窑等。采用交流变频调速取代直流调速是电气传动领域的趋势。

三、通用变频器的结构

虽然变频器的种类很多，其内部结构各有不同，但它们的基本结构是相似的，下面以交直交变频器为例进行介绍。变频器主要由整流电路、直流中间电路、逆变电路以及控制电路组成，如图 4-13 所示。

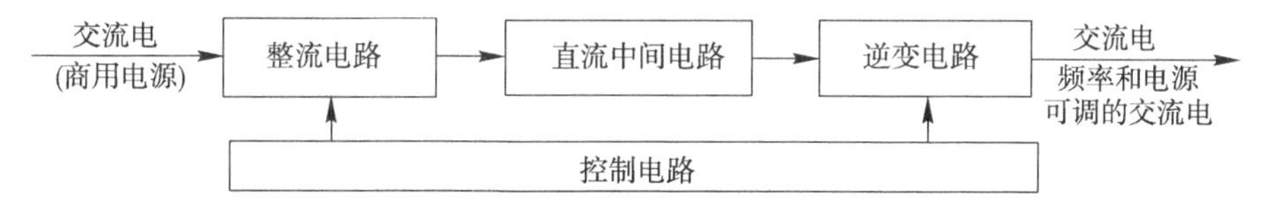

图 4-13　变频器结构框图

(1)整流电路由三相全波整流桥组成，其主要作用是将外部的工频电源进行整流，并为逆变电路和控制电路提供所需要的直流电源。

(2)直流中间电路的作用是对整流电路的输出进行平滑处理，以保证逆变电路和控制电源能够得到质量较高的直流电源。当整流电路是电压源时，直流中间电路的主要元器件是大容量的电解电容；当整流电路是电流源时，平滑电路则主要由大容量电感组成。此外,由于电动机制动的需要,在直流中间电路中有时还包括制动电阻以及其他辅助电路。

(3)逆变电路是变频器最重要的部分,其主要作用是在控制电路的控制下,将平滑电路输出的直流电源转换为频率和电压都任意可调的交流电源。逆变电路的输出就是变频器的输出,可以直接和三相异步电动机相接。

(4)控制电路包括主控制电路、门极(基极)驱动电路、信号检测电路、外部接口电路以及保护电路等部分。控制电路的主要作用是将检测电路得到的各种信号送至运算电路,使运算电路能够根据要求为变频器主电路提供必要的门极(基极)驱动信号,并为变频器以及异步电动机提供必要的保护。

4.2.3 西门子MM420变频器及其使用

西门子MM420(MICROMASTER420)是用于控制三相交流电动机速度的变频器系列。从单相电源电压、额定功率120 W到三相电源电压、额定功率11 kW,该系列有多种型号可供用户选用。本站选用的MM420额定参数为:电源电压为380~480 V,三相交流;额定输出功率为0.75 kW;额定输入电流为2.4 A;额定输出电流为2.1 A;外形尺寸为A型;操作面板为基本操作板(BOP)。

一、MM420变频器机械安装

变频器在安装时即使不处于运行状态,其电源输入线、直流回路端子和电动机端子上仍然可能带有危险电压。因此,断开开关以后还必须等待5 min,保证变频器放电完毕,才能开始安装工作。

变频器可以挨着安装,但是若安装在另一台变频器的上部或下部,相互之间必须至少相距100 mm。外形尺寸A型的变频器可以安装在标准的35 mm DIN导轨上,也可以用2个M4螺钉直接安装在元件板上;外形尺寸B型或者C型的变频器直接用2个M4或者M5螺钉安装在元件板上。

机壳外形尺寸为A型时,DIN导轨的安装与拆卸方法如图4-14所示。

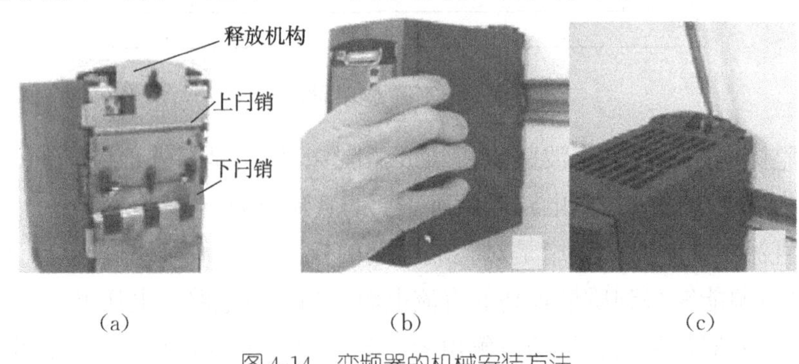

(a) (b) (c)

图4-14 变频器的机械安装方法

(1)用导轨的上闩销把变频器固定到导轨的安装位置上。

(2)向导轨上按压变频器,直到导轨的下闩销嵌入到位。

(3)从导轨上拆卸变频器。为了松开变频器的释放机构,可将螺丝刀插入释放机构中,向下施加压力,导轨的下闩销就会松开,便于将变频器从导轨上取下。

二、MM420 系列变频器电气安装

1. 电气安装注意事项

(1)变频器在安装时必须可靠接地。如果不把变频器正确接地,装置内可能出现导致人身伤害的特别危险的情况。

(2)变频器的控制电缆、电源电缆和与电动机连接的电缆的走线必须相互隔离,不要把它们放在同一个电缆线槽中或电缆架上。

(3)在连接变频器或改变变频器接线之前,必须断开电源。

(4)确定电动机与电源电压的匹配是正确的,不允许把单相/三相 220 V 的 MM 系列变频器连接到电压更高的 380 V 三相电源上。

(5)连接同步电动机或并联连接几台电动机时,变频器必须在 U/f 控制特性下(P1300=0,2 或 3)运行。

(6)电源电缆和电动机电缆与变频器相应的接线端子连接好后,在接通电源时,必须确定变频器的盖子已经盖好。

2. 电源和电动机端子的接线

电源和电动机的接线根据实际电源及电机的情况来定,典型的接线有 2 种,如图 4-15 所示。在 THWSPX-2A 型自动化生产线中,由于电源取用的是单相电源,电动机是三相异步电动机,所以采用的是图 4-15(a)所示的接法。

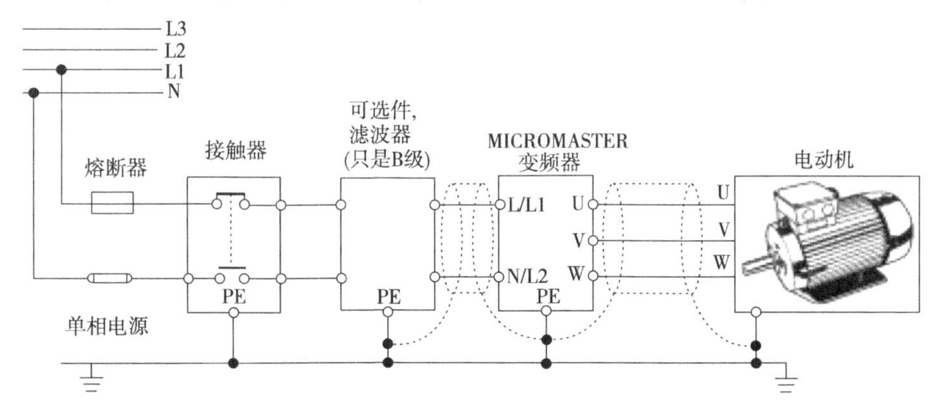

(a)

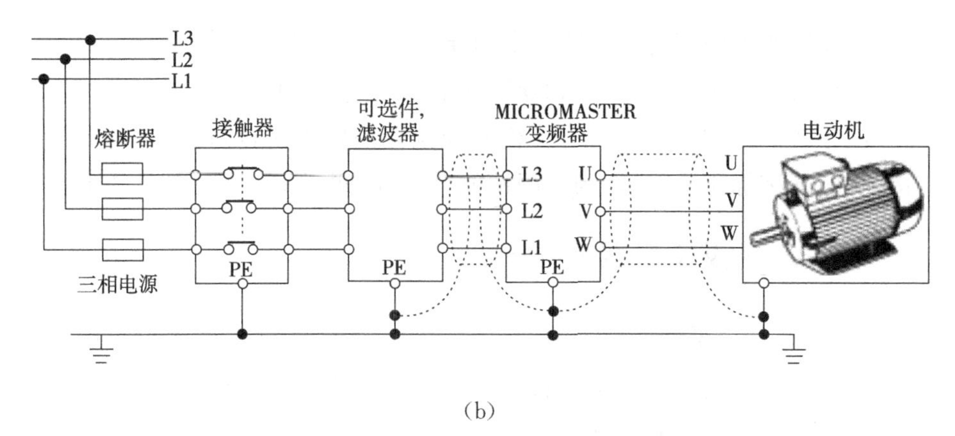

(b)

图4-15　MM420变频器的电动机与电源的接线

在接线时,打开变频器的盖子,就可以连接电源和电动机的接线端子,如图4-16所示,将电源线接到L1、L2、L3,三相电动机连接到U、V、W。注意:千万不能接错电源,否则会损坏变频器。

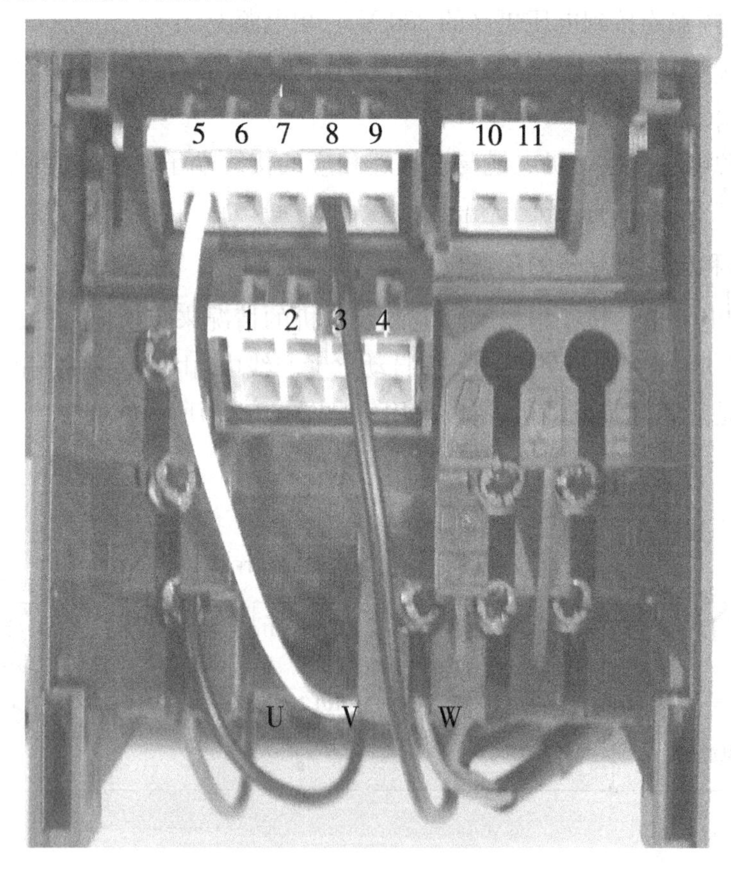

图4-16　变频器接线端子

3. 电磁干扰的防护

变频器的设计允许它在具有很强电磁干扰的工业环境下运行。通常，如果安装质量良好，就可以确保变频器安全和无故障地运行。如果变频器在运行中遇到问题，可按下面提供的措施进行处理。

(1)确定机柜内的所有设备都已用短而粗的接地电缆可靠地连接到公共的星形接地点或公共的接地母线。

(2)确定与变频器连接的任何控制设备(如 PLC)也像变频器一样，已用短而粗的接地电缆连接到同一个接地网或星形接地点。

(3)由电动机返回的接地线直接连接到控制该电动机的变频器的接地端子(PE)上。

(4)接触器的触头最好是扁平的，因为它们在高频时阻抗较低。

(5)截断电缆的端头时应尽可能整齐，保证未经屏蔽的线段尽可能短。

(6)控制电缆的布线应尽可能远离供电电源线，使用单独的走线槽；在必须与电源线交叉时，相互之间应采取直角交叉。

(7)无论何时，变频器与控制回路的连接线都应采用屏蔽电缆。

(8)确信机柜内安装的接触器是带阻尼的，即在交流接触器的线圈上连接有 R-C 阻尼回路，在直流接触器的线圈上连接有“续流”二极管。安装压敏电阻对抑制过电压也是有效的。当接触器由变频器的继电器进行控制时，这一点尤其重要。

(9)接到电动机上的连接线应采用屏蔽的或带有铠甲的电缆，并用电缆接线卡子将屏蔽层的两端接地。

三、MM420 变频器方框图

MM420 变频器方框图如图 4-17 所示。进行主电路接线时，变频器模块面板上的 L1、L2、L3 插孔接三相电源，接地插孔接保护地线；3 个电动机插孔 U、V、W 连接到三相电动机上。除此之外，还包含数字输入点：DIN1(端子 5)、DIN2(端子 6)、DIN3(端子 7)、内部电源＋24 V(端子 8)、内部电源 0 V(端子 9)；模拟输入点：AIN＋(端子 3)、内部电源＋10 V(端子 1)、内部电源 0 V(端子 2)；继电器输出：RL1-B(端子 10)、RL1-C(端子 11)；模拟量输出：AOUT＋(端子 12)、AOUT－(端子 13)；RS-485 串行通信接口：P＋(端子 14)、N－(端子 15)等输入输出接口，并带有基本操作面板(BOP)。核心控制器件 CPU 可以根据设定的参数，通过运算输出控制正弦波信号，经 SPWM 调制，放大输出三相交流电压驱动三相异步电动机运行。

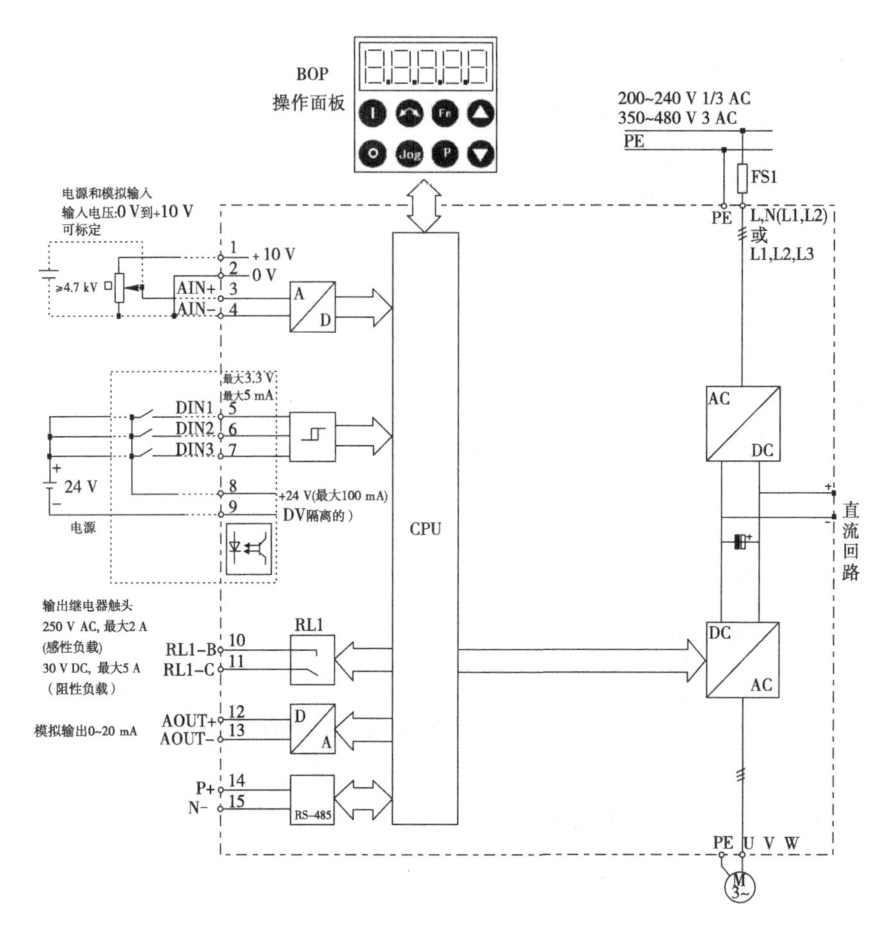

图 4-17　MM420 变频器方框图

四、MM420 变频器的操作面板(BOP)

图 4-18 所示是基本操作面板(BOP)的外形。利用 BOP 可以改变变频器的各个参数。BOP 具有 7 段显示的五位数字,可以显示参数的序号和数值、报警和故障信息以及设定值和实际值。但是,参数的信息不能用 BOP 存储。

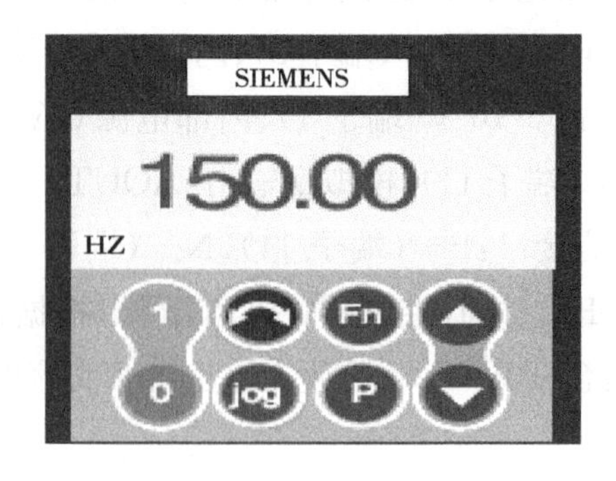

图 4-18　基本操作面板(BOP)

基本操作面板(BOP)上的按钮及其功能见表 4-2。

表 4-2　基本操作面板(BOP)上的按钮及其功能

显示/按钮	功能	关于功能的说明
r0000	状态显示	LCD 显示变频器当前的设定值
I	启动变频器	按此键启动变频器。缺省值运行时此键被封锁。为了使此键的操作有效,应设定 P0700=1
0	停止变频器	OFF1:按此键变频器将按选定的斜坡下降速率减速停车,缺省值运行时此键被封锁;为了允许此键操作,应设定 P0700=1。 OFF2:按此键 2 次(或 1 次,但时间较长),电动机将在惯性作用下自由停车。此功能总是"使能"的
(换向)	改变电动机的转动方向	按此键可以改变电动机的转动方向,电动机的反向用负号表示或用闪烁的小数点表示。缺省值运行时此键被封锁,为了使此键的操作有效,应设定 P0700=1
jog	电动机点动	在变频器无输出的情况下按此键,将使电动机启动,并按预设定的点动频率运行。释放此键时,变频器停车。如果变频器/电动机正在运行,按此键将不起作用
Fn	功能	此键用于浏览辅助信息。 变频器运行过程中,在显示任何一个参数时按下此键并保持 2 s 不动,将显示以下参数值(在变频器运行中从任何一个参数开始): 1. 直流回路电压(用 d 表示,单位:V)。 2. 输出电流(单位:A)。 3. 输出频率(单位:Hz)。 4. 输出电压(用 o 表示,单位:V)。 5. 由 P0005 选定的数值(如果 P0005 选择显示上述参数中的任何一个(3,4 或 5),这里将不再显示)。 连续多次按下此键将轮流显示以上参数。 跳转功能。在显示任何一个参数(rXXXX 或 PXXXX)时短时间按下此键,将立即跳转到 r0000,如果需要的话,可以接着修改其他参数。跳转到 r0000 后,按此键将返回原来的显示点
P	访问参数	按此键即可访问参数
▲	增加数值	按此键即可增加面板上显示的参数数值
▼	减少数值	按此键即可减少面板上显示的参数数值

五、MM420 变频器的参数

1. 参数号和参数名称

变频器的参数是用参数号来表示的。参数号用 0000～9999 之间的四位数字表示。在参数号的前面冠以一个小写字母“r”时，表示该参数是“只读”的参数，其他所有参数号的前面都冠以一个大写字母“P”。这些参数的设定值可以直接在标题栏的“最小值”和“最大值”范围内进行修改。“下标”表示该参数是一个带下标的参数，并且指定了下标的有效序号。

2. 更改参数的方法

利用 BOP 修改和设定系统参数时，选择的参数号和设定的参数值在五位数字的 LCD 上显示。更改参数数值的步骤大致如下：

(1)首先查找所选定的参数号。

(2)进入参数值访问级，修改参数值。

(3)确认并存储修改好的参数值。

例如，假设参数 P0004 设定值=0，需要把设定值改变为 7，改变设定数值的步骤如图 4-19 所示。

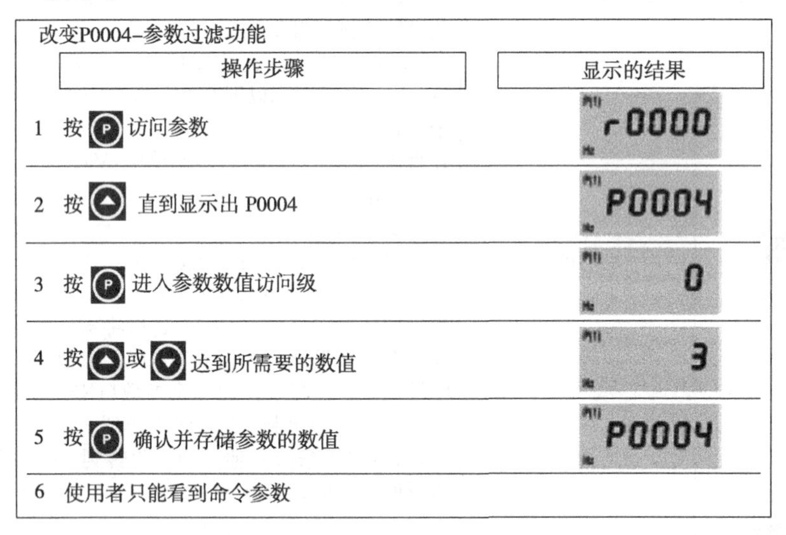

图 4-19 改变参数 P0004 数值的步骤

参数 P0004(参数过滤器)的作用是根据所选定的一组功能，对参数进行过滤(或筛选)，并集中对过滤出的一组参数进行访问，从而可以更方便地进行调试。P0004 可能的设定值见表 4-3，缺省的设定值=0。

表 4-3 参数 P0004 的设定值

设定值	所指定参数组意义	设定值	所指定参数组意义
0	全部参数	12	驱动装置的特征
2	变频器参数	13	电动机的控制
3	电动机参数	20	通讯
7	命令,二进制 I/O	21	报警/警告/监控
8	模-数转换和数-模转换	22	工艺参量控制器(如 PID)
10	设定值通道/RFG(斜坡函数发生器)		

六、MM420 变频器访问参数的过滤

MM420 变频器通常有上千个参数,为了能快速访问指定的参数,MM420 把参数进行分类,通过过滤不需要访问类别的方法来实现参数的快速访问。可以实现这种过滤功能的有如下几个参数。

(1)参数 P0004 是实现这种参数过滤功能的重要参数。当完成了 P0004 的设定以后再进行参数查找时,在 LCD 上只能看到 P0004 设定值所指定类别的参数。

(2)参数 P0010 是调试参数过滤器,对与调试相关的参数进行过滤,只筛选出那些与特定功能组有关的参数。P0010 的可能设定值为:0(准备),1(快速调试),2(变频器),29(下载),30(工厂的缺省设定值);缺省设定值为 0。

(3)参数 P0003 用于定义用户访问参数组的等级,设置范围为 1～4,其中:

“1”标准级:可以访问最经常使用的参数。

“2”扩展级:允许扩展访问参数的范围,如变频器的 I/O 功能。

“3”专家级:只供专家使用。

“4”维修级:只供授权的维修人员使用,具有密码保护。

该参数缺省设置为等级 1(标准级),对于大多数简单的应用对象,采用标准级就可以满足要求。用户可以修改设置值,但建议不要设置为等级 4(维修级),因为用 BOP 或 AOP 操作面板看不到第 4 访问级的参数。

七、MM420 变频器参数设置

1. 将变频器复位为工厂的缺省设定值

如果用户在参数调试过程中遇到问题,并且希望重新开始调试,通常采用首先把变频器的全部参数复位为工厂的缺省设定值,再重新调试的方法。为此,应按照下面的数值设定参数:

(1)设定 P0010 = 30。

(2)设定 P0970 = 1。

按下 P 键,即开始参数的复位。变频器将自动把所有参数都复位为各自的缺省设置值。复位为工厂缺省设置值的时间大约为 60 s。

2. 进行变频器的"快速调试"

在进行"快速调试"以前,必须完成变频器的机械和电气安装。当选择 P0010 =1 时,进行快速调试,详细步骤如图 4-20 所示。快速调试包括电动机参数和斜坡函数参数的设定,并且电动机参数的修改仅在快速调试时有效。

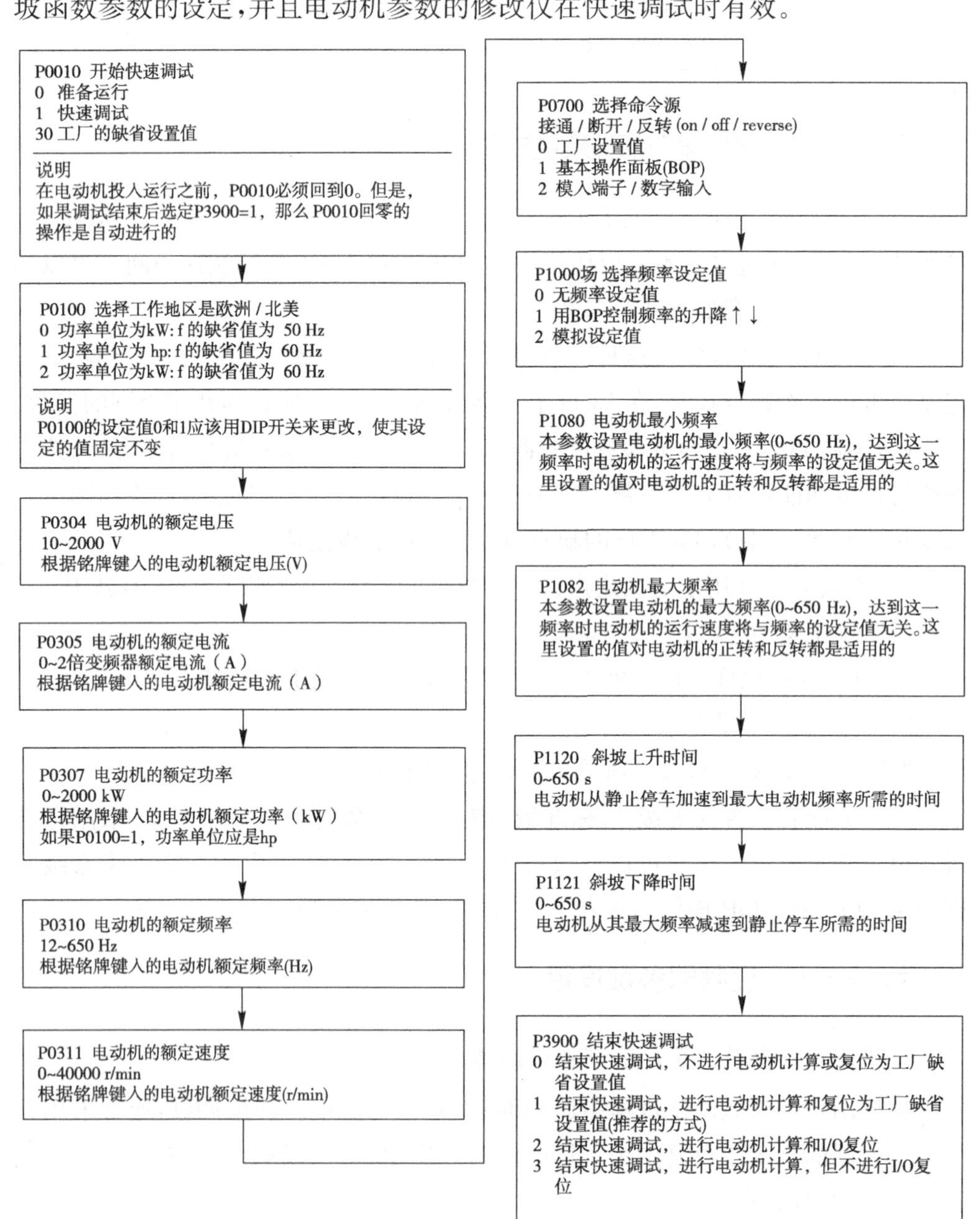

图 4-20 快速调试流程图

快速调试的进行与参数 P3900 的设定有关，当其被设定为 1 时，快速调试结束后，要完成必要的电动机计算，并使其他所有的参数（P0010＝1 不包括在内）复位为工厂的缺省设置。当 P3900＝1 并完成快速调试后，变频器已做好运行准备。

在设置具体参数值时，为了快速修改参数的数值，可以单独修改显示出的每个数字，操作步骤如下：

（1）按Fn（功能键），最右边的一个数字闪烁。

（2）按▲/▼，修改这位数字的数值。

（3）再按Fn（功能键），相邻的下一位数字闪烁。

（4）执行 2～3 步，直到显示出所要求的数值。

（5）按P，退出参数数值的访问级。

3. 利用模拟输入端子对电机速度进行连续调整

变频器的参数在出厂缺省值时，命令源参数 P0700＝2，指定命令源为“外部 I/O”；频率设定值信号源 P1000＝2，指定频率设定信号源为“模拟量输入”。这时，只需在 AIN＋（端子 3）与 AIN－（端子 4）加上模拟电压（DC 0～10 V 可调），并使数字输入 DIN1 信号为 ON，即可启动电动机并实现电机速度连续调整。

（1）模拟电压信号从变频器内部 DC 10 V 电源获得。按图 4-17 所示接线，用一个4.7 kΩ电位器连接内部电源＋10 V 端（端子 1）和 0 V 端（端子 2），中间触头与 AIN＋（端子 3）相连。连接主电路后接通电源，使 DIN1 端子的开关短接，即可启动/停止变频器，旋动电位器即可改变频率，实现电机速度的连续调整。电机速度调整范围：上述电机速度的调整操作中，电动机的最低速度取决于参数 P1080（最低频率），最高速度取决于参数 P2000（基准频率）。

参数 P1080 属于“设定值通道”参数组（P0004＝10），缺省值为 0.00 Hz。

参数 P2000 是串行链路，模拟 I/O 和 PID 控制器采用的满刻度频率设定值属于“通讯”参数组（P0004＝20），缺省值为 50.00 Hz。

如果缺省值不满足电机速度调整的要求范围，就需要调整 2 个参数。另外，需要指出的是，如果要求最高速度高于 50.00 Hz，则设定与最高速度相关的参数时，除了设定参数 P2000 外，还需设置参数 P1082（最高频率）。

参数 P1082 也属于“设定值通道”参数组（P0004＝10），缺省值为 50.00 Hz，即参数 P1082 限制了电动机运行的最高频率（ Hz）。因此，在最高速度要求高于 50.00 Hz 的情况下，需要修改 P1082 参数。

电动机运行的加、减速度的快慢，可用斜坡上升时间和斜坡下降时间表征，分别由参数 P1120 和 P1121 设定。这两个参数均属于“设定值通道”参数组，并且可在快速调试时设定。

P1120 是斜坡上升时间，即电动机从静止状态加速到最高频率(P1082)所用的时间。设定范围为 0～650 s，缺省值为 10 s。

P1121 是斜坡下降时间，即电动机从最高频率(P1082)减速到静止停车所用的时间。设定范围为 0～650 s，缺省值为 10 s。

注意：如果设定的斜坡上升时间太短，有可能导致变频器过电流跳闸；同样，如果设定的斜坡下降时间太短，有可能导致变频器过电流或过电压跳闸。

(2)模拟电压信号由外部给定，电动机可正反转。为此，参数 P0700(命令源选择)、P1000(频率设定值选择)应为缺省设置，即 P0700＝2(由端子排输入)，P1000＝2(模拟输入)。从模拟输入端 3(AIN＋)和 4(AIN－)输入来自外部的 0～10 V 直流电压(如从 PLC 的 D/A 模块获得)，即可连续调节输出频率的大小。

用数字输入端口 DIN1 和 DIN2 控制电动机的正反转方向时，可通过设定参数 P0701、P0702 实现。例如，使 P0701＝1(DIN1 ON 接通正转，OFF 停止)，P0702＝2(DIN2 ON 接通反转，OFF 停止)。

4. 变频器的多段速控制

当变频器的命令源参数 P0700＝2(外部 I/O)，选择频率设定的信号源参数 P1000＝3(固定频率)，并设定数字输入端子 DIN1、DIN2、DIN3 等相应的功能后，就可以通过外接的开关器件的组合通断改变输入端子的状态，实现电机速度的有级调整。这种控制频率的方式称为“多段速控制功能”。

(1)选择数字输入 1(DIN1)功能的参数为 P0701，缺省值＝1。

(2)选择数字输入 2(DIN2)功能的参数为 P0702，缺省值＝12。

(3)选择数字输入 3(DIN3)功能的参数为 P0703，缺省值＝9。

为了实现多段速控制功能，应该修改这 3 个参数，给 DIN1、DIN2、DIN3 端子赋予相应的功能。参数 P0701、P0702、P0703 均属于“命令，二进制 I/O”参数组(P0004＝7)，可能的设定值见表 4-4。

表 4-4　参数 P0701、P0702、P0703 可能的设定值

设定值	所指定参数值意义	设定值	所指定参数值意义
0	禁止数字输入	13	MOP(电动电位计)升速(增加频率)
1	接通正转/停车命令 1	14	MOP 降速(减少频率)
2	接通反转/停车命令 1	15	固定频率设定值(直接选择)
3	按惯性自由停车	16	固定频率设定值(直接选择 ＋ ON)
4	按斜坡函数曲线快速降速停车	17	固定频率设定值(二进制编码的十进制数(BCD 码)选择 ＋ ON 命令)
9	故障确认	21	机旁/远程控制

续表

设定值	所指定参数值意义	设定值	所指定参数值意义
10	正向点动	25	直流注入制动
11	反向点动	29	由外部信号触发跳闸
12	反转	33	禁止附加频率设定值

由表 4-4 可见，参数 P0701、P0702、P0703 设定值取值为 15、16、17 时，根据选择固定频率的方式确定输出频率(FF 方式)。这 3 种选择说明如下：

(1)直接选择(P0701－P0703＝15)。在这种操作方式下，一个数字输入选择一个固定频率。如果有几个固定频率输入同时被激活，选定的频率是它们的总和。例如：FF1＋FF2＋FF3。在这种方式下，还需要一个 ON 命令才能使变频器投入运行。

(2)直接选择＋ON 命令(P0701－P0703＝16)。选择固定频率时，既有选定的固定频率，又带有 ON 命令，把它们组合在一起。在这种操作方式下，一个数字输入选择一个固定频率。如果有几个固定频率输入同时被激活，选定的频率是它们的总和。例如：FF1＋FF2＋FF3。

(3)二进制编码的十进制数(BCD 码)选择＋ON 命令(P0701－P0703＝17)。使用这种方法最多可以选择 7 个固定频率。各个固定频率的数值见表 4-5。

表 4-5　固定频率的数值选择

		DIN3	DIN2	DIN1
	OFF	不激活	不激活	不激活
P1001	FF1	不激活	不激活	激活
P1002	FF2	不激活	激活	不激活
P1003	FF3	不激活	激活	激活
P1004	FF4	激活	不激活	不激活
P1005	FF5	激活	不激活	激活
P1006	FF6	激活	激活	不激活
P1007	FF7	激活	激活	激活

综上所述，实现多段速控制的参数设置的步骤如下：

(1)设置 P0004＝7，选择“外部 I/O”参数组，然后设定 P0700＝2；指定命令源为“由端子排输入”。

(2)设定 P0701＝15、P0702＝16、P0703＝17，确定数字输入 DIN1、DIN2、DIN3 的功能。

(3)设置 P0004＝10，选择“设定值通道”参数组，然后设定 P1000＝3，指定频率设定值信号源为固定频率。

(4)设定相应的固定频率值,即设定参数P1001～P1007的有关对应项。

八、利用基本操作面板(BOP)排障

要注意的是,电动机的功率和电压数据必须与变频器的数据相对应。如果面板上显示的是报警码AXXXX或故障码FXXXX,可查阅变频器手册中的报警和故障信息。如果“ON”命令发出以后电动机不启动,可检查以下各项:

(1)检查是否P0010=0。

(2)检查给出的“ON”信号是否正常。

(3)检查是否P0700=2(数字输入控制)或P0700=1(用BOP进行控制)。

(4)根据设定信号源(P1000)的不同,检查设定值是否存在(端子3上应有0～10 V)或输入的频率设定值参数号是否正确。详细情况可查阅“参数表”。

如果在改变参数后电动机仍然不启动,可设定P0010=30和P0970=1,并按下P键,这时变频器应复位到工厂设定的缺省参数值。现在在控制板上的端子5和8之间用开关接通,那么驱动装置应运行在与模拟输入相应的设定频率。

在故障情况下,变频器跳闸,同时显示屏上出现故障码。为了使故障码复位,可以采用以下任意一种方法:

(1)重新给变频器加上电源电压。

(2)按下BOP上的Fn按钮。

(3)输入数字3(缺省设置值)。

4.2.4 变频器参数设置及控制的工作任务

变频器没有主电源开关,因此,当电源电压接通时,变频器就已带电。在按下运行(RUN)键或者在数字输入端5出现“ON”信号(正向旋转)之前,变频器的输出一直被封锁,处于等待状态。加工站上变频器的端子5与PLC的Q0.6相连,因此,可以通过PLC的Q0.6来控制变频器的运行和停止。

在完成下列变频器参数设置任务时,可参阅相关手册,了解所用参数。

一、恢复出厂设置

按照下面参数将MM420变频器恢复为出厂设置:

P0010=30;

P0970=1。

二、快速调试设置

读取加工站回转电动机的铭牌数据,并进行快速调试设置。设置内容是采用

BOP 基本控制板控制变频器的频率升降，参考设置步骤如下。

P0010＝1（快速调试）；

P0700＝1（基本操作面板控制）；

P1000＝1（用 BOP 控制频率的升降）；

P1080＝1（电机最小频率）；

P1082＝50（电机最大频率）；

P1120＝2（斜坡上升时间）；

P1121＝2（斜坡下降时间）；

P3900＝1（结束快速调试）。

三、利用 BOP 控制电动机运行

用 BOP 进行基本操作的先决条件是：P0010＝0（为了正确地进行运行命令的初始化），P0700＝1（使能 BOP 操作板上的启动/停止按钮），P1000＝1（使能电动电位计的设定值）。

（1）按启动变频器按钮，变频器启动，输出频率为 1 Hz，电机缓慢运行。

（2）按增加数值、减少数值按钮，改变输出频率值，电机改变运行速度。

（3）按改变电动机转动方向的按钮，电机停止后反方向运行。

（4）按停止变频器按钮，变频器停止输出，电机停止运行。

四、设置变频器为端子排控制并编写控制程序

1. 参数设置

（1）快速调试。

P0010＝1　　快速调试

P0700＝2　　由端子排输入控制

P1000＝1　　MOP 设定值

P1080＝1　　电机最小频率

P1082＝50　　电机最大频率

P1120＝0　　斜坡上升时间

P1121＝0　　斜坡下降时间

P3900＝1　　结束快速调试

（2）端子排控制时参数设定。

P0003＝3　　扩展级：允许扩展访问参数的范围，例如变频器的 I/O 功能

P0701＝1　　数字输入 1 的功能：ON/OFF1（接通正转/停车命令 1）

P1040＝20　　电机运行频率

2. PLC 程序要求

将PLC输出端子的Q0.6分配给变频器的5号控制端子,具体控制要求如下:

(1)按下开始按钮电机转动,按下停止按钮电机停止。

(2)按下开始按钮电机转动,转盘下的定位块遇到定位检测传感器时电机停止。工件检测传感器检测到工件时,转盘转动;按下停止按钮,整个转盘系统不工作。

五、PLC 控制变频器进行多种速度的输出

要求电动机能实现高、中、低3种转速的调整,高速时运行频率为40 Hz,中速时运行频率为25 Hz,低速时运行频率为15 Hz。步骤如下:

1. 设置变频器参数

(1)在BOP操作板上修改P0004,使P0004=7,选择命令组修改P0700,使P0700=2。

(2)修改P0701(数字输入1的功能),使P0701=16,设定为固定频率设定值(直接选择+ON)。

(3)修改P0702(数字输入2的功能),使P0702=16,设定为固定频率设定值(直接选择+ON)。

(4)修改P0004,使P0004=10,选择设定值通道修改P1000,使P1000=3。

(5)修改P1001(固定频率1),使P1001=25。

(6)修改P1002(固定频率2),使P1001=15。

2. PLC 程序要求

将PLC输出端子的Q0.5和Q0.6分配给变频器的5号和6号控制端子,并编写转盘运转在不同速度时的PLC控制程序。

(1)当要求调整为中速时,使Q0.5 ON,Q0.6 OFF,输出频率为25 Hz。

(2)当要求调整为低中速时,使Q0.5 OFF,Q0.6 ON,输出频率为15 Hz。

(3)当要求调整为高速时,使Q0.5 ON,Q0.6 ON,这时变频器输出频率为固定频率1与固定频率2之和,即40 Hz。

任务 4.3　加工站的拆卸、安装与调试

4.3.1　加工站的拆卸

在拆装加工站前，各组成员在完成任务 4.1 的基础上，认真研究、讨论加工站的拆卸方案，预先估计拆卸中可能出现的问题。

一、拆卸前的准备

在拆卸前应做好如下准备：

(1)熟悉加工站各零部件，了解其结构和功能。

(2)测量并记录工作台面上各部件的安装位置和尺寸，以及和相邻站之间的配合关系。

(3)对照图纸了解图纸与实物的关系，读懂电气图、气路图以及工作台面各电气部件的接线图。

(4)准备记录的表格和摆放工具、零部件的台面。

二、拆卸注意事项及步骤

1. 拆卸注意事项

(1)在拆卸加工站时，该站应处在断电断气状态。

(2)由于加工站的气动元件、电气部件比较多，要将拆卸下来的零部件特别是小部件妥善保管。

(3)拆卸电磁阀组时要避免灰尘等杂物落入汇流板。

(4)拆卸时工具不要随意乱放。

2. 拆卸步骤

(1)拆除管线。

①先将 C4 的连接电缆头两边的锁扣向外拉开，并将电缆头取下，然后依次拆下各接线插头，并拆卸变频器与三相异步电动机的连接插头。

②拆卸快速接头上的气管时，右手将快速接头端按下，左手拔下气管。将绑扎带剪掉，整理拆下的气管。

③将行线槽盖抽下，将导线从槽内取出，并进行整理。

(2)拆卸组件单元。

①将过滤减压装置与台面的固定螺丝松开，取下过滤减压装置。

②将导轨单元与台面的紧固螺丝松开,取下导轨单元。

③将检测单元固定立柱的角铝上的螺丝松开,取下检测单元。

④将钻孔加工单元固定两根立柱的角铝上的螺丝松开,取下钻孔加工单元。

⑤将回转工作台支架上的螺丝以及传感器支架上的螺丝松开,取下回转工作台。

(3)拆卸各组件上的零件。

①回转工作台单元的拆卸。将传感器紧固螺母卸下,从传感器支架上取出光电开关和电感式传感器;将回转盘上的3颗螺丝卸下,取下回转盘;卸下电机固定盘上的螺丝,将电机固定盘与回转工作台支架分开;卸下回转电机与电机固定盘之间连接的螺丝,将电机固定盘与回转电机分开;取出转动轴承;拆卸回转电机支架上的螺丝,将回转电机与支架分开。

②钻孔加工单元的拆卸。将用于固定气缸的安装板上的螺丝卸掉,将气缸与2个立柱分开;将导杆气缸端面上的螺丝卸掉,使气缸与钻孔电机分开;将钻孔电机与支架之间的连接螺丝卸掉,将钻孔电机与支架分离开;将夹紧气缸上的紧固螺母旋开,取下夹紧气缸;将各磁性开关的紧固螺钉松开,取下磁性开关。

③检测单元的拆卸。将检测气缸上的紧固螺母松开,从支架上取下检测气缸;松开气缸支架与立柱之间的连接螺丝;将磁性开关的紧固螺钉松开,取下磁性开关。

4.3.2 加工站的安装

一、安装步骤

参照加工站示意图及接线图对加工站进行安装与接线。加工站示意图如图4-21所示,接线图如图4-22所示。

(1)将过滤减压装置安装在过滤器支架上,再将过滤器支架安装在型材桌面上。

(2)将电磁阀组、C4接线板、继电器安装在导轨上,再将导轨安装在型材桌面,将线槽固定在台面上。

(3)将钻孔电机及其支架安装在带导杆钻孔进给气缸上,再将带导杆钻孔进给气缸安装在安装板上。

(4)将夹紧气缸上的磁性开关装好后,再将夹紧气缸的活塞杆穿过安装板中间的安装孔,并旋进螺母。

(5)将两个装有安装板的气缸组件安装在两根立柱之间,再利用角铝将钻孔加工单元的两根立柱安装在型材桌面上。

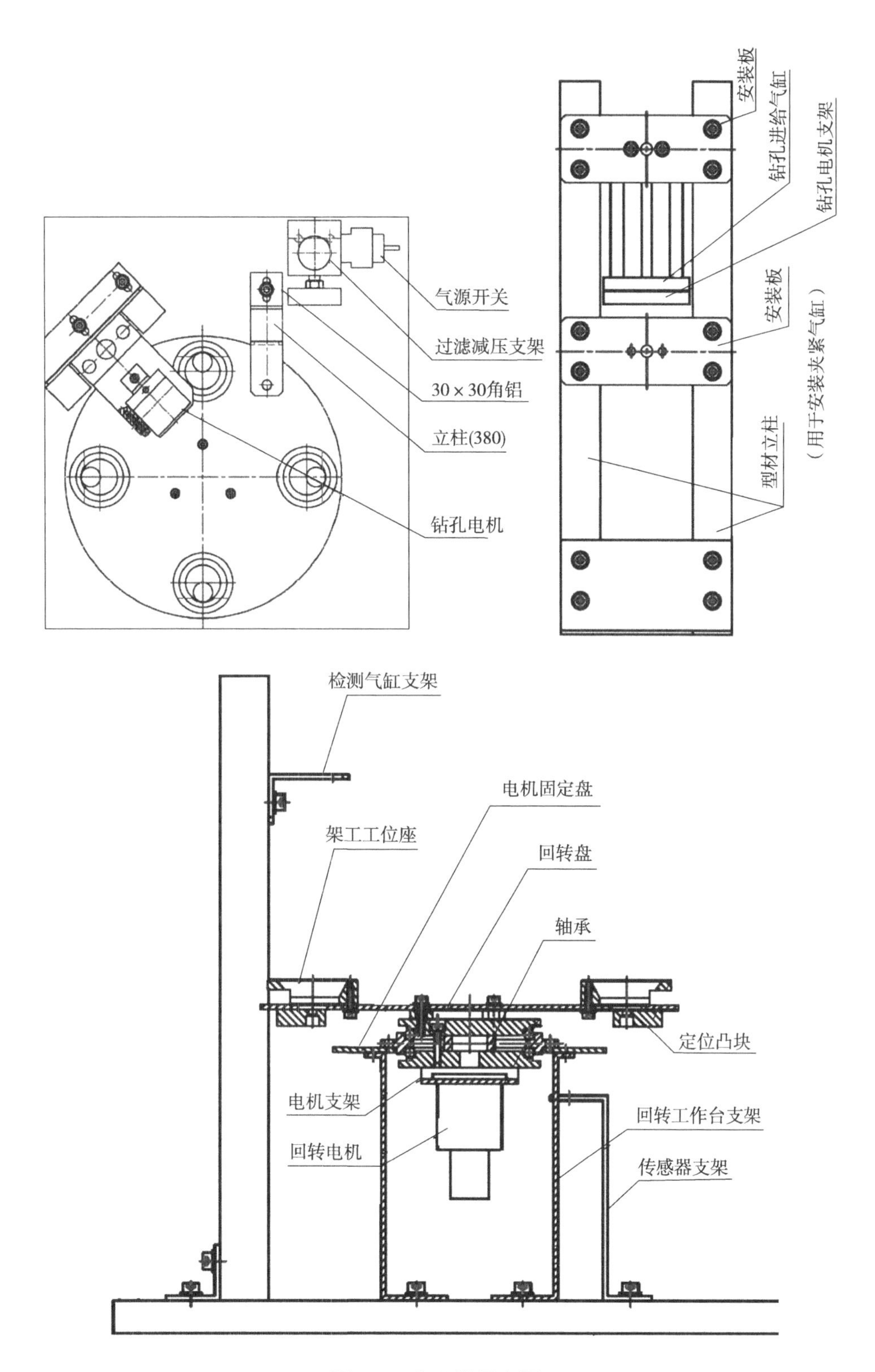
安装板
钻孔进给气缸
钻孔电机支架
气源开关
过滤减压支架
30 × 30角铝
立柱(380)
钻孔电机
安装板
（用于安装夹紧气缸）
型材立柱
检测气缸支架
电机固定盘
架工工位座
回转盘
轴承
定位凸块
电机支架
回转工作台支架
回转电机
传感器支架

图 4-21　加工站示意图

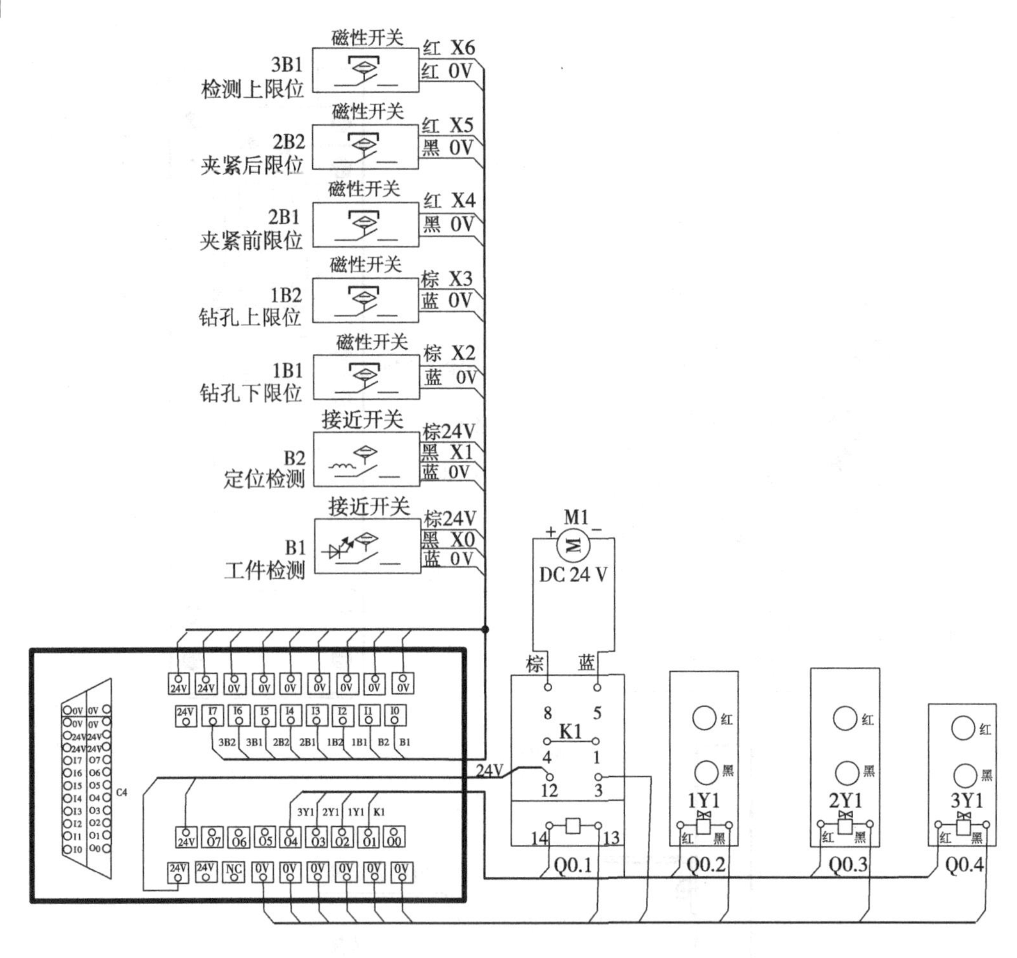

图4-22 加工站工作台面接线图

(6)将检测气缸上的磁性开关装好后,将检测单元的气缸支架固定在立柱上;将检测气缸上的磁性开关装好后,把检测气缸装在支架上,利用角铝将立柱装在型材桌面上。

(7)将交流电机安装在电机支架上,再将电机支架安装在电机固定盘上;将电机固定盘与回转工作台支架安装在一起;安装轴承;安装回转盘上的加工工位座以及定位凸块,再将回转盘安装在轴承上;最后将回转工作台固定在型材桌面上。

(8)将传感器支架安装在型材桌面上,并安装传感器。

(9)将电路和气路分别按照电路图和气路图进行接线和配管。

二、注意事项

(1)预先做好安装计划,明确零件安装的次序,把各零件组装成各组件,对照零部件登记表安装一件记录一件。

(2)对于需要反复调整的零件,其固定螺母不要拧紧,以便调整。

(3)安装时要注意各单元位置,其他单元的位置都要根据回转工作台单元的位置来调整。

(4)槽外的管线等调试好后再进行绑扎,绑扎时要整齐,并用绑扎带固定。

4.3.3 加工站的编程与调试

一、加工站各部件的调试

1. 机械部件的调试

(1)回转工作台单元的机械调试。转动回转盘,检查回转盘是否转动灵活。调整回转工作台单元的位置,将前后站的机械手放到回转工作台的 1 号和 4 号工位上方,再固定回转工作台。

调整工件检测传感器支架的位置,使其正好对准加工工位上的检测孔。在此基础上调整定位传感器支架位置,使定位传感器正好对准定位凸块。

(2)钻孔加工单元的机械调试。将回转盘的加工工位座上的孔对准工件检测传感器,调整两根立柱的位置,使钻孔加工单元在 2 号工位正上方。调整钻孔进给气缸上安装板的位置,使钻孔进给气缸活塞杆伸出时,钻孔电机能够对工件进行加工。调整夹紧气缸上安装板的位置,使气缸伸出时活塞杆能够对准加工工位座侧面的夹紧孔,并能够实现对工件的夹紧。

(3)检测单元的机械调试。将回转盘的加工工位座上的孔对准工件检测传感器,调整检测单元立柱的位置,使检测单元的检测气缸在 3 号工位正上方。拉动活塞杆,使检测气缸活塞杆能够接触到工件。

2. 气动部件的调试

在气路元件都安装好后,可以按下各手动换向阀,检查管路是否连接正确,并调节各气缸的节流阀,使各执行气缸动作平稳。

3. 电气部件的调试

通电后,利用变频器的 BOP 控制回转盘的转动。一般频率设置为 12～25 Hz,使回转盘的转速比较合适,回转盘的惯性较小,此时定位传感器能够准确地检测到信号。同时,在回转盘转动时,观察工件检测的光电开关及定位检测的电感式传感器的工作状态,并调整检测距离,使其符合系统的工作要求。

在系统上电后,操作各手动换向阀,根据气缸活塞的位置调整磁性开关的位置,在确定位置后拧紧固定螺钉。同时检查 I/O 接线板上的接线是否正确。

二、加工站的编程工作任务与调试

在熟悉加工站的基础上完成下列编程任务,并进行调试。

1. 加工站的编程工作任务

(1)回转工作台单元的编程。按照下面的控制要求画出流程图,编写控制程序,并进行调试。

控制要求:加工站上电后,按下复位按钮,回转工作台转动,进行转盘的定位。当在1号工位放入工件后,转盘转动,将工件送到2号工位,即钻孔加工工位。当按下调试按钮后,转盘将工件由2号工位送到3号检测工位,再按一次调试按钮,转盘转动,将工件送到4号工位。将工件取走后,等待放入第2个工件,如此循环。

(2)钻孔加工单元的编程。按照下面的控制要求画出流程图,编写控制程序,并进行调试。

控制要求:按下复位按钮,钻孔加工单元各气缸缩回,钻孔电机不转,开始灯闪烁。按下开始按钮,夹紧气缸伸出,2 s后钻孔加工电机转动,加工气缸伸出,进行加工。4 s后加工气缸缩回,加工电机停转,夹紧气缸缩回。

(3)检测单元与回转工作台的控制。按照下面的控制要求画出流程图,编写控制程序,并进行调试。

控制要求:按下开始按钮,回转转盘转动定位,此时工件位于3号工位,模拟检测气缸伸出进行检测,2 s后缩回。缩回后回转转盘继续转动,当位于2号工位上的工件转到3号工位时,重复上述过程。

(4)各单元的组合控制。按照下面的控制要求及参考流程图编写控制程序,并进行调试。

控制要求:上电后复位按钮灯闪烁,按复位按钮,回转工作转盘及各工位进行复位,复位完成后,回转转盘自动定位,定位检测B2=1;钻孔进给气缸缩回,钻孔进给上限位1B1=1;夹紧气缸缩回,夹紧后限位2B1=1;检测气缸缩回,检测限位3B1=1。此时开始按钮灯闪烁;按开始按钮,有工件放入时,1号工位传感器置1,即B1=1。按调试按钮,工件转动一个工位,工件进入2号工位。钻孔进给气缸、钻孔电机和夹紧气缸同时动作;检测气缸动作,模拟检测工件质量。重复第一步操作,转盘再次转动一个工位时,2号工位物料进入3号工位。再次重复第一步操作,转盘再次转动一个工位,3号工位物料进入4号工位。

参考流程图如图4-23所示。编写时可参考厂家提供的源程序。

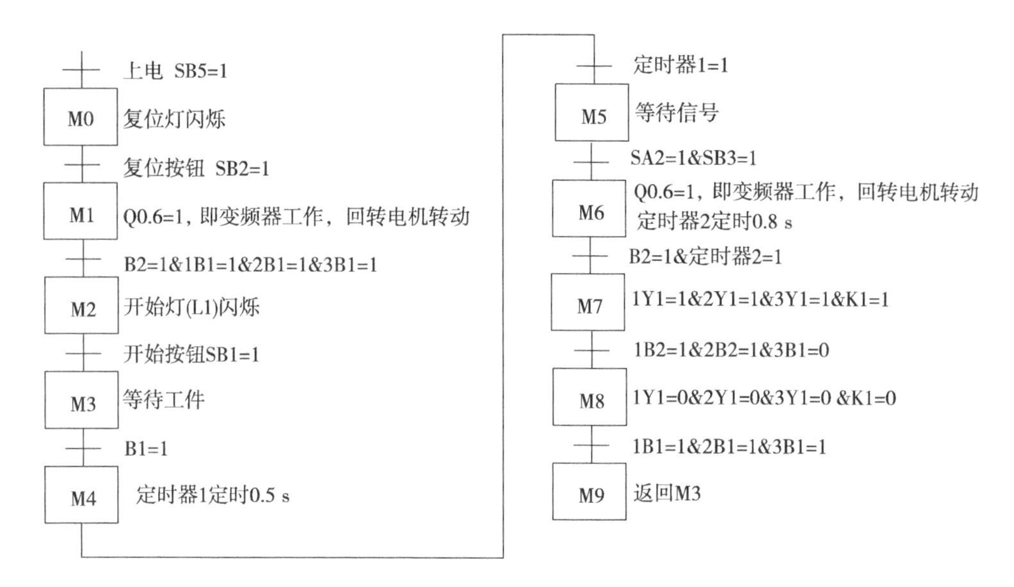

图 4-23　加工站流程图

2. 程序的调试

将编写的程序认真检查后，下载到 PLC 中，按照控制要求中的工作流程调试程序，使其满足控制要求。在编写、调试程序的过程中，要进一步了解设备的调试方法和技巧，培养严谨的工作作风。

（1）下载程序前，必须保证气缸、电机和传感器工作正常，认真检查程序，避免各执行机构的动作发生冲突。

（2）确认程序没有问题的方法是，将程序下载到 PLC，并运行程序；按照操作流程进行操作，仔细观察各执行机构的工作是否满足控制要求。如不满足要求，分析原因并进行修改。

（3）在设备运行中，一旦发生异常情况，应及时采取措施，如急停切断执行机构的控制信号、切断气源和总电源，避免造成更大的损失。

（4）总结经验，把调试中遇到的问题和解决问题的方法记录下来，以便分析和解决类似的问题。

项目5　安装站的安装与调试

学习目标

□了解安装站的组成及工艺流程。
□掌握安装站的气动控制原理及传感器的工作原理。
□掌握安装站的PLC控制原理,学会编写一般的自动化生产线程序。
□学会安装站的安装与调试方法。
□掌握查阅资料、获取信息的方法,学会有计划、有目的地进行生产,具有团结合作精神。

任务5.1　安装站的认知

5.1.1　安装站的功能与结构组成

本项目中的安装站是整个自动化生产线中的第四站,其主要功能是完成黑白、大小工件的装配,具体是由料仓单元提供黑、白两种小工件,然后由摆动吸盘将小工件搬运到安装搬运站的料台上方(此时料台上应有一个大工件),将小工件放入大工件的槽内,完成装配过程。

如图5-1所示,安装站主要由供料单元、工件搬运单元、导轨单元、控制面板及气源过滤减压装置组成。控制面板的结构与上料检测站、搬运站的基本一致。

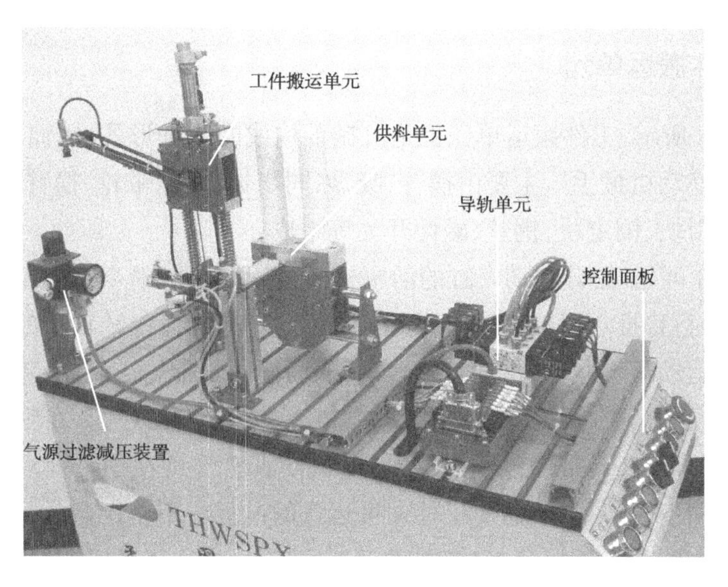

图 5-1　安装站的组成

一、供料单元

如图 5-2 所示，供料单元主要由推料气缸、选料气缸、黑白工件料仓、料台、导向机构、滑动台、磁性开关等组成。其主要作用是，当选料气缸缩回时，工件选择磁性开关 2B1 接通并有指示，推料气缸将把图中左侧料筒中的工件推到料台上(假设是黑色工件)；当选料气缸伸出时，滑动台向左运动，工件选择磁性开关 2B2 接通并有指示，推料气缸将把图中右侧料筒中的工件推到料台上(假设是白色工件)。

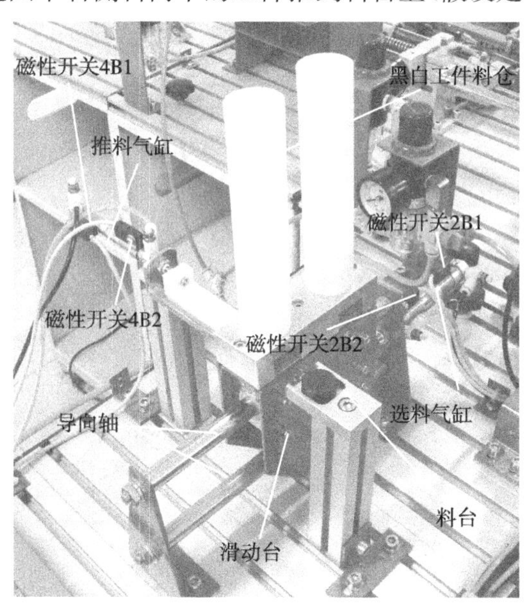

图 5-2　供料单元组成

二、工件搬运单元

如图5-3所示,工件搬运单元也是机械手构成的一种形式,因而又可称为“带气动吸盘的摆动机械手”,主要由摆臂、吸盘、同步带、同步带轮、摆臂驱动气缸、弹簧、导向轴、滑块、固定块、钢丝、磁性开关等组成。

由图5-3可见,摆臂驱动气缸的活塞杆通过固定块与整个滑动部分相连。当活塞杆伸缩时,将推动滑动部分上下运动,由于钢丝是绕在转轴上的,因此,当滑动部分上下运动时,钢丝会带动转轴转动,从而使同步带轮1转动,带动整个摆臂转动;同时,在吸盘端,吸盘装置与同步带轮2的转轴连在一起,在整个摆臂转动过程中,同步带轮2会带动该同步带轮转动,使真空吸盘在摆臂摆动的过程中始终保持垂直向下的姿势,从而使工件在被运送的过程中不至于翻转掉落。当摆臂转到图中右侧的小工件料台时,真空吸盘产生吸力,将小工件吸起;当摆臂转到图中左侧装配台时,真空吸盘的吸力消失,将小工件放入装配台上大工件的槽内。

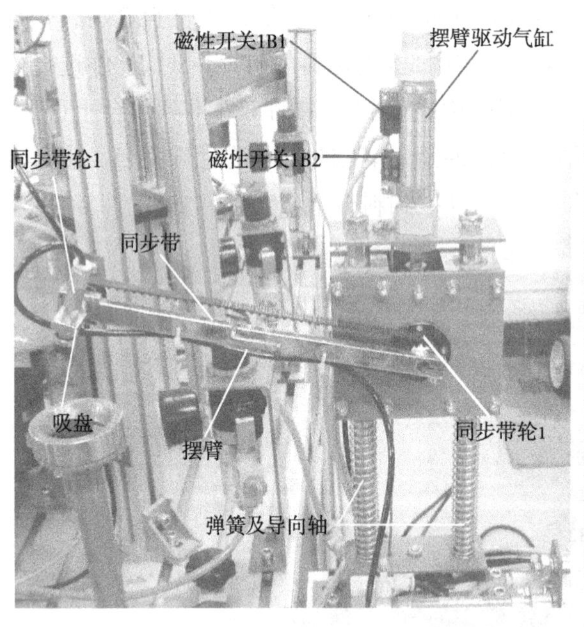

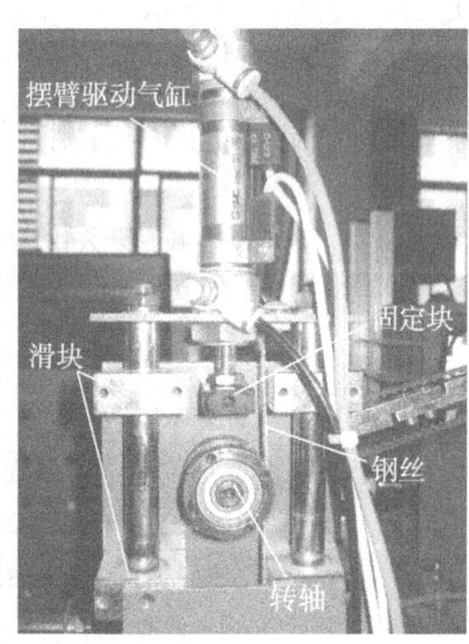

图5-3 工件搬运单元的组成

三、导轨单元

如图5-4所示,安装站的导轨单元与其他各站的基本相似,主要由I/O接线板(C4)、真空发生器、电磁阀组等组成。I/O接线板(C4)的作用与前面几站的基本类似。真空发生器主要为吸盘吸取工件提供一个真空环境。电磁阀主要用来控制摆臂驱动气缸、选料气缸、推料气缸以及吸盘。

图 5-4　安装站的导轨单元

5.1.2　安装站的气动控制系统

一、气动系统中的真空元件

一般来说，在低于大气压环境下工作的元件称为“真空元件”，由真空元件所组成的系统称为“真空系统”或“负压系统”。真空系统的真空是依靠真空发生装置产生的，真空发生装置有真空发生器和真空吸盘 2 种。

1. 真空发生器

真空发生器是利用压缩空气的流动而形成一定真空度的气动元件，主要适用于从事流量不大的间歇工作和表面光滑的工件。典型的真空发生器的工作原理如图 5-5 所示，它由先收缩后扩张的拉瓦尔喷管、负压腔、接收管和消声器等组成。当压缩空气从供气口 P 流向排气口 T 时，在真空口 A 上产生真空，吸盘与真空口相接，靠真空压力吸起物体。如果切断供气口的压缩空气，则抽空过程结束。

本站中所使用的真空发生器是 SMC 的 ZH05BS-06-06，该真空发生器是一种盒型内置消声器。如图 5-6 所示，图 5-6(a)为消声器内置形式，图 5-6(b)为消声器外置形式。

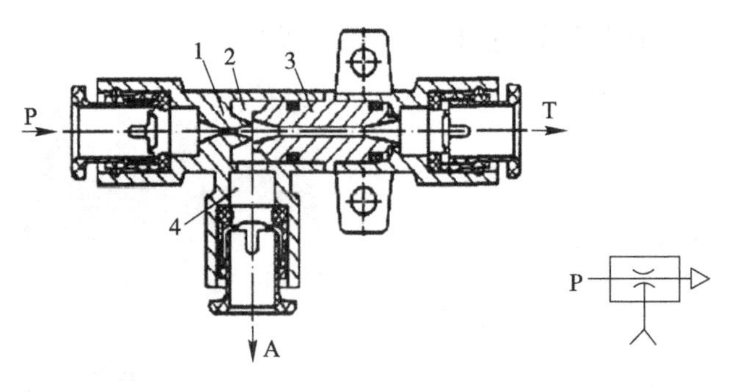

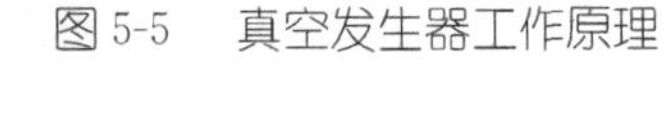

(a)结构原理　　　　(b)符号

1-拉瓦尔喷管　2-负压腔　3-接收管　4-真空腔

图 5-5　真空发生器工作原理

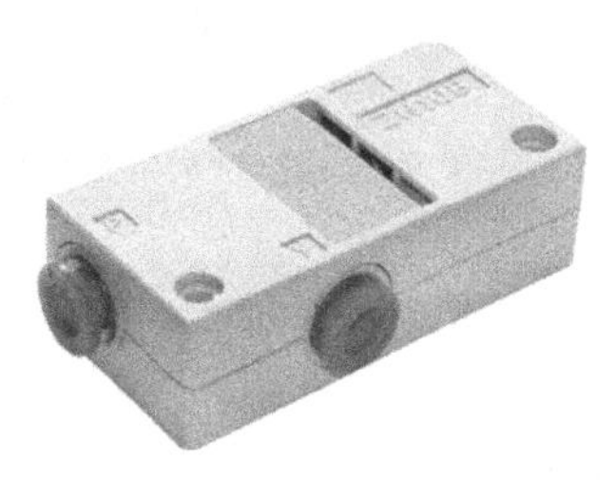

(a)内置形式　　　　(b)外置形式

图 5-6　真空发生器实物图

2. 真空吸盘

真空吸盘是利用吸盘内形成负压(真空)而把工件吸附住的元件,是真空系统中的执行元件。它适用于抓取薄片状的工件,如塑料板、矽钢片、纸张及易碎的玻璃器皿等,要求工件表面平整、光滑、无孔、无油。

根据吸取对象的不同需要,真空吸盘的材料由丁腈橡胶、硅橡胶、氟化橡胶和聚氨酯橡胶等与金属压制而成。除了吸盘材料的性能外,吸盘的形状和安装方式也要与吸取对象的工作要求相适应。常见真空吸盘的形状和结构有平板形、深型、风琴形等。图 5-7 所示为常见真空吸盘外形及符号。

图 5-7　常见真空吸盘外形及符号

气动真空元件在实际生产中的应用非常广泛。例如，真空包装机械中，包装纸的吸附、送标、贴标及包装袋的开启；电视机的显像管、电子枪的加工、运输、装配及电视机的组装；印刷机械中的双张和折面的检测、印刷纸张的运输；玻璃的搬运和装箱；机械手抓起重物、搬运和装配；真空成型、真空卡盘，等等。在THWSPX-2A 型自动化生产线设备中，采用真空发生器和真空吸盘来搬运和装配工件。图 5-8 所示为真空吸盘在工业生产中的应用场景。

图 5-8　真空吸盘在生产中的应用

二、气动元件故障检测

1. 执行元件故障检测

由于气缸长期装配不当和使用而造成磨损，气动执行元件易发生内、外泄漏，输出力不足和动作不平稳，缓冲效果不良，活塞杆和缸盖损坏等故障现象。

(1)气缸出现内、外泄漏。

原因：一般因为活塞杆安装偏心，润滑油供应不足，密封圈和密封环磨损或损坏，气缸内有杂质及活塞杆有伤痕等。

措施：应重新调整活塞杆与缸桶的同轴度；经常检查油雾器工作是否可靠，能否保证执行元件润滑良好；应及时更换已出现磨损或损坏的密封圈和密封环；及时清除气缸中的杂质，更换有伤痕的活塞杆。

(2)气缸输出力不足和动作不平稳。

原因：活塞或活塞杆被卡住、润滑不良、供气不足，或缸内有冷凝水和杂质。

措施：调整活塞杆的中心，检查油雾器的工作是否可靠，供气管路是否被堵塞，及时清除气缸内的冷凝水和杂质。

(3)气缸的缓冲效果不良。

原因：缓冲密封圈磨损，或调节螺钉损坏。

措施：更换密封圈和螺钉。

(4)气缸的活塞杆和缸盖损坏。

原因：活塞杆安装偏心或缓冲机构不起作用。

措施：调整活塞杆的中心位置，更换密封圈或调节螺钉。

2. 换向阀故障检测

(1)换向阀不能换向或换向动作缓慢,一般是由润滑不良、弹簧被卡住或损坏、油污或杂质卡住滑动部分等引起的。对此,应先检查油雾器的工作是否正常,润滑油的黏度是否合适,必要时,应更换润滑油,清洗换向阀的滑动部分,或更换弹簧和换向阀。

(2)换向阀经长时间使用后,易出现阀芯密封圈磨损、阀杆和阀座损伤的现象,导致阀内气体泄漏,阀的动作缓慢或不能正常换向等。此时,应更换密封圈、阀杆和阀座,或更新换向阀。

(3)电磁先导阀的进气孔、排气孔被油泥等杂物堵塞,封闭不严,活动铁芯被卡死,电路出现故障,致使电磁阀不能正常换向。对于前三种情况,应清洗先导阀及活动铁芯上的油泥和杂质。

电路故障一般又分为控制电路故障和电磁线圈故障两类。

①检查控制电路。先将换向阀的手动旋钮转动几下,观察电磁阀的额定气压是否正常换向,如果能正常换向,则说明电路有故障。检查电路故障时,可用仪表测量电磁阀线圈的电压,检查是否达到额定电压。如果电压过低,应进一步检查控制电路中的电源和相关联的开关电路。

②检查电磁阀线圈。如果在额定电压下换向阀不能正常换向,应检查电磁阀线圈的接头(或插头)是否松动或接触不良。检查方法是拔下接头(或插头),测量线圈的阻值,如果阻值太大或太小,说明线圈已损坏,应更换。

对于快速接头拔插,如果不按规定操作,也容易造成损坏。

3. 气动辅助元件故障

常见的故障现象有油雾器故障、自动排污器故障、消声器故障等。

(1)油雾器故障。调节针的调节量太小、油路堵塞、管路漏气等使液态油滴不能雾化,可造成油雾器故障。应及时处理堵塞和漏气的地方。正常使用时,应将油杯底部的沉积水分及时排除。

(2)自动排污器故障。自动排污器内的油污和水分应进行检查和清洗。

(3)消声器故障。经常清洗换向阀上装的消声器,当消声器太脏或被堵塞时,会影响换向阀的灵敏度和换向时间。

三、安装站气动回路

安装站的气动回路如图 5-9 所示,该气动系统由 3 个双电控二位五通阀、1 个单电控二位五通阀、3 个双作用气缸、1 个真空发生器和真空吸盘、1 套过滤减压装置等组成。摆动驱动气缸由 1 个双电控二位五通阀控制,当 1Y1 线圈通电时,摆臂驱动气缸缩回,磁性开关 1B1 可以检测其位置,此时摆臂前摆;当 1Y2 线圈通电时，摆臂驱动气缸伸出，磁性开关 1B2 可以检测其位置，此时摆臂后摆。选料气缸也是由 1 个双电控二位五通阀控制，当 2Y1 线圈通电时，选料气缸缩回，磁性开关 2B1 可以检测其位置，气缸缩回，此时选择黑色工件；当 2Y2 线圈通电时，选料气缸伸出，磁性开关 2B2 可以检测其位置，气缸伸出，此时选择白色工件；当需要将选择好的工件推出时，可以利用推料气缸的动作，当 4Y1 线圈通电时，推料气缸活塞杆伸出，将工件推出，当 4Y1 线圈断电时，气缸活塞杆缩回。气动吸盘的控制也是采用 1 个双电控二位五通阀控制，当 3Y2 线圈通电时，吸盘有吸力；当 3Y1 线圈通电时，吸盘吸力消失。

以上各个气动执行元件的动作是有一定运动规律的，各自动作时不能产生冲突。

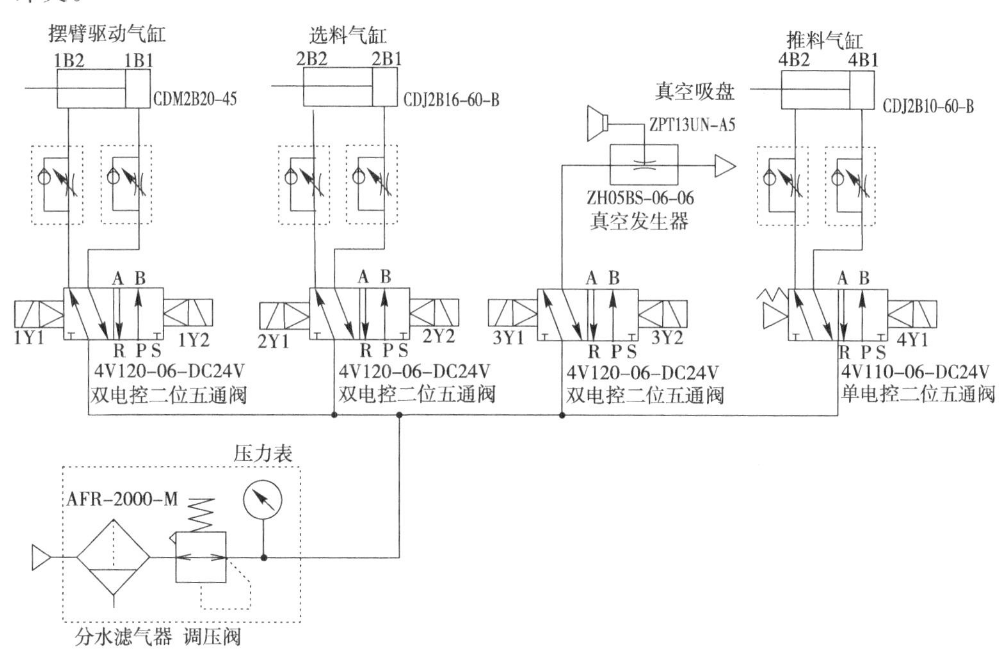

图 5-9　安装站气动回路

5.1.3　安装站的电气控制系统

安装站是一个典型的气-电控制系统，在安装站的电气控制系统中，主要被控对象是控制气缸运动的电磁阀线圈。各磁性开关和电磁阀线圈与 PLC 的连接图如图 5-10、图 5-11 所示。安装站的 I/O 分配表见表 5-1。各电磁线圈的动作情况完全取决于 PLC 的内部控制程序。

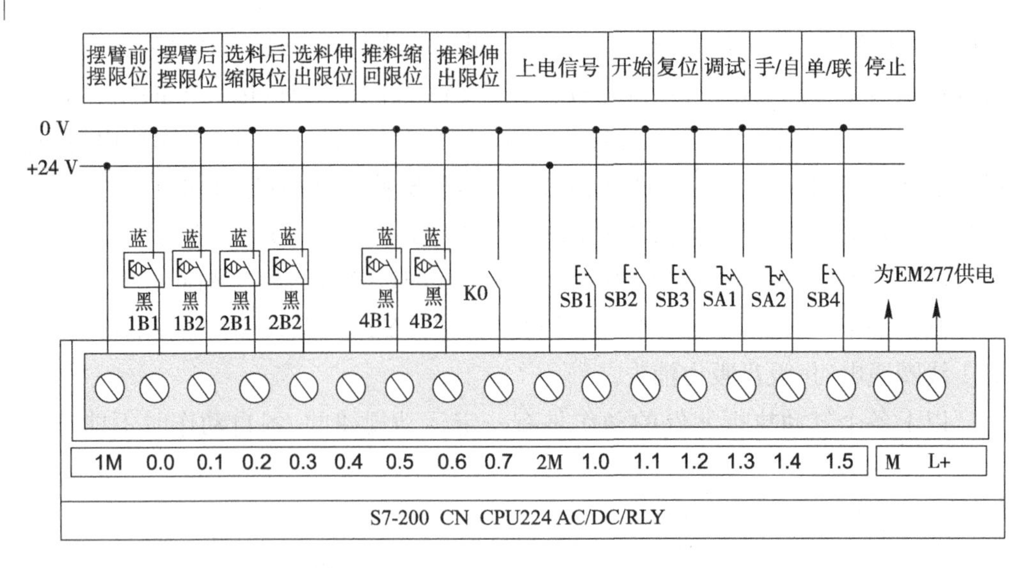

图 5-10 安装站 PLC 输入端接线图

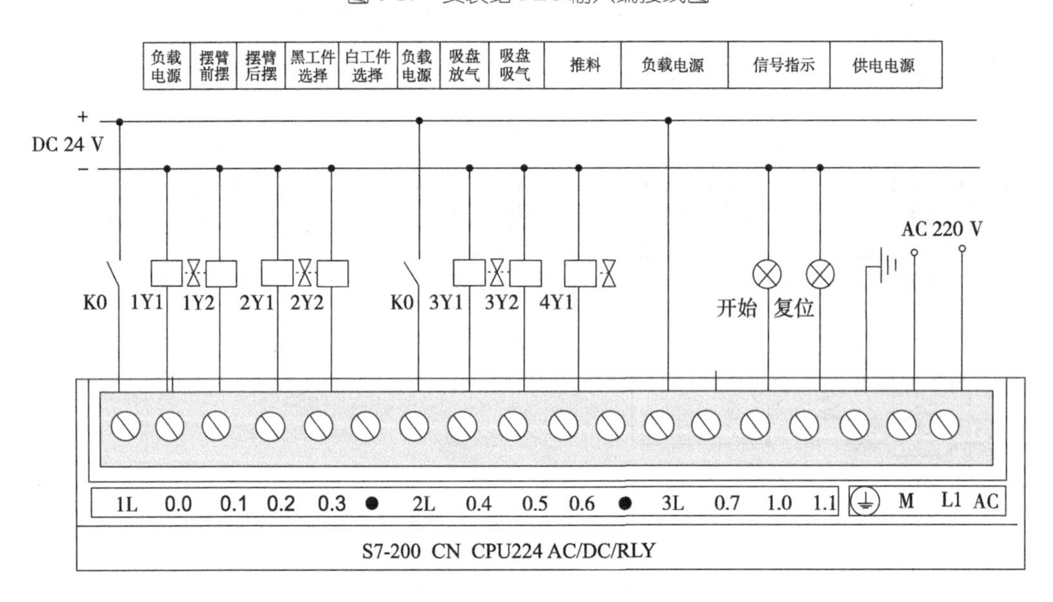

图 5-11 加工站 PLC 输出端接线图

表 5-1 安装站 I/O 分配表

安装站			
输入端		输出端	
I0.0	摆臂前摆限位 1B1	Q0.0	摆臂前摆 1Y1(摆臂驱动气缸缩回)
I0.1	摆臂后摆限位 1B2	Q0.1	摆臂后摆 1Y2(摆臂驱动气缸伸出)
I0.2	选料后缩限位 2B1(选黑色工件)	Q0.2	黑色工件选择 2Y1
I0.3	选料前伸限位 2B2(选黑白工件)	Q0.3	白色工件选择 2Y2
I0.5	推料缩回限位 4B1	Q0.4	吸盘放气 3Y1

续表

安装站			
输入端		输出端	
I0.6	推料伸出限位 4B2	Q0.5	吸盘吸气 3Y2
I0.7	上电 K0(SB5)	Q0.6	工件推出 4Y1
I1.0	开始 SB1	Q1.0	开始灯
I1.1	复位 SB2	Q1.1	复位灯
I1.2	调试 SB3		
I1.3	手动/自动 SA1		
I1.4	单机/联机 SA2		
I1.5	停止 SB4		

5.1.4　安装站认知工作任务与实践

(1)仔细观察安装站的结构组成,了解每部分的工作原理及作用。对照附件中的元件清单,熟悉各个部件、元件的名称、功能、型号和数量。

(2)查阅气缸、电磁阀、磁性开关等的资料,详细了解安装站的气缸、磁性开关、电磁阀的参数及其型号的含义。

(3)接通气源后,操作各电磁阀的手动换向开关,控制相应气缸动作,并调整单向节流阀,使各气缸动作平稳。观察各气动执行结构的动作特征,分析并判断与各个执行机构相对应的电磁阀类型,找出阀与阀的控制信号与气动执行机构动作之间的关系,要特别注意供料单元的选料气缸和推料气缸动作的协调性。

在观察各气缸动作特性时,主要观察 3 种状态:操作前执行机构的常态;操作过程中,突然丢掉手控信号时执行机构的状态;在手控信号一直维持到使执行机构动作完成后去掉该信号的情况下,执行机构的状态。

(4)观察安装站气动回路组成情况,如有无节流阀、气缸的进排口情况,并尝试在不看书的情况下画出安装站气动控制回路图。

(5)接通电源,操作各电磁阀的手动换向开关,观察各磁性开关的状态与气缸运动位置的关系。查明按钮信号、传感器信号、电磁阀线圈与 PLC 之间的连接关系。

(6)测绘供料单元,要求画出其三视图,并进行适当的标注。

(7)注意事项。

①在观察设备结构时不要用力拽导线、气管,不要随意拆卸元器件和其他装置。

②在气源接通后,禁止用手直接扳动气缸。

③在运行程序时,禁止手动操作电磁阀。

任务5.2 安装站的拆卸、安装与调试

5.2.1 安装站的拆卸

对于安装站拆卸前的准备及注意事项,请参考前面各站的拆卸准备及注意事项,在此主要介绍其拆卸步骤。

1. 拆卸管线

(1)先将C4的连接电缆头两边的锁扣向外拉开,并将电缆头取下,然后依次拆下各接线插头。

(2)拆卸快速接头上的气管时,右手将快速接头端按下,左手拔下气管;将绑扎带剪掉,整理拆下的气管。

(3)将行线槽盖抽下,将导线从槽内取出,并进行整理。

2. 拆卸各组件单元

在管线拆卸完毕后,将导轨单元、供料单元、工件搬运单元在铝合金台面上的紧固螺钉松开,取下各组件。

3. 拆卸各组件单元上的零件

(1)供料单元的拆卸。

①拆卸料台。将放料槽与立柱连接的固定螺丝卸掉,把放料槽与立柱分开,然后将立柱与台面的固定件连接的螺丝卸掉,把立柱与台面固定连接件分开。

②拆卸推料装置。将立柱与台面的固定件连接的螺丝卸掉,把立柱与台面固定连接件分开;松开推料杆与活塞杆连接的螺母,将推料杆取下;将气缸固定螺母卸掉,取下推料气缸;将气缸固定支架上(送料槽)与立柱连接的螺丝卸下,将气缸固定支架与立柱分开;取下磁性开关。

③拆卸选料装置。先将气缸与滑动台装置之间的连接螺母松开,把气缸固定螺母卸下,取出气缸,并将气缸上的磁性开关取下;将铝合金的料筒固定座上的3颗螺钉卸下,取下料筒及固定座;卸下导向轴与支架之间连接的螺丝,将导向轴小心取出;卸下滑动台前后盖板上的螺丝,将盖板与滑块取出。

(2)工件搬运单元的拆卸。

①将摆臂中间的连接螺丝卸下,取下同步带;卸下吸盘侧同步带轮上的螺母,

取下吸盘装置；卸下摆臂与转轴之间的紧固螺母，取下摆臂的另一节。

②将固定钢丝的螺钉卸下，取出钢丝；将摆臂滑动单元的盖板打开，再将与活塞杆连接的固定块以及气缸紧固螺母旋开，取出气缸，拆下磁性开关；将导向轴与上端盖以及下部固定支架之间的螺母卸下，取出导向轴、滑块及弹簧。

5.2.2　安装站的安装

一、安装步骤

参照安装站示意图及接线图进行安装与接线。安装站示意图如图 5-12 所示，接线图如图 5-13 所示。

(1)将过滤减压装置安装在支架上，再将其安装在型材桌面上。

(2)将控制盒(整体)、真空发生器支架、支架 2(电磁阀固定板 1)安装在导轨上，再将导轨安装在型材桌面上。

(3)工件搬运单元的安装。

①将导向轴 2(2 根)安装在工件搬运单元下部固定支架上，再将弹簧安装在导向轴 2(2 根)上，将滑块分别装到导向轴上，将上端盖与导向轴安装在一起。

②将气缸安装在工件搬运单元上端盖上，并和固定块连接好。将转轴侧的摆臂安装在转轴(整套)上，将 695Z 轴承(2 只)、同步带轮 2、接头安装在吸盘侧的摆臂上，再将同步带分别安装在同步带轮 1、同步带轮 2 上。

③将钢丝在转轴上绕一圈，将两头固定在下部固定支架和上部端盖上，最后将工件搬运单元的底座支架安装在型材桌面上。

(4)供料单元的安装。

①将料台型材支架、送料槽安装在型材立柱(133)上，将尼龙推块安装在气缸上，再将料台型材支架安装在型材桌面上。

②将滑块(2 套)安装在导向轴 1(2 根)上，将气缸、导向轴 1(2 根)安装在滑动台支架 2 上，将滑动台平板(2 块)分别安装在滑块(2 套)的左右两边，将螺母、滑动台定位板安装在滑动台平板(2 块)上，将固定座安装在滑动台定位板上，将物料筒(2 只)(将圆物料块)安装在固定座上，再将滑动台支架 2 安装在型材桌面上。

(5)分别按照电路图和气路图对电路和气路进行接线和配管。

二、注意事项

(1)事先做好安装计划，明确零件安装的次序，先把各零件组装成各组件，对照零部件登记表安装一件记录一件。

(2)对于需要反复调整的零件,其固定螺母不要拧紧,以便调整。

(3)安装时注意两根导向轴的平行度,工件搬运单元上的钢丝要注意拉紧,最好采用专用工具,吸盘装置在安装时要保证吸盘始终朝下。

(4)槽外的管线等调试好后再进行绑扎,绑扎时要整齐,并用绑扎带固定。

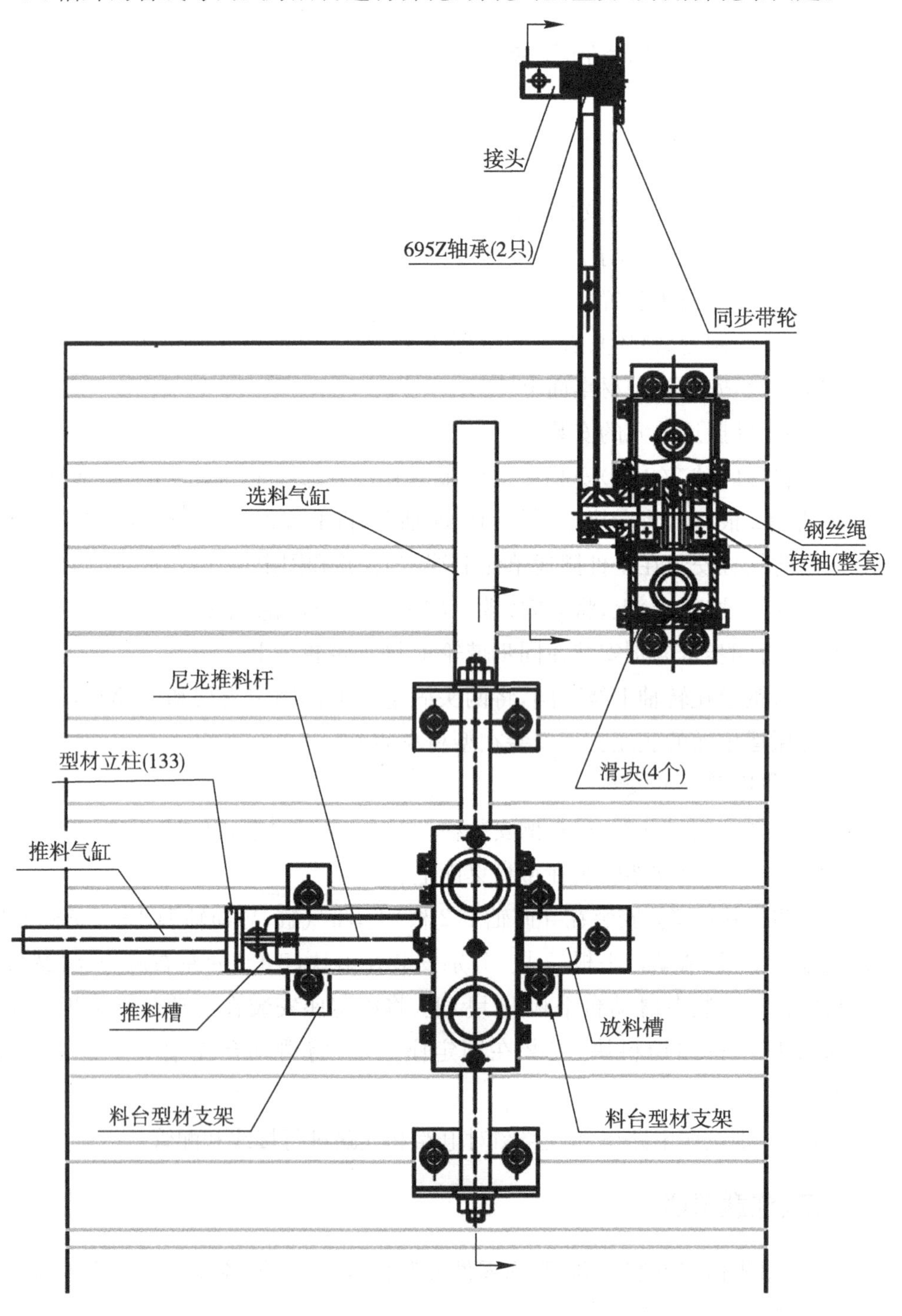

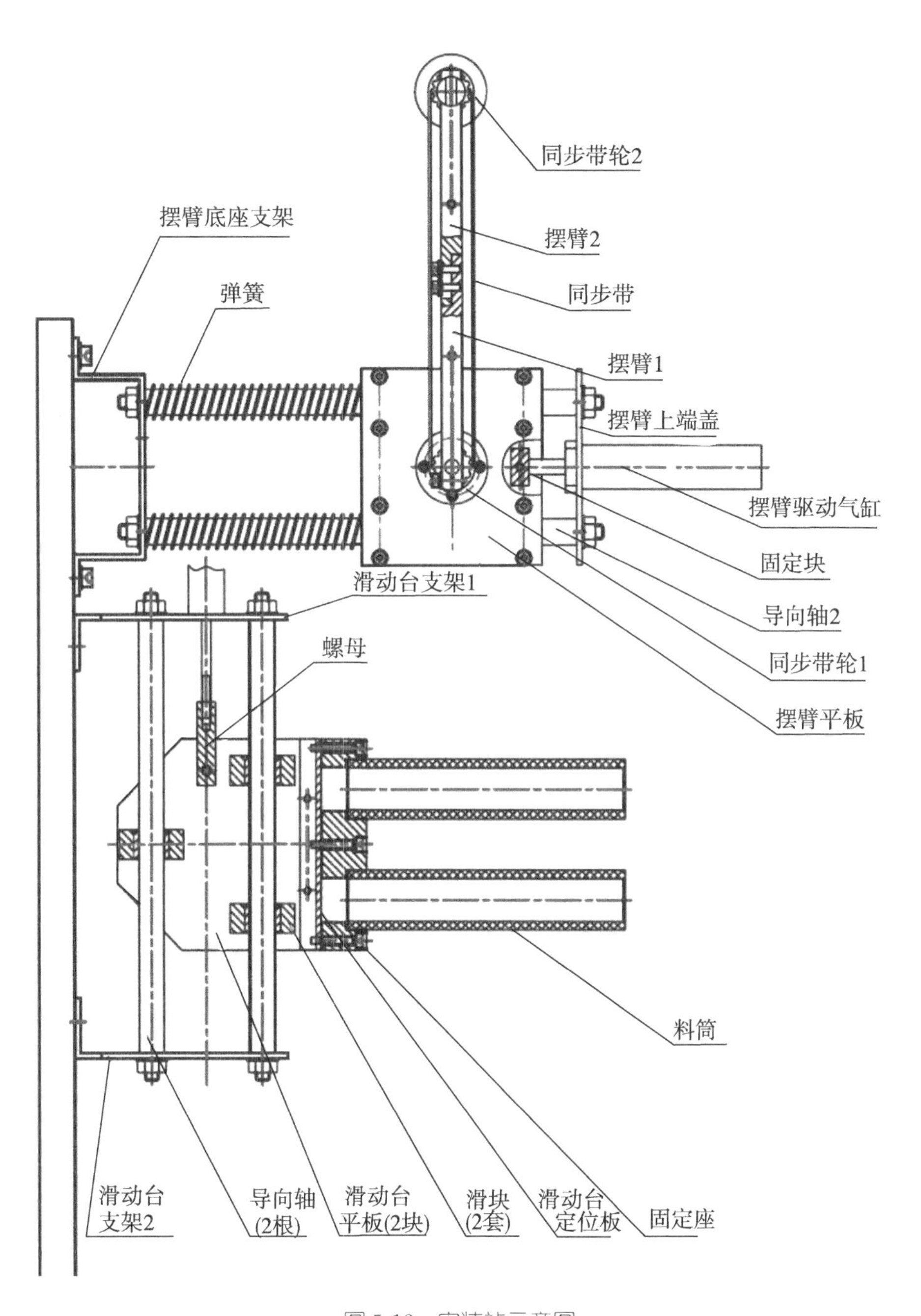
同步带轮2
摆臂底座支架
摆臂2
弹簧
同步带
摆臂1
摆臂上端盖
摆臂驱动气缸
固定块
滑动台支架1
导向轴2
螺母
同步带轮1
摆臂平板
料筒
滑动台
支架2
导向轴
(2根)
滑动台
平板(2块)
滑块
(2套)
滑动台
定位板
固定座

图 5-12　安装站示意图

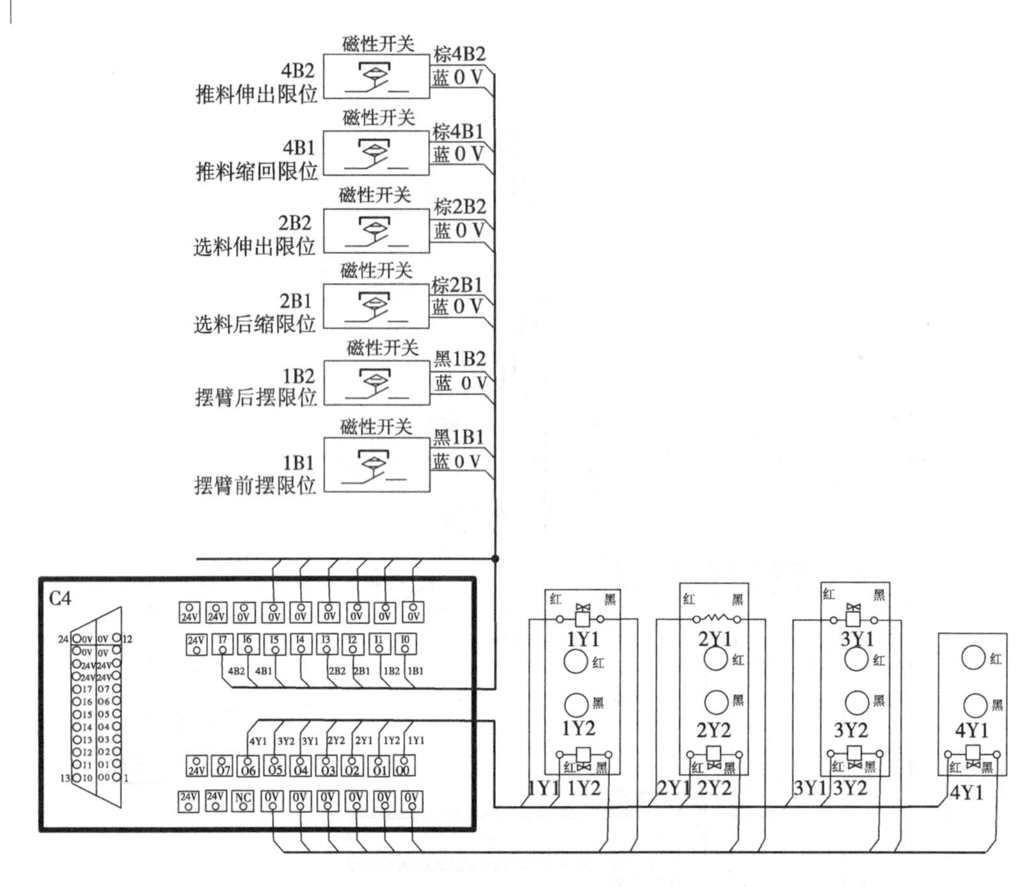

图 5-13　安装站工作台面接线图

5.2.3　安装站的编程与调试

一、安装站各部件的调试

1. 机械部件的调试

调整支架,使供料单元的滑动部分在导向轴上滑动自如,让选料气缸的活塞杆伸出和缩回,确定放料槽与推料装置的位置。

调节工件搬运单元的气动吸盘装置,使其在摆臂转动过程中吸盘始终朝下。调整工件搬运单元与供料单元的配合位置。

2. 气动部件的调试

在气路元件都安装好后,可以按下各手动换向阀,检查管路是否连接正确,并调节各气缸的节流阀,使各执行气缸动作平稳。特别需要检查吸盘的吸力是否能够将小工件吸起。

3. 电气部件的调试

在系统上电后，操作各手动换向阀，根据气缸活塞的位置调整磁性开关的位置，在确定位置后拧紧固定螺钉。同时检查 I/O 接线板上的接线是否正确。

二、安装站的编程工作任务与调试

在熟悉安装站的基础上，根据控制要求完成下列编程任务，并进行调试。

1. 安装站的编程工作任务

(1)供料单元的编程。按照下面的控制要求画出流程图，编写控制程序，并进行调试。

控制要求：供料单元的初始状态为选料气缸缩回，推料气缸缩回。假设选料气缸缩回时，对应放料槽的料筒中放的是黑色工件，当按下开始按钮后，推料气缸将黑色工件推出，2 s 后推料气缸缩回，选料气缸伸出，滑台上另外一个料筒到达推料的位置，然后推料气缸将白色工件推出，2 s 后推料气缸缩回，选料气缸缩回，推料气缸再次将黑色工件推出，重复上述过程。当按下停止按钮时，供料单元回到初始状态。

注意：在编程时，一定要注意选料气缸和推料气缸之间的动作关系，当推料气缸伸出时，选料气缸是不能动作的。

(2)工件搬运单元的编程。按照下面的控制要求画出流程图，编写控制程序，并进行调试。

控制要求：工件搬运单元的初始状态为摆臂驱动气缸缩回，吸盘不吸气。当按下开始按钮后，摆臂后摆，在摆动的过程中吸盘吸气，当摆动到位吸取到工件后，按下调试按钮，摆臂前摆，当把工件运到安装平台上时，使吸盘断气，放下工件。再按下开始按钮时，系统继续按照上述过程工作。

(3)供料单元与工件搬运单元的组合编程。按照下面的控制要求画出流程图，编写控制程序，并进行调试。参考流程如图 5-14 所示。

控制要求：上电后复位按钮灯闪烁，按复位按钮，各气缸进行复位，复位完成后，1B2＝1、2B1＝1、4B1＝1，即摆臂驱动气缸伸出，选料气缸和推料气缸缩回，吸盘不吸气。此时开始按钮灯闪烁，按开始按钮，程序开始运行。按调试按钮，吸盘手臂先从工件货台转到安装位，待工件推料气缸将小工件推到工件货台上时再转回，在吸盘对准小配件后真空发生器动作，将小工件吸住，吸盘手臂再次从工件货台转到安装位，把小工件放入大工件后，真空发生器停止动作，安装完成后吸盘手臂退回。随后可以重复上述过程。

2. 程序的调试

将编写的程序认真检查后，下载到 PLC，按照控制要求中的工作流程调试程序,使其满足控制要求。在编写、调试程序的过程中,要进一步了解设备的调试方法和技巧,培养严谨的工作作风。

(1)下载程序前,必须保证气缸、传感器工作正常,认真检查程序,避免各执行机构的动作发生冲突。

(2)确认程序基本没有问题的方法是,将程序下载到 PLC,并运行程序。按照操作流程进行操作,仔细观察各执行机构的工作是否满足控制要求,如不能满足要求,分析原因并进行修改。

(3)在设备运行中,一旦发生异常情况,应及时采取措施,如急停切断执行机构的控制信号,切断气源和总电源,避免造成更大的损失。

(4)总结经验,把调试中遇到的问题和解决问题的方法记录下来,以便以后分析和解决类似问题。

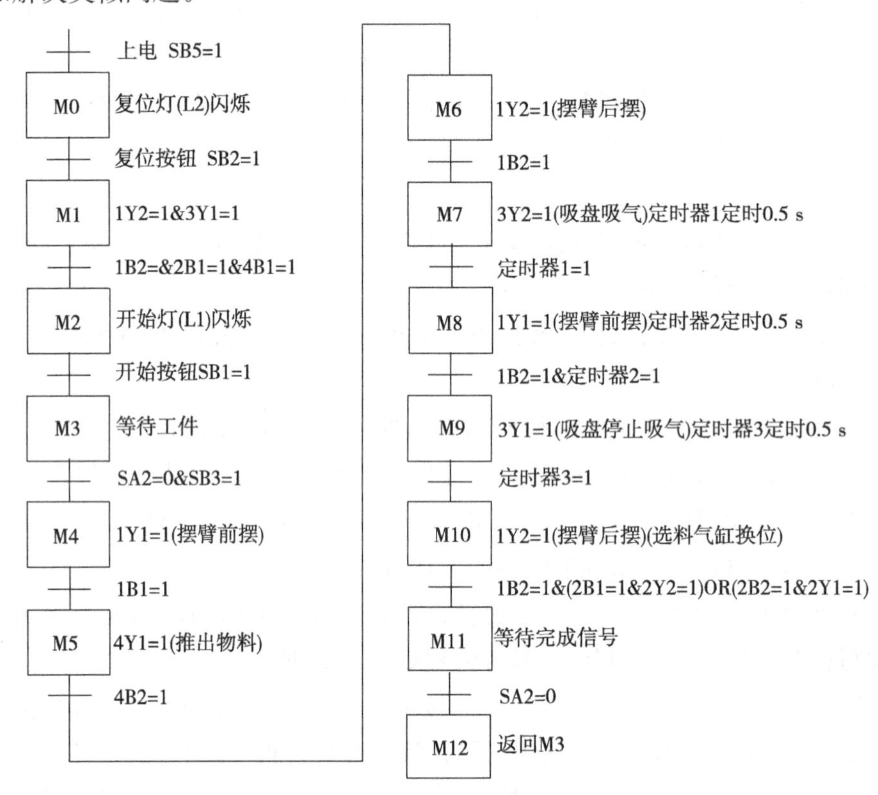

图 5-14 安装站参考流程图

项目 6　安装搬运站的安装与调试

学习目标

□了解安装搬运站的结构组成及功能。
□读懂安装搬运站的气动回路图,理解气动控制的原理。
□熟悉安装搬运站的电气控制系统,了解各电气元件的作用。
□学习 PLC 编程方法,能够编写安装搬运站的控制程序。
□学会安装搬运站的安装与调试技巧和方法,能够有计划、有目的地进行学习,具有安全意识和团结合作精神。
□学会通过查阅资料了解安装搬运站各器件的详细情况。

任务 6.1　安装搬运站的认知

6.1.1　安装搬运站的功能和结构组成

安装搬运站是整个自动化生产线的第五站,也是最繁忙的一站。它的主要功能是将加工站送到 4 号工位的工件搬运到安装平台上,待安装站将小工件安装到大工件里后,再由搬运机械手将工件搬运到分类站的接料台上。

如图 6-1 所示,安装搬运站主要由机械手单元、机械手定位单元、导轨单元、气源过滤减压装置以及控制面板等组成。

一、机械手单元

如图 6-2 所示,机械手单元主要由气爪、手臂起落气缸、手臂起落磁性开关、塔吊臂、立柱、旋转座等组成。其主要作用是:当手臂起落气缸伸出时,机械手的手臂抬起;当手臂起落气缸缩回时,机械手的手臂落下;气爪夹紧时工件被抓住,气爪放松时工件被放下。

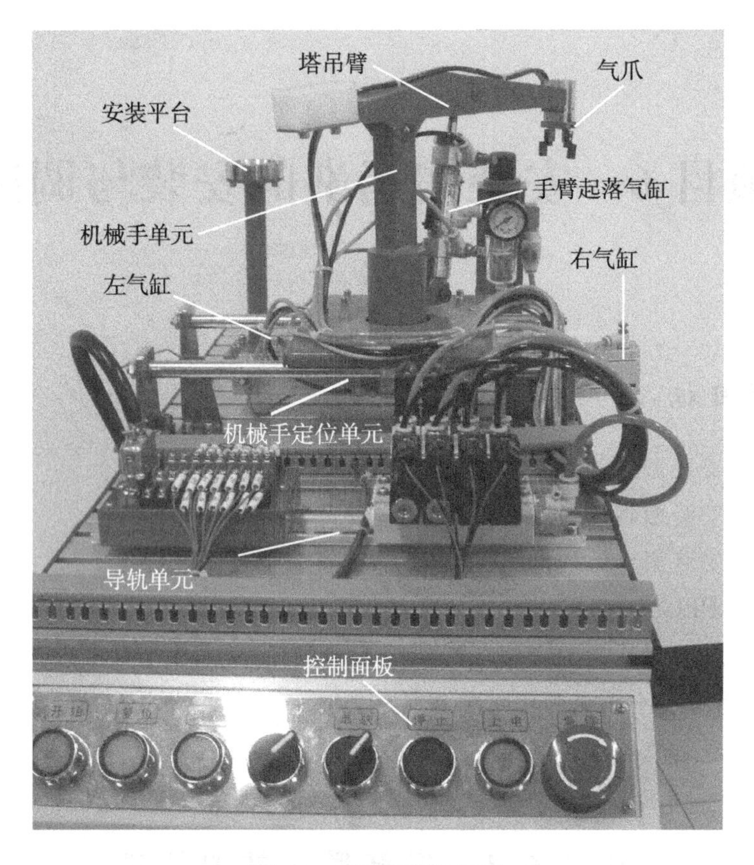

图 6-1　安装搬运站组成

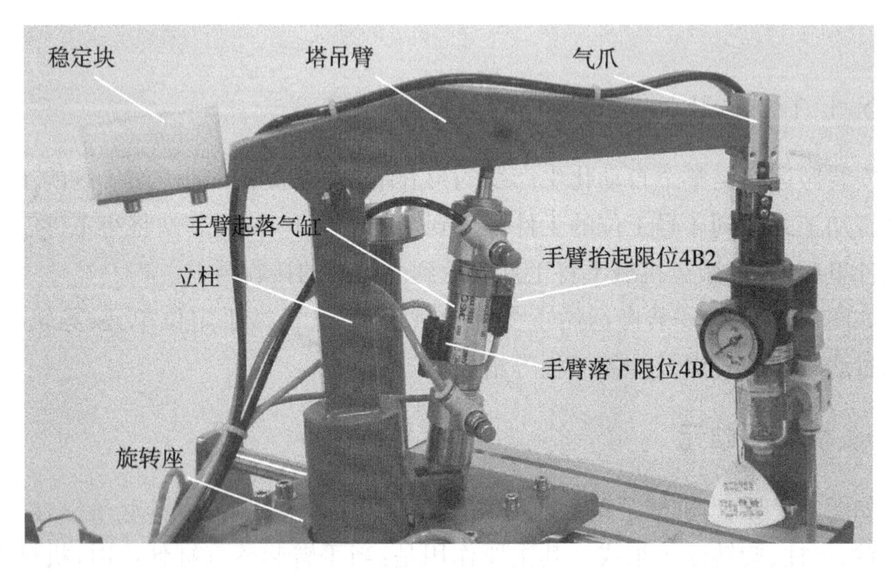

图 6-2　机械手单元

二、机械手定位单元

如图 6-3 所示，机械手定位单元主要由左气缸、右气缸、导向轴、旋转座、磁性开关等组成。该单元的主要作用是通过左右气缸的配合动作，由钢丝带动旋转座完成机械手的定位。旋转座下面有一个转盘，钢丝是绕在转盘上的，当作用气缸动作时，钢丝带动转盘转动，从而带动机械手单元转动。在本站中机械手主要有 3 个位置，即加工站 4 号工位、安装平台及分类站的接料台。当机械手在加工站 4 号工位位置时，左气缸和右气缸都伸出；在安装平台位置时，左气缸伸出，右气缸缩回；在分类站接料台位置时，左气缸和右气缸都缩回。

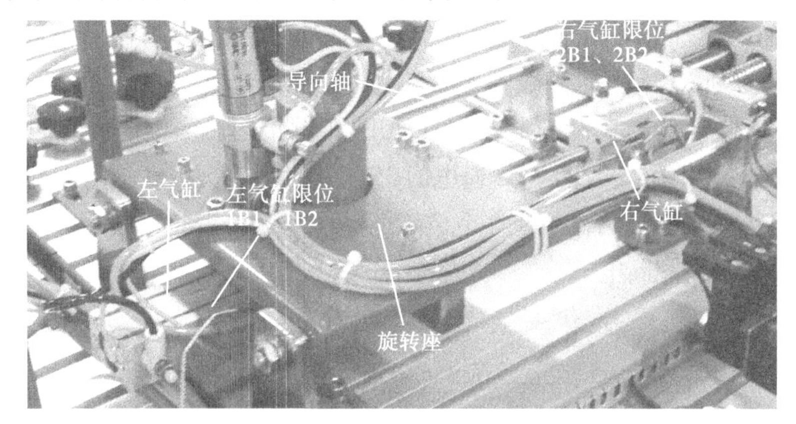

图 6-3　机械手定位单元

三、导轨单元

如图 6-4 所示，安装搬运站的导轨单元与其他各站的基本相似，主要由 I/O 接线板(C4)、电磁阀组等组成。电磁阀组主要用来控制左气缸、右气缸、手臂起落气缸以及气爪。

图 6-4　导轨单元

6.1.2 安装搬运站的气动控制系统

一、气动回路的组成

安装搬运站的气动系统中，电磁阀组采用 2 个双电控三位五通阀来控制左气缸和右气缸的伸出和缩回，用 1 个双电控二位五通阀来控制气爪的夹紧和打开，用 1 个单电控二位五通阀控制手臂起落气缸的抬起和落下。执行元件主要有左气缸、右气缸、气爪、手臂起落气缸等。左、右气缸为自由安装紧凑型标准双作用气缸，气爪与搬运站的气爪相同，手臂起落气缸为内置磁环且带安装耳环的标准双作用气缸。磁性开关用于检测气缸活塞杆运动的位置。

如图 6-5 所示，当电磁阀线圈 4Y1 通电时，手臂起落气缸缩回，手臂落下；当电磁阀线圈 4Y1 断电时，手臂起落气缸伸出，手臂抬起。当电磁阀线圈 3Y1 通电时，气爪夹紧；当电磁阀线圈 3Y2 通电时，气爪打开。左、右气缸的动作由机械手的 3 个位置决定，电磁阀线圈在 3 个位置的动作情况见表 6-1，表中“＋”表示线圈得电，“－”表示线圈断电。

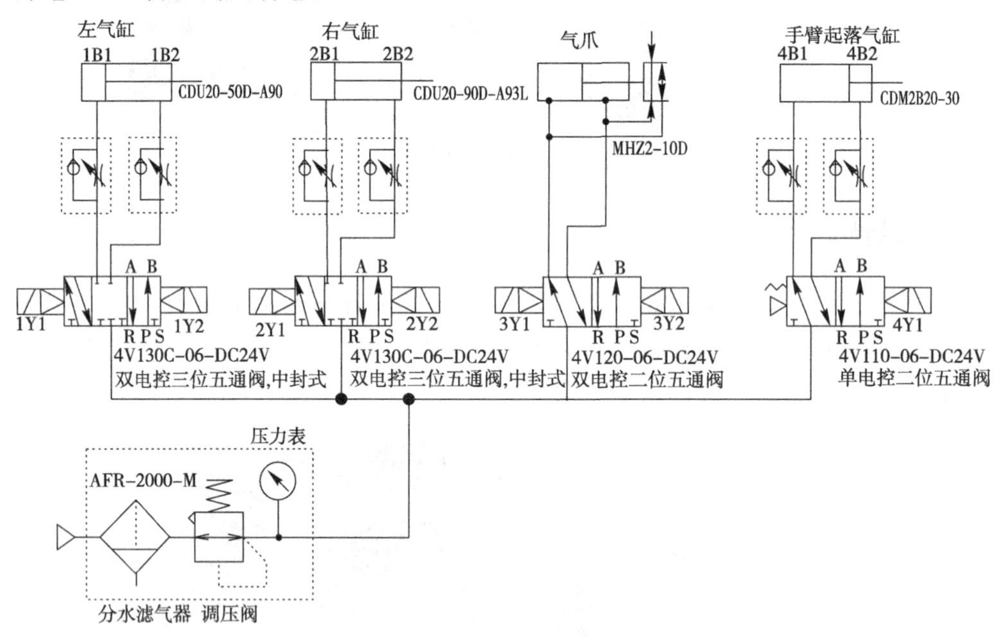

图 6-5 安装搬运站气动回路

表 6-1　机械手位置与电磁阀线圈之间的关系

电磁阀线圈 机械手位置	1Y1	1Y2	2Y1	2Y2
加工站 4 号工位	+	−	+	−
安装平台	+	−	−	+
分类站接料台	−	+	−	+

二、气动系统元件的选择

1. 气缸的选择

在进行气动系统设计时，选择气缸应从以下几个方面考虑。

(1)气缸的类型。根据工作要求和条件，正确选择气缸的类型。要求气缸到达行程终端无冲击现象和撞击噪声时，应选择缓冲气缸；要求气缸重量轻时，应选轻型缸；要求安装空间窄且行程短时，可选薄型缸；有横向负载时，可选带导杆气缸；要求制动精度高时，应选锁紧气缸；不允许活塞杆旋转时，可选具有杆不回转功能的气缸；高温环境下需选用耐热缸；在有腐蚀环境下，需选用耐腐蚀气缸；在有灰尘等恶劣环境下，需要活塞杆伸出端安装有防尘罩，要求无污染时，需要选用无给油或无油润滑气缸等。

(2)气缸安装形式。气缸的安装形式根据安装位置、使用目的等因素确定。在一般情况下，采用固定式气缸；在需要随工作机构连续回转时(如车床、磨床等)，应选用回转气缸；在要求活塞杆除做直线运动外，还要做圆弧摆动时，则选用轴销式气缸；有特殊要求时，应选择相应的特殊气缸。

(3)作用力大小。作用力的大小与缸径有关。根据负载力的大小可确定气缸输出的推力和拉力。一般均按外载荷理论计算所需气缸作用力，根据不同速度选择不同的负载率，使气缸输出力稍有余量。若缸径过小，则输出力不够；若缸径过大，则设备笨重，成本提高，又增加耗气量，浪费能源。在夹具设计时，应尽量采用扩力机构，以减小气缸的外形尺寸。

(4)活塞行程。活塞行程与使用的场合和机构的行程有关，但一般不选满行程，防止活塞和缸盖相碰。如用于夹紧机构，应按计算所需的行程增加 10～20 mm余量。

(5)活塞运动速度。活塞的运动速度主要取决于气缸输入压缩空气流量、气缸进排气口大小及导管内径的大小，要求高速运动时应取大值。气缸运动速度一般为 50～800 mm/s。对于高速运动气缸，应选择大内径的进气管道；对于负载有变化的情况，为了得到缓慢而平稳的运动速度，可选用带节流装置的气缸或气液阻尼缸,这样较易实现速度控制。

选用节流阀控制气缸速度时需注意:水平安装的气缸推动负载时,推荐用排气节流调速;垂直安装的气缸举升负载时,推荐用进气节流调速;要求行程末端运动平稳、避免冲击时,应选用带缓冲装置的气缸。

气缸的选型步骤如下:

步骤 1:根据操作形式选定气缸类型。气缸操作方式有双作用弹簧压入、单作用弹簧压入及单作用弹簧压出 3 种方式。

步骤 2:选定其他参数。

①选定气缸缸径大小。根据有关负载、空气压力及作用方向确定缸径。

②选定气缸行程。根据工件移动距离确定气缸行程。

③选定气缸安装类型。不同系列的气缸有不同的安装方式,主要有基本型、脚座型、法兰型、轴耳型、悬耳型等。

④选定缓冲形式。缓冲形式包括无缓冲、橡胶缓冲、气缓冲、油压吸震器等。

⑤选定磁感开关。磁感开关主要用于位置检测,要求气缸内置磁环。

⑥选定气缸配件。气缸配件包括相关接头等。

2. 方向阀的选择

在进行气动系统设计时,选择方向阀应从以下几个方面考虑。

(1)选用阀的适用范围应与使用现场的条件相一致。应根据使用场合的气源压力大小、电源条件(交直流、电压大小及波动范围)、介质温湿度、环境温湿度、粉尘、振动等选用可靠的阀。

(2)选用阀的功能及控制方式应符合系统工作要求。应根据气动系统对元件的位置数、通路数、记忆性、静置时通断状态和控制方式等要求选用符合所需功能及控制方式的阀。

(3)选用阀的流通能力应满足系统工作要求。应根据气动系统对元件的瞬时最大流量的要求,按平均气流速度 15~25 m/s 计算阀的通径,查出所需阀的流通能力 C 值(或 KV 值)、CV 值、额定流量下的压降、标准额定流量及 S 值等,据此选用满足系统流通能力要求的阀。

(4)选用阀的性能应满足系统工作要求。即根据气动系统最低工作压力或最低控制压力、动态性能、最高工作频率、持续通电能力、阀的功耗、寿命及可靠性等要求选用符合所需性能指标的阀。

(5)选用阀的安装方式应根据阀的质量水平、系统占有空间要求及便于维修等综合考虑。目前,我国广泛使用的换向阀采用板式安装方式,它的优点是便于装拆和维修,ISO 标准也采用了板式安装方式,并发展了集装板式安装方式。因此,一般优先采用板式安装方式。由于元件的质量和可靠性不断提高,管式安装方式的阀所占空间小，也可以集装安装。因此，选用阀应根据实际情况确定。

(6)尽量选用标准化产品。由于标准化产品采用了批量生产手段，因此其质量稳定可靠、通用化程度较高、价格便宜。

(7)选用阀的价格应与系统水平及可靠性要求相适应。即根据气动系统先进程度及可靠性要求来考虑阀的价格。在保证系统先进、可靠、使用方便的前提下，力求价格合理，不应不顾质量而只追求低成本。

(8)大型控制系统设计时，要考虑尽可能使用集成阀和信号的总线控制方式。

方向控制阀的选型步骤如下：

步骤1：方向控制阀系列的选择。应根据所配套的不同执行元件选择不同功能系列的阀。

步骤2：方向控制阀规格的选择。选择阀的流通能力应满足系统工作要求，即根据气动系统对元件的瞬时最大流量的要求来计算阀的通径。

步骤3：控制方式的选择。应根据工作要求及气缸的动作方式选择合适的换向阀控制方式。

步骤4：使用电压的选择。应根据控制系统的工作电压来选择电磁阀线圈的额定电压。

3. 减压阀的选择

在进行气动系统设计时，选择减压阀应从以下几个方面考虑。

(1)根据气动控制系统最高工作压力来选择减压阀，气源压力应比减压阀最大工作压力大0.1 MPa。

(2)要求减压阀的出口压力波动小时，如出口压力波动不大于工作压力最大值的±0.5%，则选用精密型减压阀。

(3)如需遥控或通径大于20 mm时，应尽量选用外部先导式减压阀。

减压阀的选择步骤如下：

步骤1：根据通过减压阀的最大流量选择阀的规格。

步骤2：根据功能要求选择阀的品种，如调压范围、稳压精度(是否要选精密型减压阀)、是否需要遥控(遥控应选外部先导式减压阀)、有无特殊功能要求(是否要选大流量减压阀或复合功能减压阀)等。

4. 溢流阀的选择

(1)根据需要的溢流量来选择溢流阀的通径。

(2)对溢流阀来说，希望气动回路刚一超过调定压力时，阀门便立即排气，而一旦压力稍低于调定压力，便能立即关闭阀门。从阀门打开到关闭的过程中，气动回路中的压力变化越小，溢流特性越好。在一般情况下，应选用调定压力接近最高使用压力的溢流阀。

(3)如果管径大(如通径在 15 mm 以上)且远距离操作,宜采用先导式溢流阀。

5. 过滤器的选择

(1)选择过滤器的类型。根据过滤对象的不同,选择不同类型的过滤器。

(2)按所需处理的空气流量 Q_V(换算成标准状态下)选择相应规格的过滤器。所选用的过滤器额定流量 Q_O 与实际处理流量 Q_r 之间应有如下关系:$Q_r \leqslant Q_O$。

6. 油雾器的选择

应根据通过油雾器的最大输出流量和最小滴下流量的要求,选择油雾器的规格。通过最大输出流量时,两端压降不宜大于 0.02 MPa。

6.1.3 安装搬运站的电气控制系统

安装搬运站的电气控制系统主要由 PLC、磁性开关、电磁阀线圈、控制按钮、状态指示灯等组成。电气控制系统的 PLC 外部接线如图 6-6、图 6-7 所示,I/O 分配表见表 6-2。磁性开关 1B1、1B2 主要用于检测左气缸活塞杆的缩回和伸出,2B1、2B2 主要用于检测右气缸活塞杆的缩回和伸出,4B1、4B2 主要用于检测手臂起落气缸活塞杆的缩回和伸出。左气缸由电磁阀线圈 1Y1、1Y2 控制其伸出和缩回,右气缸由电磁阀线圈 2Y1、2Y2 控制其伸出和缩回,气爪由电磁阀线圈 3Y1、3Y2 控制其放松和夹紧,手臂起落气缸由电磁阀线圈 4Y1 控制其落下和抬起。PLC 的程序是根据本站的工作过程来控制各个电磁阀线圈通电的组合及次序的。

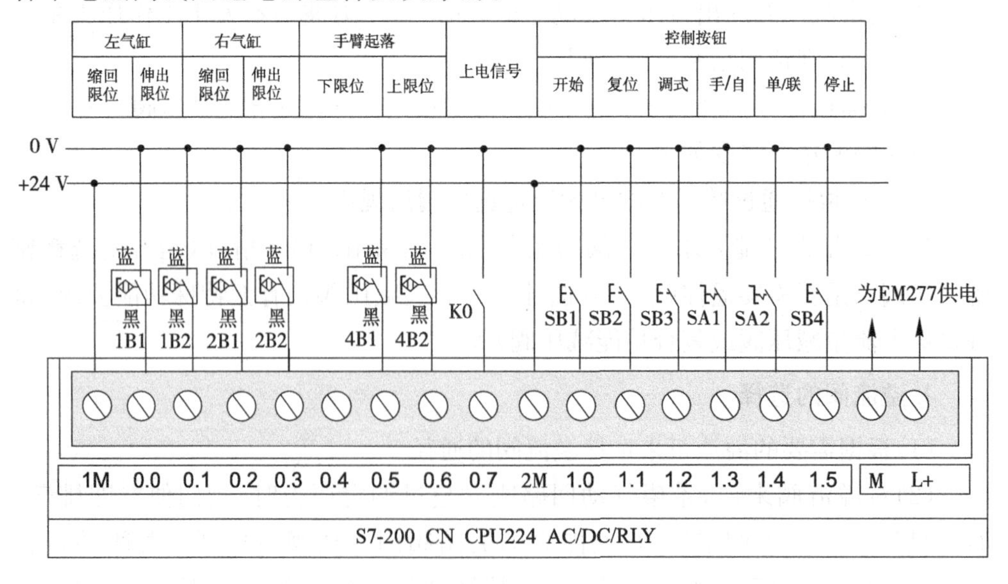

图 6-6 安装搬运站 PLC 输入端接线图

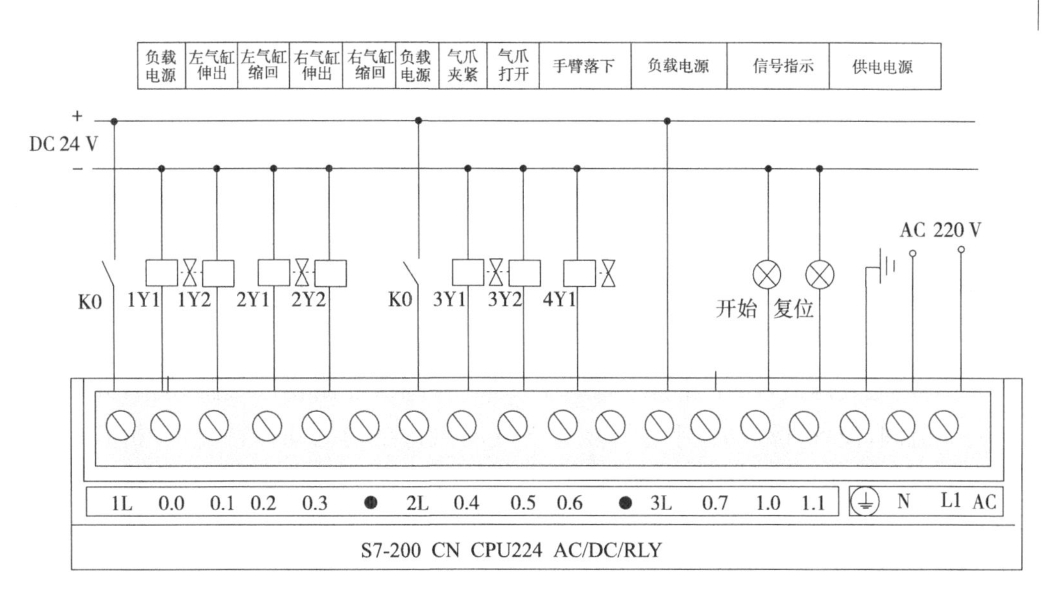

图 6-7　安装搬运站 PLC 输出端接线图

表 6-2　安装搬运站 I/O 分配表

安装搬运站			
输入端		输出端	
I0.0	左气缸缩回限位 1B1	Q0.0	左气缸伸出 1Y1
I0.1	左气缸伸出限位 1B2	Q0.1	左气缸缩回 1Y2
I0.2	右气缸缩回限位 2B1	Q0.2	右气缸伸出 2Y1
I0.3	右气缸伸出限位 2B2	Q0.3	右气缸缩回 2Y2
I0.5	手臂落下限位 4B1	Q0.4	气爪放松 3Y1
I0.6	手臂抬起限位 4B2	Q0.5	气爪夹紧 3Y2
I0.7	上电 K0(SB5)	Q0.6	手臂落下 4Y1
I1.0	开始 SB1	Q1.0	开始灯
I1.1	复位 SB2	Q1.1	复位灯
I1.2	调试 SB3		
I1.3	手动/自动 SA1		
I1.4	单机/联机 SA2		
I1.5	停止 SB4		

6.1.4 安装搬运站认知工作任务与实践

(1)仔细观察安装搬运站的结构组成,体会机械手单元及机械手定位单元的工作原理及作用。对照附件中的元件清单,了解各个部件、元件的名称、功能、型号、数量以及在本站中的位置。

(2)查阅气缸、电磁阀、磁性开关等的资料,详细了解安装搬运站的气缸、磁性开关、电磁阀的参数及其型号的含义。

(3)接通气源后,操作各电磁阀的手动换向开关,控制相应气缸动作,并调整单向节流阀,使各气缸动作平稳。观察各气动执行结构的动作特征,分析并判断与各个执行机构相对应的电磁阀类型,找出阀与阀的控制信号与气动执行机构动作之间的关系,熟悉机械手定位机构中左、右两个气缸的动作配合。

在观察各气缸动作特性时,主要观察 3 种状态:操作前执行机构的常态;操作过程中,突然丢掉手控信号时执行机构的状态;在手控信号一直维持到使执行机构动作完成后去掉该信号的情况下,执行机构的状态。

(4)观察安装搬运站气动回路组成情况,如有无节流阀、气缸的进排口等。

(5)接通电源,操作各电磁阀的手动换向开关,观察各磁性开关的状态与气缸运动位置的关系。查明按钮信号、传感器信号、电磁阀线圈与 PLC 之间的连接关系。

(6)注意事项。

①在观察结构时,不要用力拽导线、气管,不要随意拆卸元器件和其他装置。

②在气源接通后,禁止用手直接扳动气缸。

③在运行程序时,禁止手动操作电磁阀。

任务 6.2 安装搬运站的拆卸、安装与调试

6.2.1 安装搬运站的拆卸

安装搬运站拆卸前的准备及注意事项,请参考前面各站的拆卸准备及注意事项,在此主要介绍其拆卸步骤。

1. 拆卸管线

(1)先将 C4 的连接电缆头两边的锁扣向外拉开,并将电缆头取下,然后依次拆下各接线插头。

(2)拆卸快速接头上的气管时,右手将快速接头端按下,左手拔下气管。将绑

扎带剪掉，整理拆下的气管。

(3)将行线槽盖抽下，将导线从槽内取出，并进行整理。

2. 拆卸各组件单元

(1)在管线拆卸完毕后，首先将左右钢丝绳支架与台面的紧固螺丝卸下，松开左右气缸连接螺母。

(2)拆卸导轨单元，方法与前面各站相同。

(3)将旋转座与导向轴上的滑块连接的螺丝卸下，把机械手单元与机械手定位单元分开。

(4)将过滤减压装置拆下。

3. 拆卸各组件单元上的零件

在这里主要介绍机械手单元与机械手定位单元的拆卸。

(1)机械手单元的拆卸。先取下气爪，然后将手臂起落气缸尾部安装耳与旋转座连接的销栓上的螺母卸下，取出手臂起落气缸的尾部。将手臂起落气缸与塔吊臂连接销栓卸下，将螺母松开，取下手臂起落气缸。将塔吊臂与立柱之间的连接销取下，使塔吊臂与立柱分开。从旋转座底部将左气缸从其固定支架上取下，卸下支架，取出钢丝。

(2)机械手定位单元的拆卸。将 4 个导轨支架与台面的固定螺丝卸下，取下两条导轨，然后将两条导轨与支架两端连接的螺母卸下，把支架与导向轴分开，取出滑块。卸下右气缸支架，将右气缸与支架分开。

6.2.2　安装搬运站的安装

一、安装步骤

安装与接线请参照安装搬运站示意图及接线图。安装搬运站示意图如图 6-8 所示，接线图如图 6-9 所示。

(1)把过滤减压装置、导轨单元和安装平台安装在台面上。

(2)安装机械手定位单元。将 3 个滑块按照图 6-8 所示安装在导向轴上，将导向轴安装在导轨支架上，并固定在台面上。将右气缸与支架安装好，再将其安装在台面上。

(3)安装机械手单元。将立柱安装在旋转座上，将钢丝安装在旋转座底部的转盘上，将旋转座、左气缸安装在气缸支架上，并将支架分别安装在移动板上，再将移动板安装在滑块上。

将塔吊臂与立柱通过连接销连接，安装气爪、稳定块，将手臂起落气缸的一端通过连接销与旋转座连接，另一端通过螺母与塔吊臂连接。将钢丝安装在钢丝绳支架(固定钢丝用)上,再将钢丝绳支架安装在型材桌面上。

(4)按照电路图和气路图分别对电路和气路进行接线和配管。

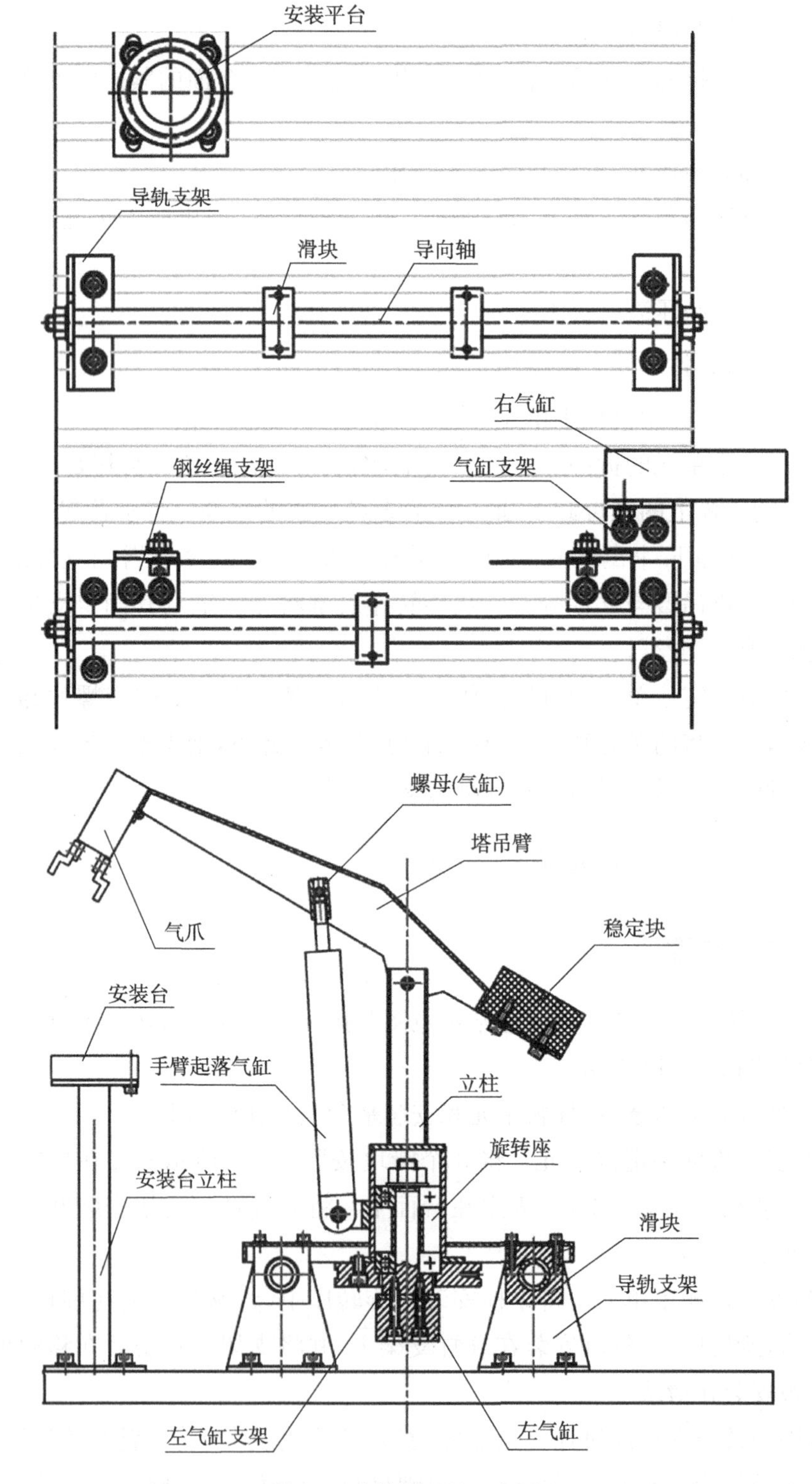

图 6-8　安装搬运站示意图

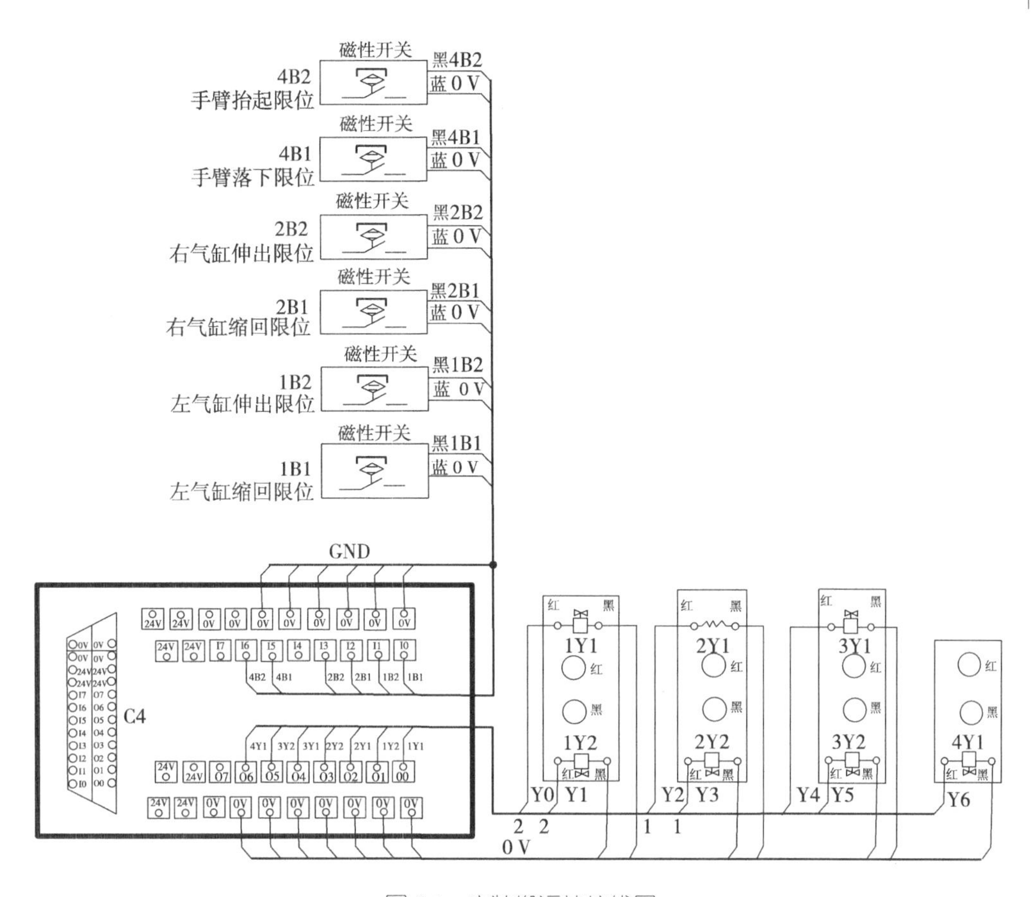

图 6-9　安装搬运站接线图

二、注意事项

(1)事先做好安装计划,明确零件安装的次序,先把各零件组装成各组件,对照零部件登记表安装一件记录一件。

(2)对于需要反复调整的零件,其固定螺母不要拧紧,以便调整。

(3)安装时注意两根导向轴的平行度,钢丝要注意拉紧,最好采用专用工具。

(4)槽外的管线等调试好后再进行绑扎,绑扎时要整齐,并用绑扎带固定。

6.2.3　安装搬运站的编程与调试

一、安装搬运站各部件的调试

1. 机械部件的调试

对两导向轴的平行度进行调整,使两轴平行。调整塔吊臂,使其活动自如,并将机械手拉到 3 个需要停的位置进行调整,使机械手能够准确定位。

2. 气动部件的调试

在气路元件都安装好后，检查管路是否连接正确，可以按下各手动换向阀，并调节各气缸的节流阀，使各执行气缸动作平稳。检查气爪能否正确动作，调节手臂起落气缸，使其能够正确抬起和落下。调节左右气缸，使机械手能够准确实现定位。

3. 电气部件的调试

在系统上电后，操作各手动换向阀，根据气缸活塞的位置调整磁性开关的位置，在确定位置后拧紧固定螺钉。同时检查 I/O 接线板上的接线是否正确。

二、安装搬运站的编程工作任务与调试

在熟悉安装站的基础上，根据控制要求完成下列编程任务，并进行调试。

1. 安装搬运站的编程工作任务

按照下面的控制要求画出流程图，编写控制程序，并进行调试。

(1)机械手单元的编程。

控制要求：假设机械手单元的初始状态为手臂抬起，气爪放松。当按下开始按钮时，机械手臂落下，气爪夹紧，抓住工件，1 s 后手臂抬起，1 s 后手臂落下，气爪松开工件，1 s 后手臂抬起。重复上述过程，直到按下停止按钮后，手臂回到初始状态才停止。

(2)机械手定位单元的编程。

控制要求：机械手定位单元有手动操作和自动操作 2 种方式。当把“手/自”开关打在手动位置时，按下开始按钮，使机械手在加工站 4 号工位，按下复位按钮，使机械手在安装平台上方，按下调试按钮，使机械手在分类站接料台上方。当把“手/自”开关打在自动位置时，按下开始按钮后，机械手首先到达加工站 4 号工位上方，停留 2 s 后，机械手到达安装平台上方，在此停留 5 s 后，机械手到达分类站接料台上方，3 s 后按照原路线逆向返回到加工站 4 号工位上方，等待再次按下开始按钮，重复上述过程。

(3)安装搬运站单元组合编程。

控制要求：上电后复位按钮灯闪烁，按复位按钮，各气缸进行复位，复位过程是手臂抬起，气爪放松，左右气缸都伸出。复位完成后，1B2＝1，2B2＝1，此时开始按钮灯闪烁，按开始按钮，程序开始运行。按调试按钮，手臂落下，气爪夹紧后手臂抬起，并搬运到安装平台位置，手臂落下，松开工件，然后手臂抬起。再按调试按钮，手臂下降，气爪夹紧后手臂抬起，右转到位，手臂落下，松开工件，然后手臂抬起，回转到开始的位置，等待按下调试按钮重复上述过程。安装搬运站参考

流程如图 6-10 所示。

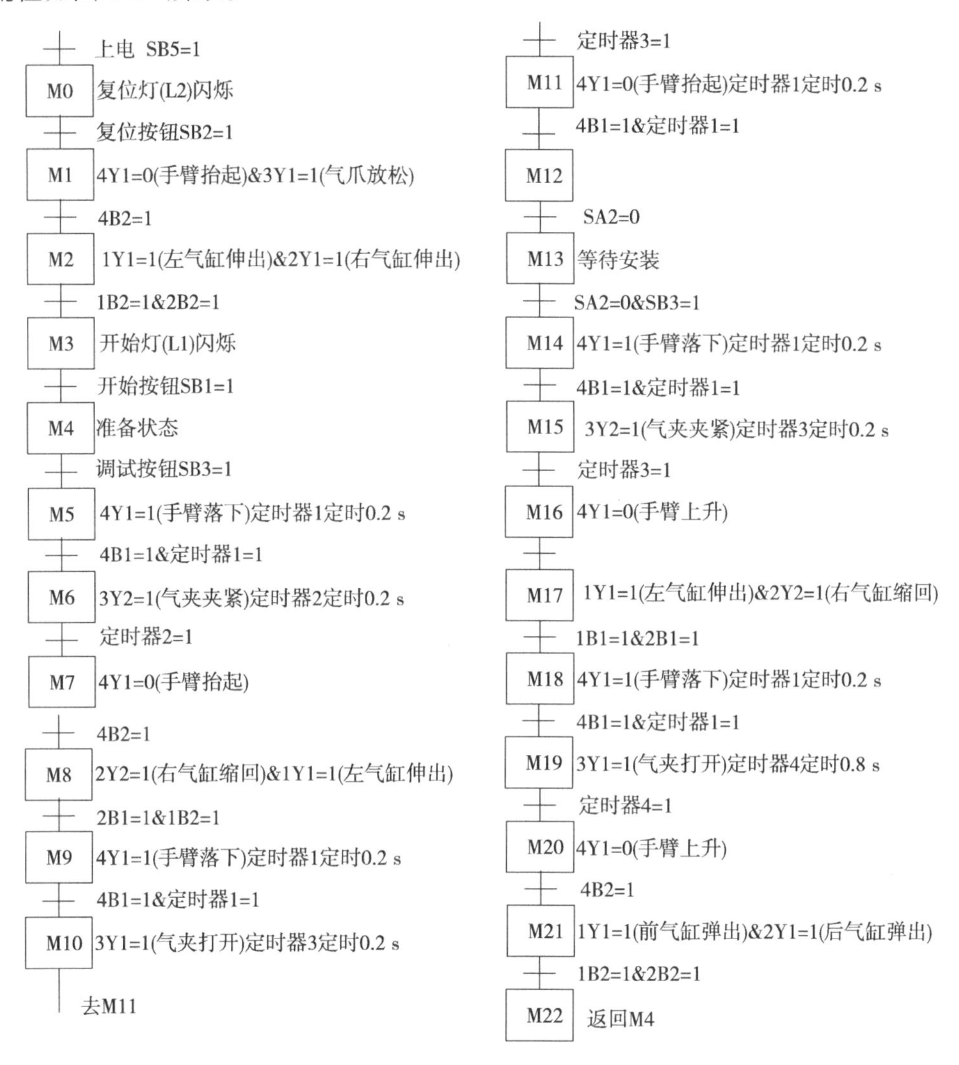

图 6-10　安装搬运站流程图

2. 程序的调试

将编写的程序认真检查后下载到 PLC，按照控制要求中的工作流程调试程序，使其满足控制要求。在编写、调试程序的过程中，进一步了解设备的调试方法和技巧，培养严谨的工作作风。

(1)下载程序前，必须保证气缸、传感器工作正常，认真检查程序，避免各执行机构的动作发生冲突。

(2)确认程序基本没有问题的方法是，将程序下载到 PLC，并运行程序。按照操作流程进行操作，仔细观察各执行机构的工作是否满足控制要求，如不能满足要求，分析原因并进行修改。

(3)在设备运行中，一旦发生异常情况，应及时采取措施，如急停切断执行机构的控制信号,切断气源和总电源,避免造成更大的损失。

(4)在设计各个动作时,要注意动作所需的条件,为保证每个动作顺利完成,可以在做每个动作时适当加上一些延时。

(5)总结调试经验,把调试中遇到的问题和解决方法记录下来,以便以后分析和解决类似问题。

项目 7　分类站的安装与调试

学习目标

□了解分类站的功能与结构组成；对照图纸熟悉各部件的位置及功能。

□掌握分类站的气动控制原理及传感器的工作原理。

□掌握步进电机的工作原理及其控制方法。

□学会分类站的安装与调试方法，并能够根据控制要求编写简单的控制程序。

□能够看懂分类站的各种图纸，查找步进电机及其控制的相关资料。

□能够读懂分类站的控制程序，学会排查故障的基本方法。

□培养安全意识和团结合作精神。

任务 7.1　分类站的认知

7.1.1　分类站的功能与结构组成

在工业生产加工的过程中，会对一些零部件或产品按照一定的规律进行分类存放或分拣。如立体仓库，主要由高货架、巷道式堆垛起重机、升降机、输送机等组成，可以对工件或物料进行分类存储。THWSPX-2A 型自动化生产线的分类站就具有工件完成装配后的入库分配功能。

分类站是整条生产线的最后环节，如图 7-1 所示，分类站主要由立体仓库、工件输送单元、导轨单元和控制系统组成。该站在自动化生产线中的主要功能是根据黑白、大小工件的 4 种不同组合，按照一定的规律将装配好的工件分别推入立体仓库的指定位置。

一、立体仓库

如图 7-1 所示，立体仓库由 16 个料仓组成，主要用来存放装配好的工件。

二、工件输送单元

如图 7-1 所示,工件输送单元包括接料台(推料槽)、推料气缸、磁性开关、步进电机、滚珠丝杠、限位开关、拖链等。其主要功能是将工件输送到指定料仓,然后由推料气缸将工件推入料仓。

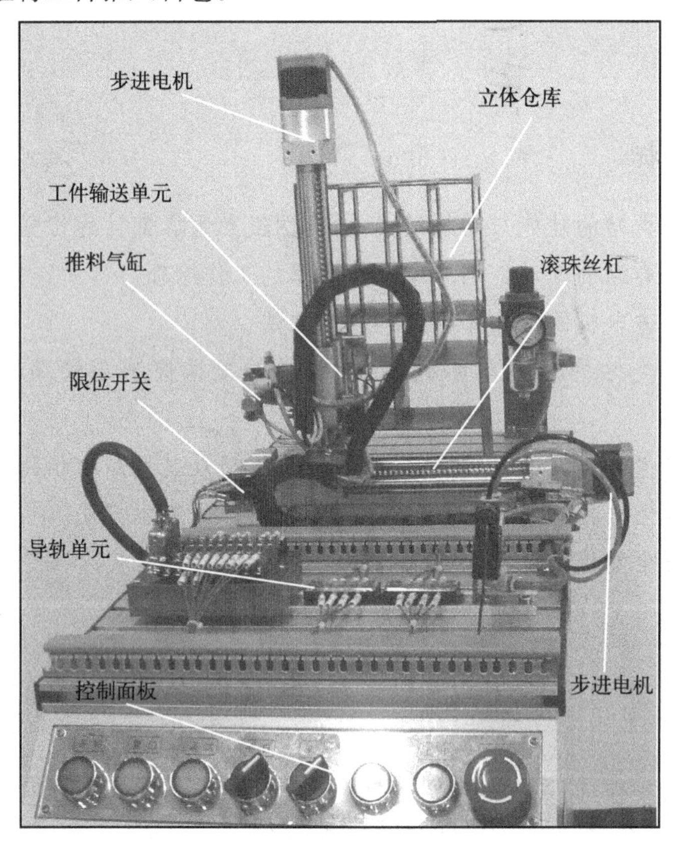

图 7-1 分类站的组成

X 轴和 Y 轴方向的运动由步进电机通过联轴器驱动滚珠丝杠来完成,为防止工件输送系统超过行程,分别在 X 轴和 Y 轴的运动行程中设置起极限保护作用的限位开关 SQ1～SQ4;为了能够在 X 轴和 Y 轴方向进行原点定位,还设置 2 个具有原点定位功能的限位开关 SQ5 和 SQ6。工件输送单元限位开关、推料气缸和磁性开关如图 7-2 所示。

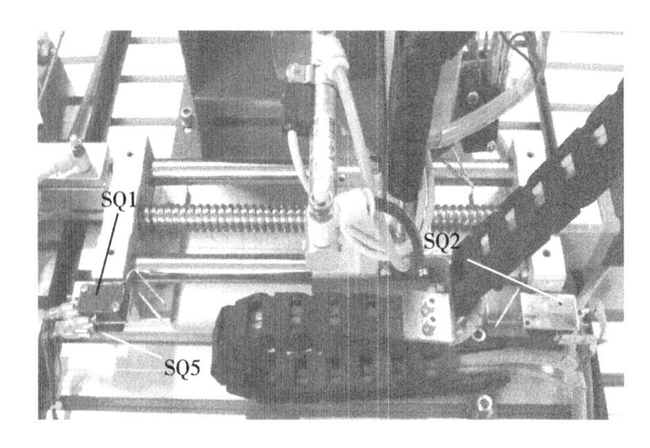

(a)X 轴限位开关

(b)Y 轴限位开关

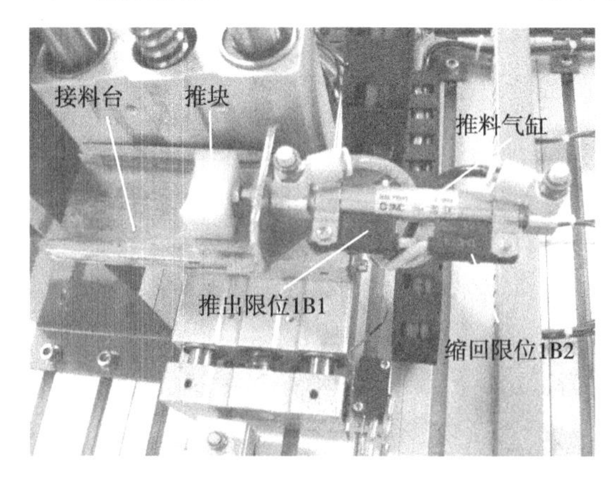

(c)推料装置

图 7-2　工件输送单元局部图

三、导轨单元

导轨单元的作用和前面几站基本一样，其结构如图 7-3 所示，由 I/O 接线板、步进电机接线排、单电控二位五通电磁阀等组成。

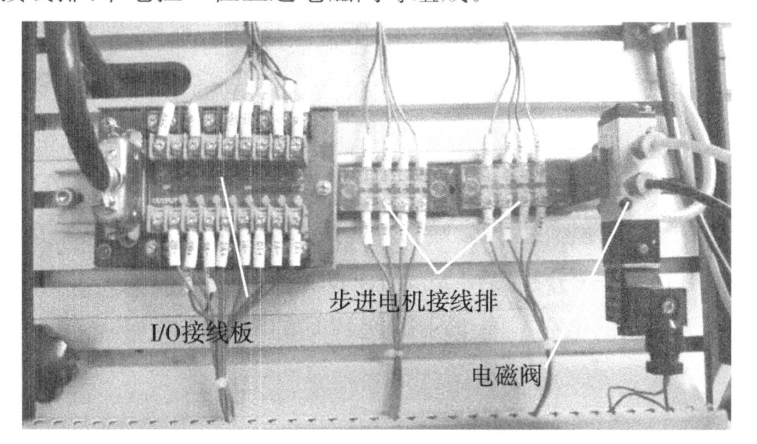

图 7-3　导轨单元

控制系统由 PLC、EM277、步进电机驱动器、电源控制单元等组成，控制板的结构在项目 1 中已经介绍，在此不再赘述。

7.1.2 分类站的气动控制系统

分类站的气动控制系统比较简单，主要由 1 个双作用推料气缸、2 个节流阀、2 个磁性开关和 1 个单电控二位五通阀组成，其气动回路如图 7-4 所示。当 1Y1 不通电时，气缸处于缩回状态；当 1Y1 通电时，气缸处于伸出状态，从而完成推料过程。

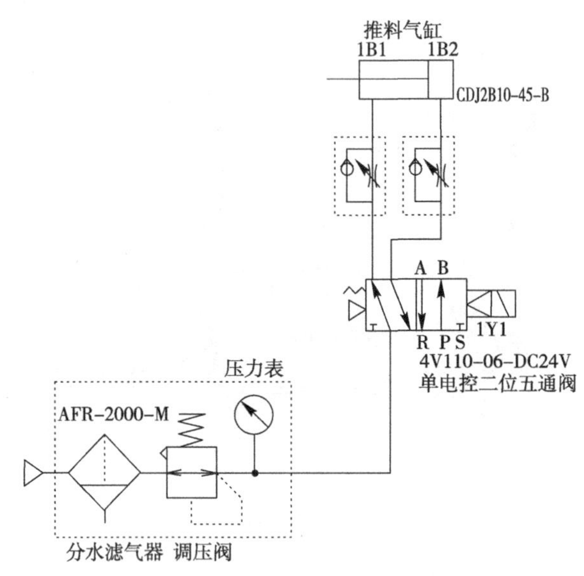

图 7-4 分类站气动控制回路

7.1.3 分类站的电气控制系统

分类站的电气控制系统主要用于对步进电机及推料气缸进行控制，其输入、输出接线图如图 7-5、图 7-6 所示，I/O 分配表见表 7-1。在图 7-5 中，SQ5、SQ6 接到 I0. 0、I0. 1，用于检测工件输送机构是否在 X、Y 方向的原点。1B1、1B2 是装在推料气缸上用于检测气缸伸缩的磁性开关，接在 PLC 的 I0. 3、I0. 4。PLC 的输出点 Q0. 0 和 Q0. 1 可以产生 X 轴和 Y 轴步进电机所需的脉冲，通过光电隔离 TLP521-4 分别接到 X、Y 方向步进驱动器的 PUL 端；Q0. 2、Q0. 3 产生步进电机的方向控制信号，通过光电隔离 TLP521-4 分别接到 X、Y 方向步进驱动器的 DIR 端。控制推料气缸的单电控二位五通阀的电磁线圈 1Y1 接到 PLC 的 Q0. 4。

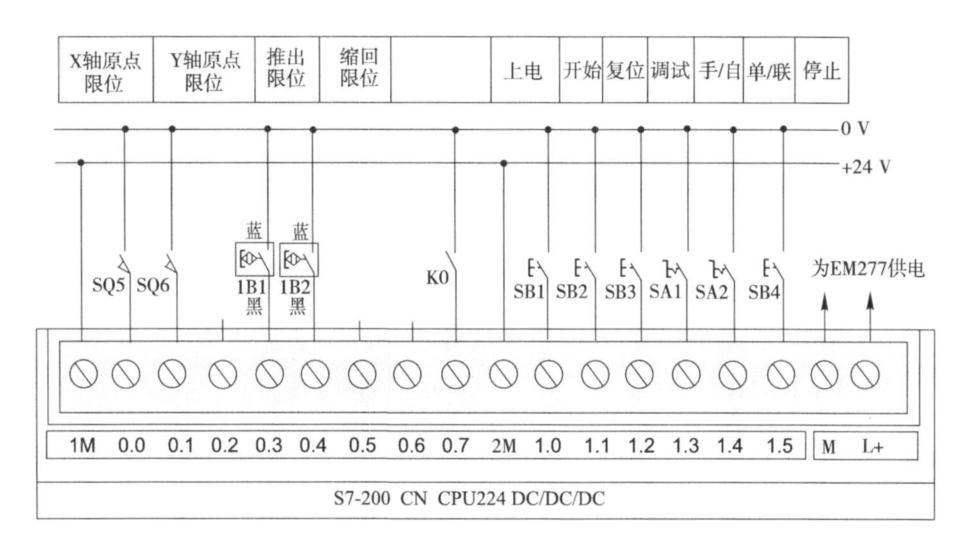

图 7-5　分类站 PLC 输入端接线图

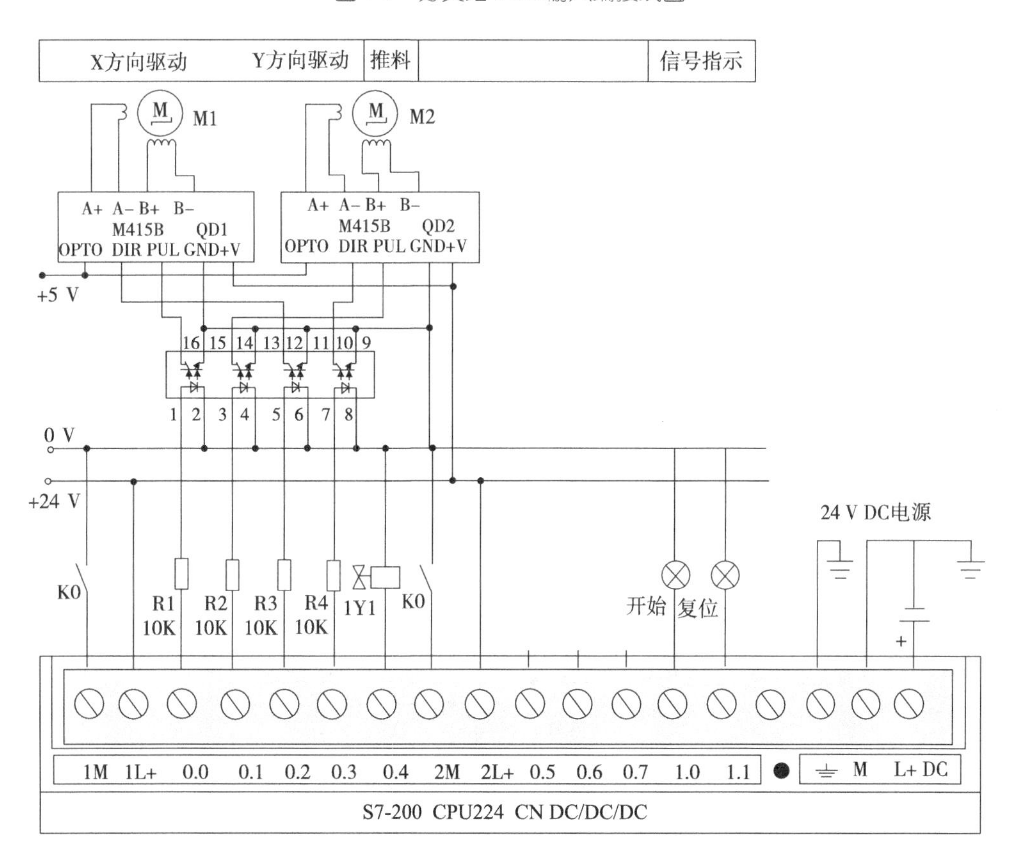

图 7-6　分类站 PLC 输出端接线图

表 7-1　分类站 I/O 分配表

分类站			
输入端		输出端	
I0.0	X 轴原点限位 SQ5	Q0.0	X 轴步进电机
I0.1	Y 轴原点限位 SQ6	Q0.1	Y 轴步进电机
I0.3	推出限位 1B1	Q0.2	X 反向驱动
I0.4	缩回限位 1B2	Q0.3	Y 反向驱动
I0.7	上电 K0(SB5)	Q0.4	物料推出 1Y1
I1.0	开始 SB1	Q1.0	开始灯
I1.1	复位 SB2	Q1.1	复位灯
I1.2	调试 SB3		
I1.3	手动/自动 SA1		
I1.4	单机/联机 SA2		
I1.5	停止 SB4		

分类站与前面 5 站相比,主要区别如下:

(1)在控制板上增加了 X、Y 方向的步进电机驱动器 M415B,用于驱动 X、Y 方向的步进电机。

(2)采用 S7-200 CPU224 DC/DC/DC PLC,它的 Q0.0、Q0.1 为晶体管输出模式,用于发送步进电机所需的脉冲串。

(3)系统上电控制部分把 X、Y 方向起极限保护作用的限位开关 SQ1～SQ4 依次串联起来,当某方向运动超过极限时,可以切断提供给 PLC 的直流 24 V 电源,如图 7-7 所示。

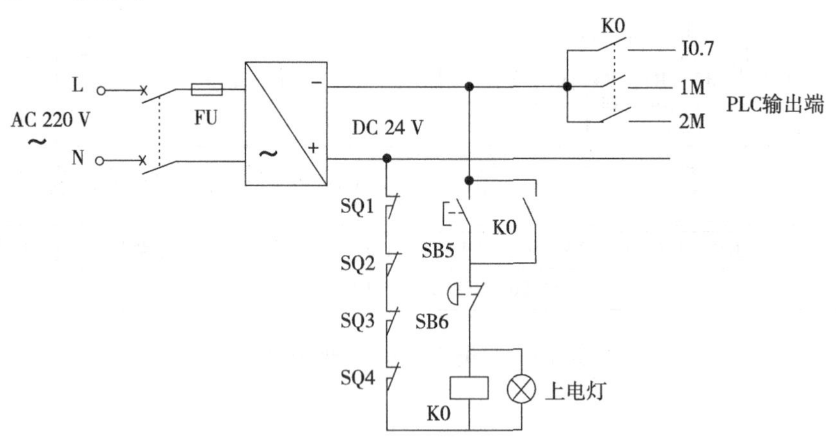

图 7-7　分类站系统上电部分控制电路

7.1.4　分类站认知工作任务及实践

(1)查阅相关资料,了解工业生产中工件或产品的各种分类存储设备的结构、工作原理和所用技术,要求编写一份调查报告。

(2)仔细观察分类站,了解各个部件、元件的位置、名称及功能,并列表记录元部件的名称、型号及数量。

(3)按照气路图、电路原理图,对分类站的气动和电路系统进行研究。了解图上符号与实物的对应关系以及气动系统和电气控制的基本工作原理。

(4)利用所给的工量具测绘工件输送系统,要求利用 AutoCAD 绘制测绘部件的图纸。

任务 7.2　步进电机及其控制

7.2.1　步进电机驱动系统组成

步进式伺服驱动系统是典型的开环控制系统。在此系统中,执行元件是步进电机。它受驱动控制线路的控制,将代表进给脉冲的电平信号直接变换为具有一定方向、大小和速度的机械转角位移,并通过齿轮和丝杠带动工作台移动。虽然该系统没有反馈检测环节,精度较差,速度也受到步进电机性能的限制,但其结构和控制过程简单,容易调整,故在速度和精度要求不太高的场合具有一定的使用价值。

如图 7-8 所示,步进驱动系统由控制器、步进驱动器、步进电机及机构组成。控制器一般可以是 PLC、单片机、位置控制模块等,用于产生步进电机所需的脉冲和方向信号。步进驱动器主要用于对控制器送来的脉冲和方向信号进行放大和分配,以驱动步进电机。步进电机按照步进驱动器分配的信号驱动设备工作。

图 7-8　步进驱动系统的组成

7.2.2 认识步进电机及驱动器

一、步进电机

1. 步进电机简介

步进电机是将电脉冲信号转换为相应的角位移或直线位移的一种特殊执行电机。每输入一个电脉冲信号,电机就转动一个角度,由于它的运动形式是步进式的,所以称为“步进电机”。

2. 步进电机的结构

步进电机的结构如图7-9所示,主要由转子和定子组成。其中,定子又分为定子铁心和定子绕组。定子铁心由硅钢片叠压而成。定子绕组是绕置在定子铁心6个均匀分布的齿上的线圈,在直径方向上,相对的两个齿上的线圈串联在一起,构成一相控制绕组。转子上有均匀分布的齿。

图7-9 步进电机结构

3. 步进电机工作原理

步进电机的工作原理实际上是电磁铁的作用原理。当某相定子励磁后,便吸引转子,转子的齿与该相定子磁极上的齿对齐,转子转动一个角度,换一相得电时,转子又转过一个角度,每相如此不停地轮流通电,转子不停地转动。

(1)步进电机整步(FULL)工作原理。在图7-10(a)～(d)中,当A相绕组通直流电流时,会在A+A−方向上产生一磁场,在磁场电磁力的作用下吸引转子,使转子的齿与定子A+A−磁极上的齿对齐。若A相断电,B相通电,这时新磁场的电磁力又吸引转子的两极与B+B−磁极齿对齐,转子沿顺时针转过90°,如图7-10(b)所示。如果使AB相绕组按照A+A−→B+B−→A−A+→B−B+……的顺序不断地通断电,步进电机的转子便不停地顺时针转动,经过4个脉冲后,电机转动1圈。若通电顺序改为B+B−→A+A−→B−B+→A−A+……步进电机的转子将逆时针不停地转动。步进电机绕组的通断电状态每改变一次,其转子转过的角度α称为“步距角”,此时步距角为90°,为两相四拍工作方式。

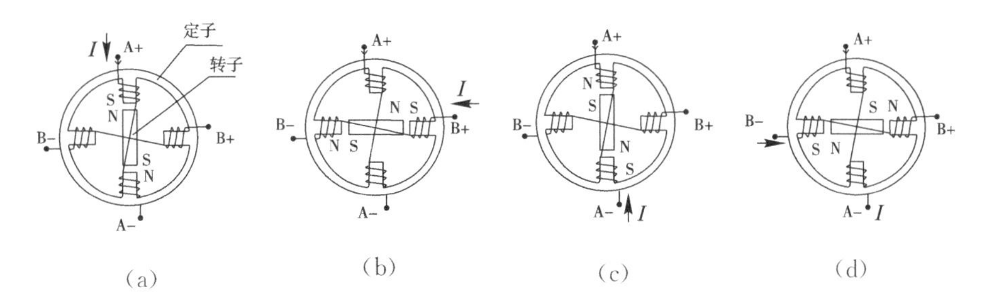

图 7-10　步进电机整步工作原理

(2)步进电机半步(HALF)工作原理。如果按照 A+A−→(A+A−)(B+B)−→B+B−→(B+B−)(A−A+)→A−A+→(A−A+)(B−B+)→B−B+→(B−B+)(A+A−)依次通电，步进电机会在每个通电状态下顺时针转过 45°，上述通电步骤的前四步转子转动情况如图 7-11(a)～(h)所示。经过 8 个脉冲后电机转 1 周，步距角为整步时的一半，为两相八拍工作方式。

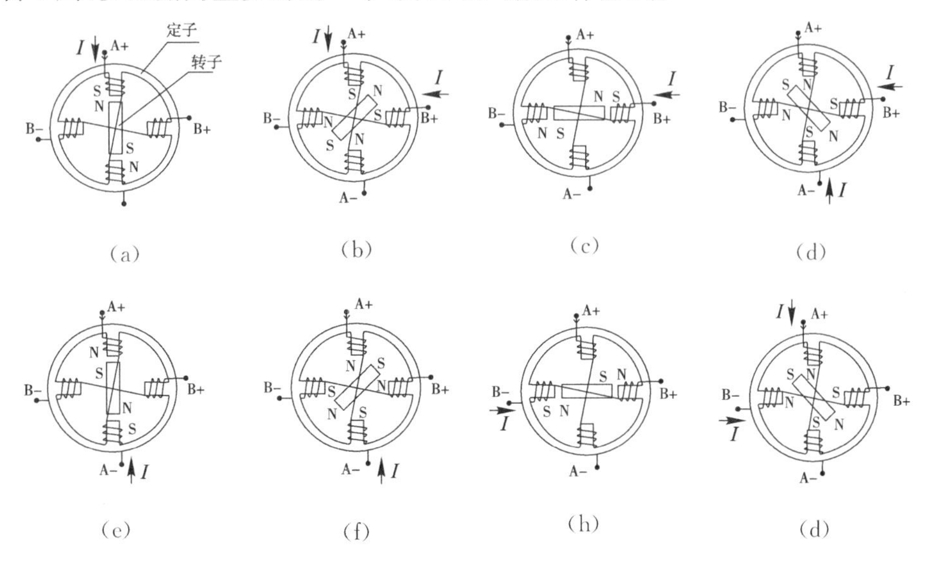

图 7-11　步进电机半步工作原理

通过上述描述，可以得知：

①步进电机定子绕组的通电状态每改变一次，其转子便转过一个确定的角度，即步进电机的步距角 α；步进电机步距角 α 与定子绕组的相数 m、转子的齿数 z、通电方式 k 有关，可用下式表示：

$$\alpha=\frac{360^\circ}{mzk}$$

式中，m 相 m 拍时，$k=1$；m 相 $2m$ 拍时，$k=2$；依此类推。

②改变步进电机定子绕组的通电顺序后，转子的旋转方向随之改变。

③步进电机定子绕组通电状态的改变速度越快，其转子旋转的速度越快，即通电状态的变化频率越高，转子的转速越高。

本单元的步进电机为 JNT 牌 42J1834-810 型 DC 1 A,4.6 Ω 步进电机,整步方式下步距角为 1.8°,电机转 1 周需要 200 个脉冲。

4. 步进电机的主要特性

(1)步距角。步进电机的步距角是步进电机定子绕组的通电状态每改变一次转子所转过的角度。它是决定步进伺服系统脉冲当量的重要参数。步距角越小,数控机床的控制精度越高。

(2)矩角特性、最大静态转矩 M_{jmax} 和启动转矩 M_q。矩角特性是步进电机的一个重要特性,是指步进电机产生的静态转矩与失调角的变化规律。

(3)启动频率 f_q。空载时,步进电机由静止突然启动,并进入不丢步的正常运行所允许的最高频率,称为“启动频率”或“突跳频率”。若启动时频率大于突跳频率,步进电机就不能正常启动。空载启动时,步进电机定子绕组通电状态变化的频率不能高于其突跳频率。

(4)连续运行的最高工作频率 f_{max}。步进电机连续运行时,它所能接受的即保证不丢步运行的极限频率,称为“最高工作频率”。f_{max}是决定定子绕组通电状态最高变化频率的参数,决定了步进电机的最高转速。

(5)加减速特性。步进电机的加减速特性是描述步进电机由静止到工作频率和由工作频率到静止的加减速过程中,定子绕组通电状态的变化频率与时间的关系。当要求步进电机启动到大于突跳频率的工作频率时,变化速度必须逐渐上升;同样,从最高工作频率或高于突跳频率的工作频率停止时,变化速度必须逐渐下降。逐渐上升和下降的加速时间、减速时间不能过小,否则会出现失步或超步。一般用加速时间常数 T_a 和减速时间常数 T_d 来描述步进电机的升速和降速特性。

5. 步进电机的选择及使用

(1)步进电机的选择。

①判断需要的力矩。静扭矩是选择步进电机的主要参数之一。负载大时,需采用大力矩电机。力矩指标大时,电机外形也大。

②判断电机运转速度。转速要求高时,应选择相电流较大的电机,以增加功率输入,且在选择驱动器时采用较高供电电压。

③选择电机的安装规格。常见的电机安装规格有 57、86、110 等,主要与力矩要求有关。

④确定定位精度和振动方面的要求情况。判断是否需要细分,需要多少细分。

(2)步进电机的使用。使用步进电机时,一是要注意正确安装,二是要注意正确接线。必须严格按照产品说明书的要求安装步进电机。步进电机是一种精密装置,安装时不要敲打它的轴端,更不要拆卸电机。

控制步进电机运行时，应注意防止步进电机运行中失步。步进电机失步包括丢步和越步。丢步时，转子前进的步数小于脉冲数；越步时，转子前进的步数大于脉冲数。丢步严重时，将使转子停留在一个位置上或围绕一个位置振动；越步严重时，设备将发生过冲。

由于电机绕组本身是感性负载，输入频率越高，励磁电流就越小。频率高时，磁通量变化加剧，涡流损失将加大。因此，输入频率增高，输出力矩降低。最高工作频率的输出力矩只能达到低频转矩的 40%～50%。进行高速定位控制时，如果指定频率过高，会出现丢步现象。

此外，如果机械部件调整不当，会使机械负载增大。步进电机不能过负载运行，哪怕是瞬间，都会造成失步，严重时造成停转或不规则原地反复振动。

二、步进驱动器

1. 步进驱动器的组成

步进驱动器是步进系统中的核心组件之一。它按照控制器发来的脉冲/方向指令（弱电信号）对电机线圈电流（强电）进行控制，从而控制电机转轴的位置和速度。

步进电机由指令脉冲控制进行工作，脉冲频率对应转速，脉冲数对应转角。那么，根据步进电机的工作原理，脉冲指令要实现对步进电机运转的控制，必须解决 2 个问题：将指令脉冲按通电状态相序的要求进行分配，变脉冲串为各相通电状态串；为脉冲进行功率放大提供足够的驱动电流。

解决这 2 个问题主要是由步进电机的驱动电路实现的，驱动电路主要包括环行脉冲分配器和功率放大器，如图 7-12 所示。

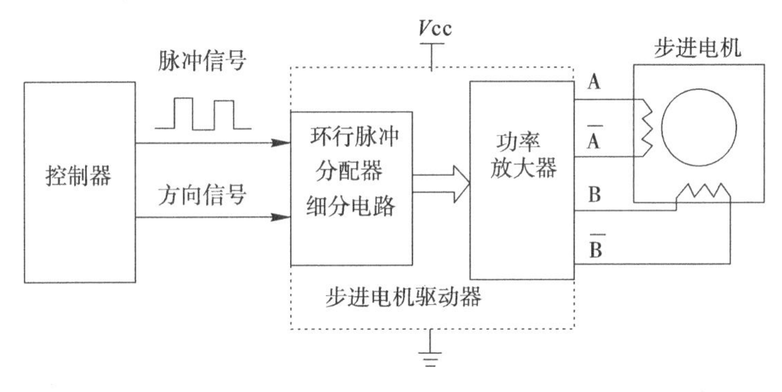

图 7-12　步进电机驱动器

(1)环行脉冲分配器。环行脉冲分配器用于控制步进电机的通电运行方式，其作用是把控制器送来的一串指令脉冲按一定的顺序和分配方式，控制各相绕组的通断电。由于步进电机的工作原理是各相绕组必须按照一定的顺序通电变化才能正常工作，所以完成这种通电顺序变化规律的部件称为“环形脉冲发生器”。

环形分配器有硬环行分配器和软环行分配器 2 种。硬环行分配器由专用集成芯片或通用可编程逻辑器件组成,如 CH250 三相步进电机环配芯片;软环行分配器由软件实现环行分配器的功能。

(2)功率放大器。功率放大器用于放大脉冲功率。因为环形脉冲分配器能够输出的电流很小(毫安级),而步进电机工作时需要的电流较大,所以需要进行功率放大。此外,输出的脉冲波形、幅度、波形前沿陡度等因素对步进电机运行性能有重要的影响。

从步进电机的转动原理可以看出,要使步进电机正常运行,必须按规律控制步进电机的每一相绕组得电。步进驱动器接收的外部信号是方向信号(DIR)和脉冲信号(CP)。另外,因为步进电机在停止时,通常有一相得电,电机的转子被锁住,所以当需要转子松开时,可以使用脱机信号(FREE)。

2. 步进驱动器工作模式

步进驱动器有 3 种基本的步进电机驱动模式:整步驱动、半步驱动和细分驱动。其主要区别在于电机线圈电流的控制精度(即激磁方式)。

(1)整步驱动。在整步运行中,步进驱动器按脉冲/方向指令对两相步进电机的两个线圈循环激磁(即将线圈充电设定电流),这种驱动方式的每个脉冲将使电机移动一个基本步距角,即 1.80°(标准两相电机的一圈共有 200 个步距角)。

(2)半步驱动。在单相激磁时,电机转轴停至整步位置上,驱动器收到下一脉冲后,如给另一相激磁且保持原来相继续处在激磁状态,则电机转轴将移动半个步距角,停在相邻两个整步位置的中间。如此循环地对两相线圈进行单相激磁,然后双相激磁步进电机将以每个脉冲 0.9°的半步方式转动。和整步方式相比,半步方式具有精度高 1 倍和低速运行时振动较小的优点,因此,实际使用整步/半步驱动器时一般选用半步模式。

(3)细分驱动。细分驱动模式具有低速振动极小和定位精度高两大优点。对于有时需要低速运行(即电机转轴有时工作在 60 r/min 以下)或定位精度要求小于 0.90°的步进应用中,细分驱动器获得广泛应用。其基本原理是对电机的两个线圈分别按正弦形和余弦形的台阶进行精密电流控制,从而使一个步距角的距离分成若干个细分步完成。例如,十六细分的驱动方式可使每圈 200 标准步的步进电机达到每圈 200×16=3200 步的运行精度(即0.1125°),如图 7-13 所示。

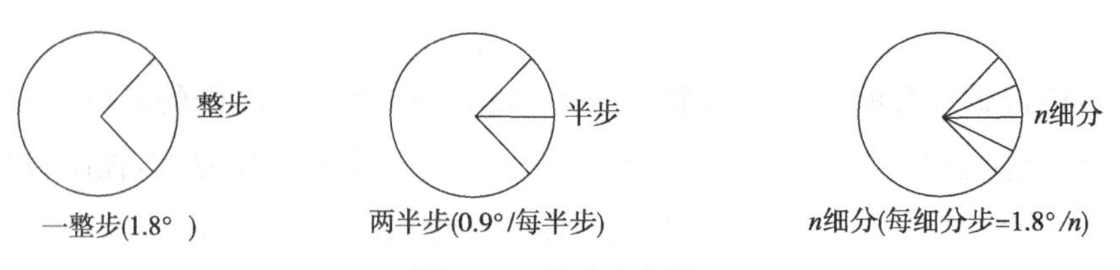

图 7-13 细分示意图

细分驱动方式不仅可以减小步进电机的步距角，提高分辨率，而且可以减少或消除低频振动，使电机运行更加平稳均匀。

3. 设置细分时的注意事项

（1）一般情况下，细分数不能设置过大，因为在控制脉冲频率不变的情况下，细分越大，电机的转速越慢，而且电机的输出力矩会减小。

（2）驱动步进电机的脉冲频率不能太高，一般不超过 2000 Hz，否则，电机输出的力矩会迅速减小。

4. 驱动器的选型原则

（1）驱动器的电流。电流可判断驱动器能力的大小，是选择驱动器的重要指标之一，通常驱动器的最大电流要略大于电机标称电流。驱动器的电流一般有 2.0 A、3.5 A、6.0 A、8.0 A等规格。

（2）驱动器供电电压。供电电压是判断驱动器升速能力的标志，常规电压供给有 DC 24 V、DC 40 V、DC 80 V、AC 110 V 等。

（3）驱动器的细分。细分是控制精度的标志，通过增大细分能改善精度。细分能增加电机平稳性，通常步进电机都有低频振动的特点，通过增大细分可以对振动进行改善，使电机运行更加平稳。

5. 分类站的步进驱动器 M415B 及其设置

THSPWX-2A 型自动化生产线的分类站所使用的步进驱动器为 M415B，它采用先进的双极恒流斩波技术，适合驱动任何中小型 1.5 A 相电流以下两相或四相混合式步进电机。

整步/半步、细分的设置由驱动器拨码开关的拨位进行选择，输出电流及细分的设置见表 7-2。

表 7-2　步进电机驱动器的输出电流及细分设置表

输出电流设置				细分设置			
输出电流	SW1	SW2	SW3	细分数	SW4	SW5	SW6
0.21 A	OFF	ON	ON	1	ON	ON	ON
0.42 A	ON	OFF	ON	2	OFF	ON	ON
0.63 A	OFF	OFF	ON	4	ON	OFF	ON
0.84 A	ON	ON	OFF	8	OFF	OFF	ON
1.05 A	OFF	ON	OFF	16	ON	ON	OFF
1.26 A	ON	OFF	OFF	32	OFF	ON	OFF
1.50 A	OFF	OFF	OFF	64	ON	OFF	OFF

本单元的步进电机参数为DC 1 A、4. 6 Ω 步进电机。通过设置步进驱动器的拨码开关,使其输出相电流为 1. 05 A,细分数为 4,拨码开关的设置及实物如图7-14所示。本站中滚珠丝杠的导程为 5 mm,整步方式下步距角为 1. 8°。在没有设置细分时,步距角为 1. 8°,即 200 个脉冲/转;设置成 4 细分后,则是 800 个脉冲/转,相当于一个导程需要 800 个脉冲。图 7-14 中的各接线端子含义见表 7-3。步进电机、步进驱动器及控制器之间的连接关系如图 7-15 所示。

图 7-14　M415B 步进驱动器及开关设置

表 7-3　M415B 步进驱动器接线端子含义

接线端子	功能
PUL	脉冲信号:上升沿有效,每当脉冲由低变高时,步进电机走一步
DIR	方向信号:用于改变电动机的转向,TTL 电平驱动
OPTO	光耦驱动电源
ENA	使能信号:禁止或允许驱动器工作,低电平禁止
GND	直流电源地
+V	直流电源正极,典型值+24 V
A+	电机 A 相
A−	电机 A 相
B+	电机 B 相
B−	电机 B 相

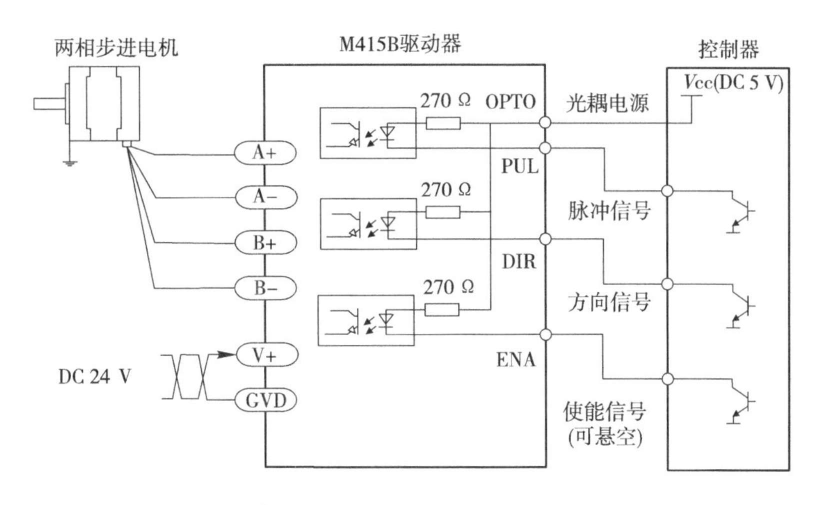

图 7-15　步进电机、步进驱动器及控制器之间的连接关系

7.2.3　S7-200 PLC 控制步进电机

一、S7-200 PLC 脉冲输出简介

晶体管输出类型的 S7-200 PLC 的 CPU 可以提供 2 个高速脉冲输出点，分别为 Q0.0 和 Q0.1，这 2 个输出点可以在高速脉冲串(PTO)或脉宽调制(PWM)状态下工作。当 Q0.0 或 Q0.1 被设定为 PTO 或 PWM 功能时，其他操作均失效。不使用 PTO/PWM 发生器时，Q0.0 或 Q0.1 作为普通输出端子使用。通常在启动 PTO 或 PWM 操作之前，用复位 R 指令将 Q0.0 或 Q0.1 清零。

PTO 可以输出一串脉冲，用户可以控制脉冲的周期和个数。PWM 可以连续输出一串占空比可调的脉冲，用户可以控制脉冲的周期和脉宽(占空比)。

注意：只有晶体管输出型的 PLC 能够支持高速脉冲输出功能。本站所用 PLC 为 CPU224 DC/DC/DC。

二、S7-200 PLC 高速脉冲串(PTO)

在本项目中只讨论 PTO 输出的功能。如图 7-16 所示，当输出为 PTO 操作时，生成一个 50%占空比脉冲串，用于步进电机或伺服电机的速度和位置的开环控制。

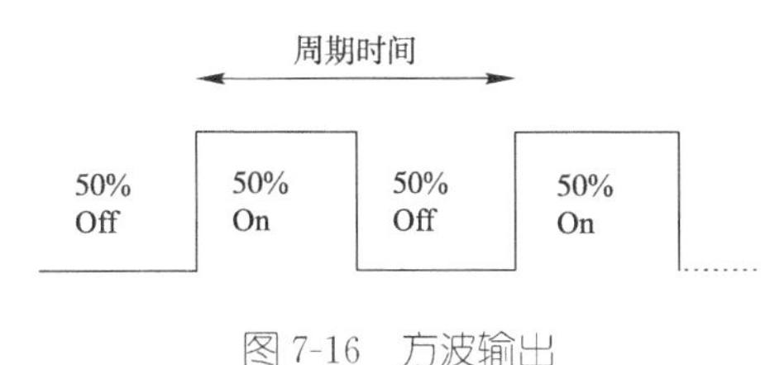

图 7-16　方波输出

PTO输出脉冲的个数在1和4294967295范围内可调;输出脉冲的周期以μs或ms为增量单位,变化范围为10～65535 μs或2～65535 ms。如果要控制输出脉冲的频率,须将频率换算成周期,为保证占空比为50%,周期一般设定为偶数。

内置PTO提供了脉冲串输出,脉冲周期和数量可由用户控制。允许多个脉冲串排队输出,从而形成流水线。流水线分为单段管(流水)线和多段管(流水)线2种。

1. 单段管(流水)线

每次用特殊寄存器设定规格后,输出一个脉冲串。单段管线支持排队。可以在发送当前脉冲串时,为下一脉冲串重新定义特殊寄存器。队列中只能有一个脉冲在等待。

2. 多段管(流水)线

在PLC的变量存储区V建立一个包络表(包络表Profile是一个预先定义的横坐标为位置、纵坐标为速度的曲线,是运动的图形描述)。包络表存放每个脉冲串的参数,执行PLS指令时,S7-200 PLC按包络表中的顺序及参数自动进行脉冲串输出。包络表中每段脉冲串的参数占用8个字节,由1个16位周期值(2字节)、1个16位周期增量值Δ(2字节)和1个32位脉冲计数值(4字节)组成。表7-4所示为多段流水线的包络表,表中每段的周期增量Δ可由下式获得。

段周期增量Δ=|段终止周期－段初始周期|/脉冲数量

表7-4 多段流水线的包络表

从包络表起始地址的字节偏移	段	说明
VBn		总段数(1～255);数值0产生非致命错误,无PTO输出
VBn+1	段1	初始周期(2～65535个时基单位)
VBn+3		每个脉冲的周期增量Δ(符号整数:－32768～32767个时基单位)
VBn+5		脉冲数(1～4294967295)
VBn+9	段2	初始周期(2～65535个时基单位)
VBn+11		每个脉冲的周期增量Δ(符号整数:－32768～32767个时基单位)
VBn+13		脉冲数(1～4294967295)
VBn+17	段3	初始周期(2～65535个时基单位)
VBn+19		每个脉冲的周期增量值Δ(符号整数:－32768～32767个时基单位)
VBn+21		脉冲数(1～4294967295)

三、Q0.0 和 Q0.1 功能的控制

Q0.0 和 Q0.1 输出端子的高速输出功能通过对 PTO/PWM 寄存器的不同设置来实现。PTO/PWM 寄存器由 SM66～SM85 特殊存储器组成，它们的作用是监视和控制脉冲输出(PTO)和脉宽调制(PWM)。各寄存器的字节值和位值的意义见表 7-5。

表 7-5　PTO/PWM 寄存器各字节值和位值的意义

Q0.0	Q0.1	说明	寄存器名
SM66.4	SM76.4	PTO 包络由于增量计算错误异而常终止 0:无错;1:异常终止	脉冲串输出状态寄存器
SM66.5	SM76.5	PTO 包络由于用户命令异常而终止 0:无错;1:异常终止	
SM66.6	SM76.6	PTO 流水线溢出　0:无溢出;1:溢出	
SM66.7	SM76.7	PTO 空闲　0:运行中;1:PTO 空闲	
SM67.0	SM77.0	PTO/PWM 刷新周期值　0:不刷新;1:刷新	PTO/PWM 输出控制寄存器
SM67.1	SM77.1	PWM 刷新脉冲宽度值　0:不刷新; 1:刷新	
SM67.2	SM77.2	PTO 刷新脉冲计数值　0:不刷新; 1:刷新	
SM67.3	SM77.3	PTO/PWM 时基选择　0:1 μs;1:1 ms	
SM67.4	SM77.4	PWM 更新方法　0:异步更新; 1:同步更新	
SM67.5	SM77.5	PTO 操作　0:单段操作; 1:多段操作	
SM67.6	SM77.6	PTO/PWM 模式选择　0:选择 PTO;1:选择 PWM	
SM67.7	SM77.7	PTO/PWM 允许　0:禁止;1:允许	
SMW68	SMW78	PTO/PWM 周期时间值(范围:2～65535)	周期值设定寄存器
SMW70	SMW80	PWM 脉冲宽度值(范围:0～65535)	脉宽值设定寄存器
SMD72	SMD82	PTO 脉冲计数值(范围:1～4294967295)	脉冲计数值设定寄存器
SMB166	SMB176	段号(仅用于多段 PTO 操作),多段流水线 PTO 运行中的段的编号	多段 PTO 操作寄存器
SMW168	SMW178	包络表起始位置,用距离 V0 的字节偏移量表示(仅用于多段 PTO 操作)	

根据表 7-5 可得到控制字节取值快速参考表 7-6。如果在设置单段 PTO 脉冲时只装入周期值，就可以取值 16#81；需要同时装入周期和脉冲数时，就可以取值 16#85。

表 7-6 控制字节取值快速参考表

控制寄存器(16 进制)	执行 PLS 指令结果							
	允许	模式	PTO 段操作	PWM 更新方法	时基	脉冲数	脉冲宽度	周期
16#81	是	PTO	单段		1 μs/循环			载入
16#84	是	PTO	单段		1 μs/循环	载入		
16#85	是	PTO	单段		1 μs/循环	载入		载入
16#89	是	PTO	单段		1 ms/循环			载入
16#8C	是	PTO	单段		1 ms/循环	载入		
16#8D	是	PTO	单段		1 ms/循环	载入		载入
16#A0	是	PTO	多段		1 μs/循环			
16#A8	是	PTO	多段		1 ms/循环			
16#D1	是	PWM		同步	1 μs/循环			载入
16#D2	是	PWM		同步	1 μs/循环		载入	
16#D3	是	PWM		同步	1 μs/循环		载入	载入
16#D9	是	PWM		同步	1 ms/循环			载入
16#DA	是	PWM		同步	1 ms/循环		载入	
16#DB	是	PWM		同步	1 ms/循环		载入	载入

四、高速脉冲输出指令

高速脉冲串输出 PTO 和脉宽调制输出 PWM 都由 PLS 指令来激活，指令的梯形图如图 7-17 所示。其功能是：当使能端输入有效时，PLC 首先检测为脉冲输出位(X)设置的特殊存储器位，然后激活由特殊存储器位定义的脉冲操作。

在图中操作数???? 指定脉冲输出端子，0 为 Q0.0 输出，1 为 Q0.1 输出；高速脉冲串输出 PTO 可采用中断方式进行控制，而脉宽调制输出 PWM 只能由指令 PLS 来激活。

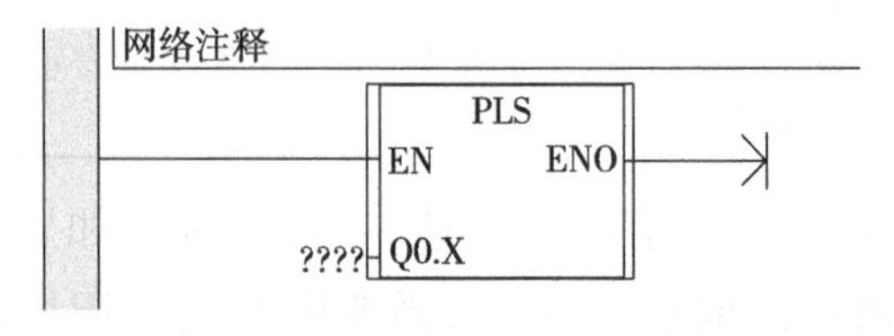

图 7-17 PLS 指令格式

五、PTO 编程

1. PTO 编程步骤

(1)对于单段管(流水)线的 PTO 编程步骤。从主程序对初始化子程序调用后,用以下步骤建立控制逻辑,用于在初始化子程序中配置脉冲输出 Q0.0。

①采用将 16＃85(选择微秒增加)或 16＃8D(选择毫秒增加)载入 SMB67 的方法配置控制字节。

②两个值均可启用 PTO/PWM 功能、选择 PWM 操作、设置更新脉宽和周期值以及选择时基为微秒或毫秒,在 SMW68 中载入一个周期值。

③在 SMD72 中载入脉冲计数值。

④如果希望在脉冲串输出完成后立即执行相关功能,可以将脉冲串完成事件(中断类别 19)附加于中断子程序,为中断编程,使用 ATCH 指令执行全局中断启用指令 ENI。

⑤执行 PLS 指令,使 S7-200 为 PTO/PWM 发生器编程。

⑥退出子程序。

(2)对于多段管(流水)线的 PTO 编程步骤。从主程序建立对初始化例行程序的调用后,用以下步骤建立控制逻辑,用于在初始化子程序中配置脉冲输出 Q0.0。使用首次扫描内存位(SM0.1)将输出初始化为 0,并调用所需的子程序,执行初始化操作。

①采用将 16＃A0(选择微秒增加)或 16＃A8(选择毫秒增加)载入 SMB67 的方法配置控制字节。两个数值均可启用 PTO/PWM 功能、选择 PTO 操作、选择多段操作以及选择时基为微秒或毫秒。

②在 SMW168 中载入一个值,用作包络表起始 V 内存偏移量。

③使用 V 内存在轮廓表中设置段值。确保“段数”域(表的第一个字节)正确无误。

④如果希望在 PTO 轮廓完成后立即执行相关功能,可以将脉冲串完成事件(中断类别 19)附加在中断子程序中,为中断编程,使用 ATCH 执行全局中断启用指令 ENI。

⑤执行 PLS 指令,使 S7-200 为 PTO/PWM 发生器编程。

⑥退出子程序。

2. PTO 指令编程举例

通过 I0.0 上升沿调用子程序 0 设置 PTO 操作,通过脉冲串输出完成中断程序 0 来改变脉冲周期,通过 I0.1 上升沿禁止中断停止脉冲串输出,对应的梯形图主程序、初始化子程序、中断程序如图 7-18、图 7-19 及图 7-20 所示。

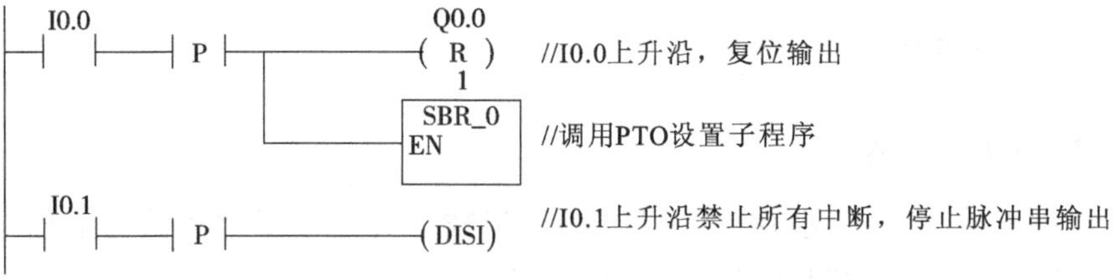

I0.0 P Q0.0 (R) 1 //I0.0上升沿，复位输出

SBR_0 EN //调用PTO设置子程序

I0.1 P (DISI) //I0.1上升沿禁止所有中断，停止脉冲串输出

图 7-18　PTO 脉冲串输出主程序

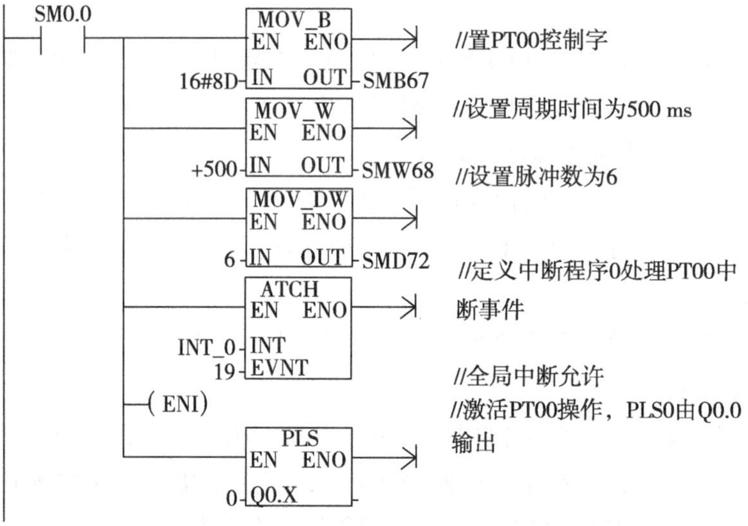

SM0.0

MOV_B EN ENO 16#8D-IN OUT-SMB67 //置PT00控制字

MOV_W EN ENO +500-IN OUT-SMW68 //设置周期时间为500 ms

MOV_DW EN ENO 6-IN OUT-SMD72 //设置脉冲数为6

ATCH EN ENO INT_0-INT 19-EVNT //定义中断程序0处理PT00中断事件

(ENI) //全局中断允许

PLS EN ENO 0-Q0.X //激活PT00操作，PLS0由Q0.0输出

图 7-19　PTO 脉冲串输出初始化子程序

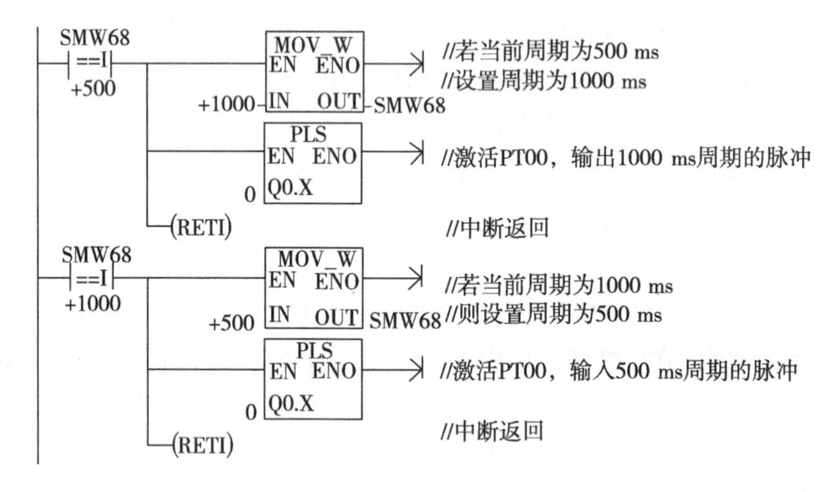

图 7-20　改变 PTO 脉冲串周期的中断程序

关于 PTO 指令的详细说明见 S7-200 系统手册。

六、利用位控向导组态 PTO 需要提供的基本信息

S7-200 PLC 高速脉冲的输出还可以借助 STEP 7-Micro/WIN 软件提供的位控向导组态 PTO 输出，在组态时需要用户提供如下基本信息。

1. 最大速度(MAX_SPEED)和启动/停止速度(SS_SPEED)

图 7-21 所示为最大速度和启动/停止速度示意图。MAX_SPEED 是允许的操作速度的最大值，它应在电机力矩能力的范围内。驱动负载所需的力矩由摩擦力、惯性以及加速/减速时间决定。

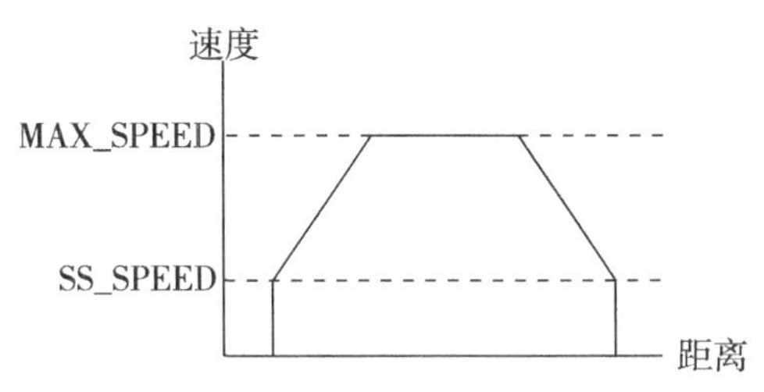

图 7-21 最大速度和启动/停止速度示意图

SS_SPEED 应满足电机在低速时驱动负载的能力，如果 SS_SPEED 的数值过低，电机和负载在运动的开始和结束时可能会摇摆或颤动；如果 SS_SPEED 的数值过高，电机会在启动时丢失脉冲，并且负载在试图停止时会使电机超速。通常，SS_SPEED 值是 MAX_SPEED 值的 5%～15%。

2. 加速时间和减速时间

加速时间 ACCEL_TIME 是指电机从 SS_SPEED 速度加速到 MAX_SPEED 速度所需的时间；减速时间 DECEL_TIME 是指电机从 MAX_SPEED 速度减速到 SS_SPEED 速度所需要的时间，如图 7-22 所示。

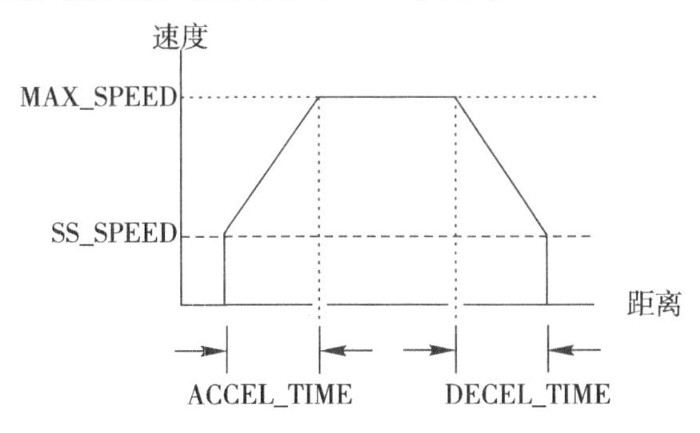

图 7-22 加速时间和减速时间示意图

加速时间和减速时间的缺省设置都是 1000 ms。通常，电机可在小于 1000 ms的时间内工作，如图 7-22 所示。设定这 2 个值时要以毫秒为单位。

注意：电机的加速时间和减速时间要经过测试来确定。开始时，应输入一个较大

的值,然后逐渐减少这个时间值直至电机开始失速,从而优化应用中的这些设置。

3. 移动包络

“包络”是一个预先定义的移动描述,它包括一个或多个速度,影响着从起点到终点的移动。一个包络由多段组成,每段包含一个达到目标速度的加速/减速过程和以目标速度匀速运行的一串固定数量的脉冲。

位控向导提供移动包络定义界面,在这里可以为应用程序定义每一个移动包络。PTO 最大支持 100 个包络。

定义一个包络的步骤包括:选择操作模式;为包络的各步定义指标;为包络定义一个符号名。

选择包络的操作模式:PTO 支持相对位置和单一速度的连续转动,如图 7-23 所示。相对位置模式是指运动的终点位置从起点侧开始计算的脉冲数量。单速连续转动则不需要提供终点位置,PTO 一直持续输出脉冲,直至有其他命令发出,如到达原点要求停发脉冲。

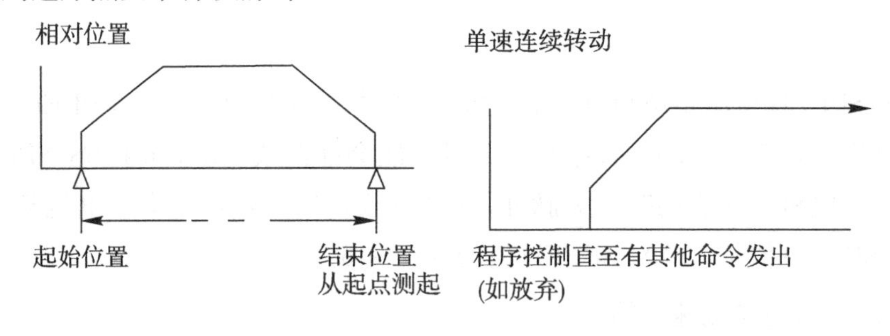

图 7-23 一个包络的操作模式

包络中的步:一个步是工件运动的一个固定距离,包括加速时间和减速时间内的距离。PTO 每一个包络最大允许 29 个步。每一步包括目标速度、结束位置或脉冲数目等几个指标。图 7-24 所示为一步、两步、三步和四步包络。注意:一步包络只有一个常速段,两步包络有两个常速段,依此类推。步的数目与包络中常速段的数目一致。

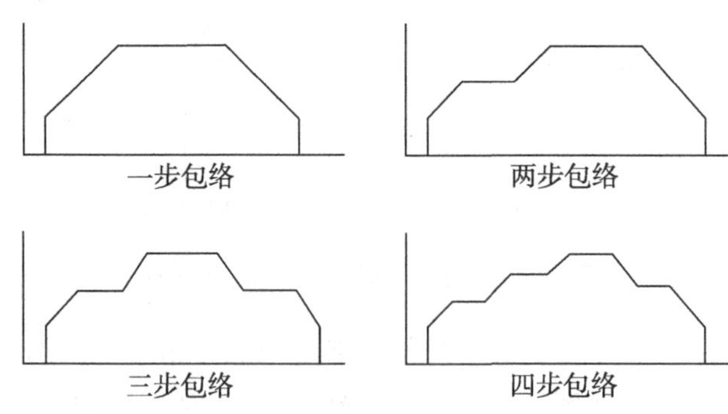

图 7-24 包络的步数示意图

7.2.4　步进电机控制工作任务及实践

(1)仔细查看分类站的步进电机的型号规格,熟悉步进电机与滚珠丝杠的连接方法。

(2)查阅步进电机和驱动器的厂家资料,整理出步进电机及驱动器在使用时的注意环节。对照步进驱动器的参数设置表,将步进电机驱动器的输出电流设置成 1.05 A,细分数设置成 4 细分。

(3)输入下列程序,并将运行结果填入表中。

熟悉步进控制指令程序,输入如图 7-25 所示指令,并观察程序的运行结果,分别改变 Q0.0、Q0.1、Q0.2、Q0.3 的输出状态,观察步进电机的运行方式。

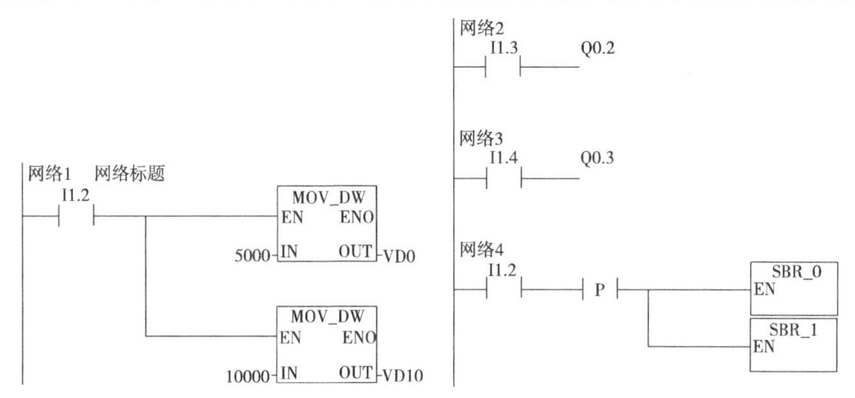

(a)主程序 MAIN

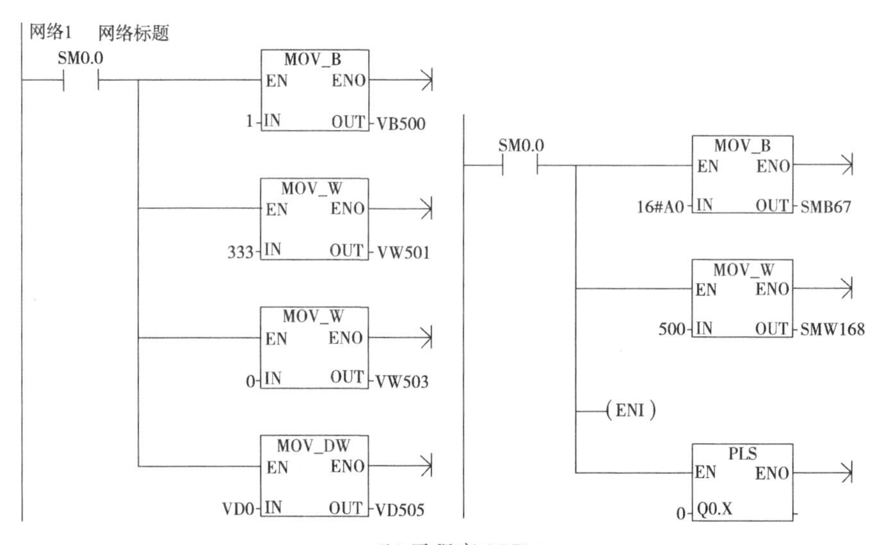

(b)子程序 SBR-0

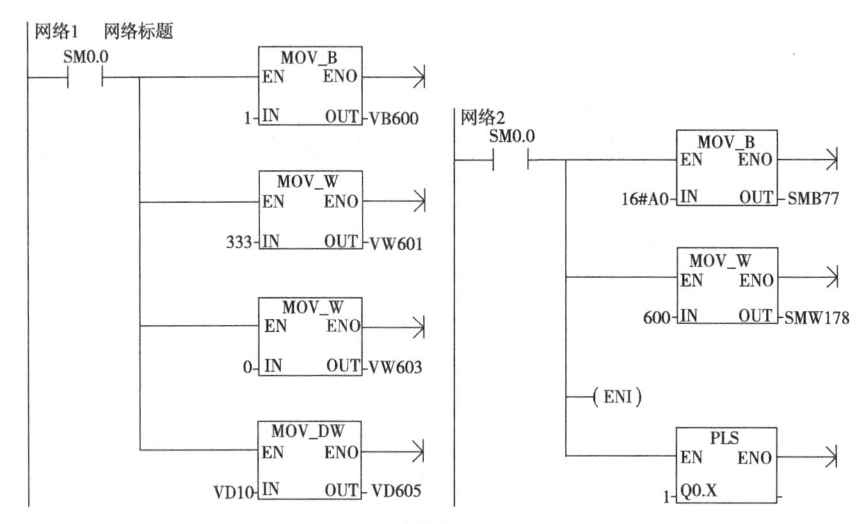

(c)子程序 SBR-1

图 7-25 步进电机控制程序

将观察的结果填入表 7-7 中,写出步进电机的运行方向与 Q0.0、Q0.1、Q0.2、Q0.3 状态的关系以及步进电机的运行速度、行走距离与 VD0、VD10 的关系。

表 7-7 观察的结果

	Q0.0	Q0.1	Q0.2	Q0.3	D0	D1	备注
X 轴方向前进							
X 轴方向后退							
Y 轴方向前进							
Y 轴方向后退							

(4)按照下面每个控制要求,编写步进电机的控制程序。

①系统上电后复位灯闪烁,按下复位按钮后,X 轴向左运动,Y 轴向下运动,当碰到左边和下边的原点限位开关后,两轴停下。

②当工件输送系统在原点时,按下开始按钮,水平右移;按下调试按钮,水平左移;按下停止按钮,运动停止。

③当工件输送系统在原点时,若手动/自动开关 SA1 打在手动(SA1=0),单站/联网开关 SA2 打在联网位置(SA2=1),则工件输送系统将工件送到立体仓库的右边起第一列,从上至下第二格位置,并将工件推入仓库,然后返回到原点。

任务 7.3 分类站的拆卸、安装与调试

通过任务 7.1、任务 7.2 的实施,在任务 7.3 中完成下列几项工作任务。

7.3.1 分类站的拆卸

在拆装前，由小组长带领组员开会，研究拆装计划和步骤，做好登记、记录等工作。本任务主要针对台面机械部件进行拆装。

1. 拆卸前的准备

拆卸分类站之前，需对分类站功能和结构有详细的了解。根据PLC的输入输出接线图、气动控制回路图、台面电气连接图（如图7-26所示），对照实物熟悉各个电气元件的位置、连接方式及其作用。

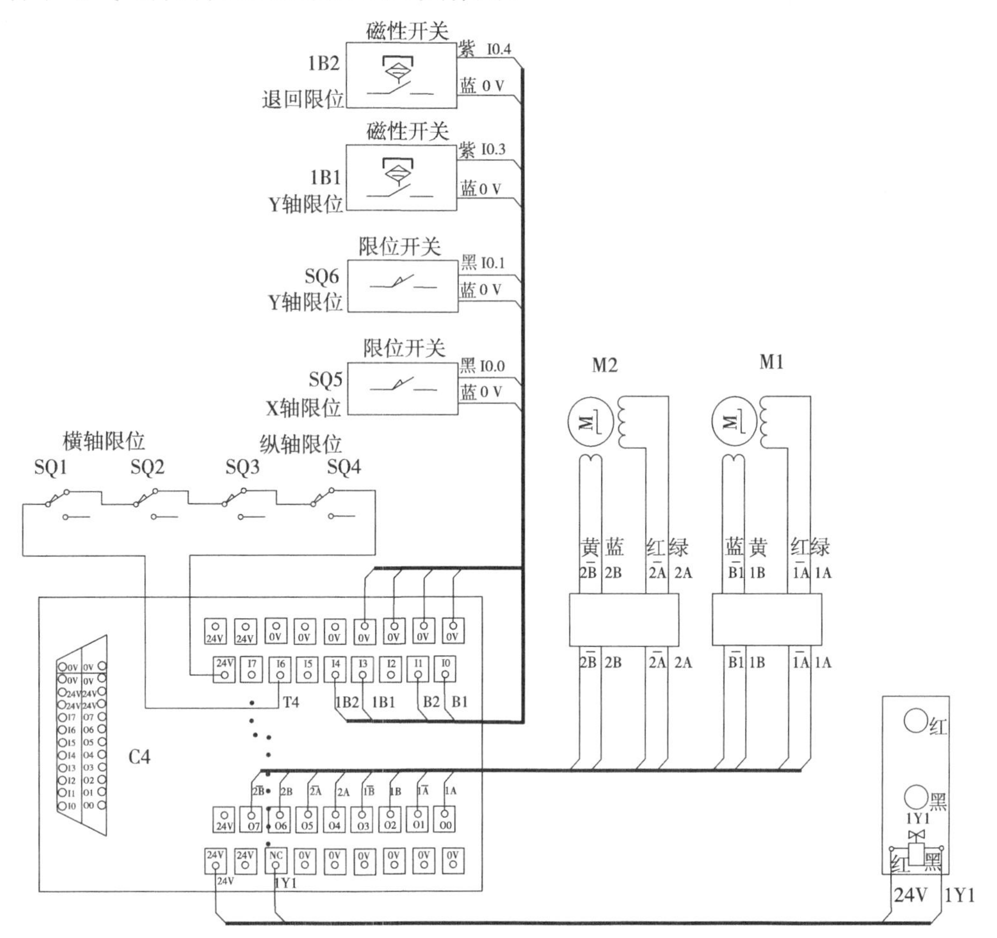

图7-26 分类站台面器件电气连接图

2. 拆卸计划和步骤

根据给定的操作时间制定好计划后，在断电、断气的状态下进行拆卸，参考步骤如下：

(1)将控制板与台面连接的电缆拔下。卸下台面接线盒、继电器、端子排接线端子上的导线,然后拔下气管。

(2)卸下立体仓库后,再卸下工件输送机构。拆下推料机构、推料气缸、磁性开关、拖链等,然后将步进电机卸下。

(3)将拆下的零部件进行登记并保管。

7.3.2 分类站的安装

根据分类站的安装示意图(图 7-27)进行安装,参考安装步骤如下:

(1)将压力表安装在过滤器支架上,再将过滤器支架安装在型材桌面上。

(2)将控制盒(整体)、电磁阀支架(电磁阀固定板 1)安装在导轨上,再将导轨安装在型材桌面上。

(3)将联轴器安装在步进电机上,将步进电机安装在步进电机连接器上,将步进电机连接器安装在滚珠丝杠副上,将拖链支架、限位开关支架 1(上)/限位开关支架 2(下)、限位开关支架 2、送料槽支架分别安装在滚珠丝杠副上,将推料槽安装在推料槽支架上,将气缸安装在推料槽上,将推块安装在推料槽上,将 Y 轴滚珠丝杠副安装在 X 轴滚珠丝杠副上,将拖链安装在拖链支架上,将限位开关支架 2 安装在 X 轴滚珠丝杠副上,将限位开关支架 2 安装在型材桌面上,再将拖链支架安装在型材桌面上。

(4)将电路和气路分别按照电路图和气路图进行接线和配管。

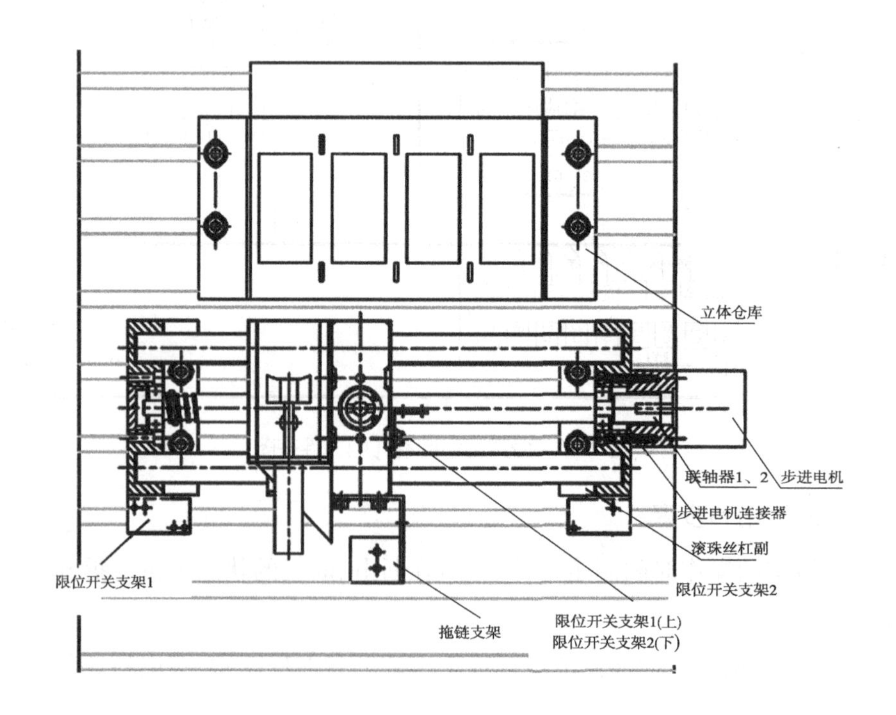

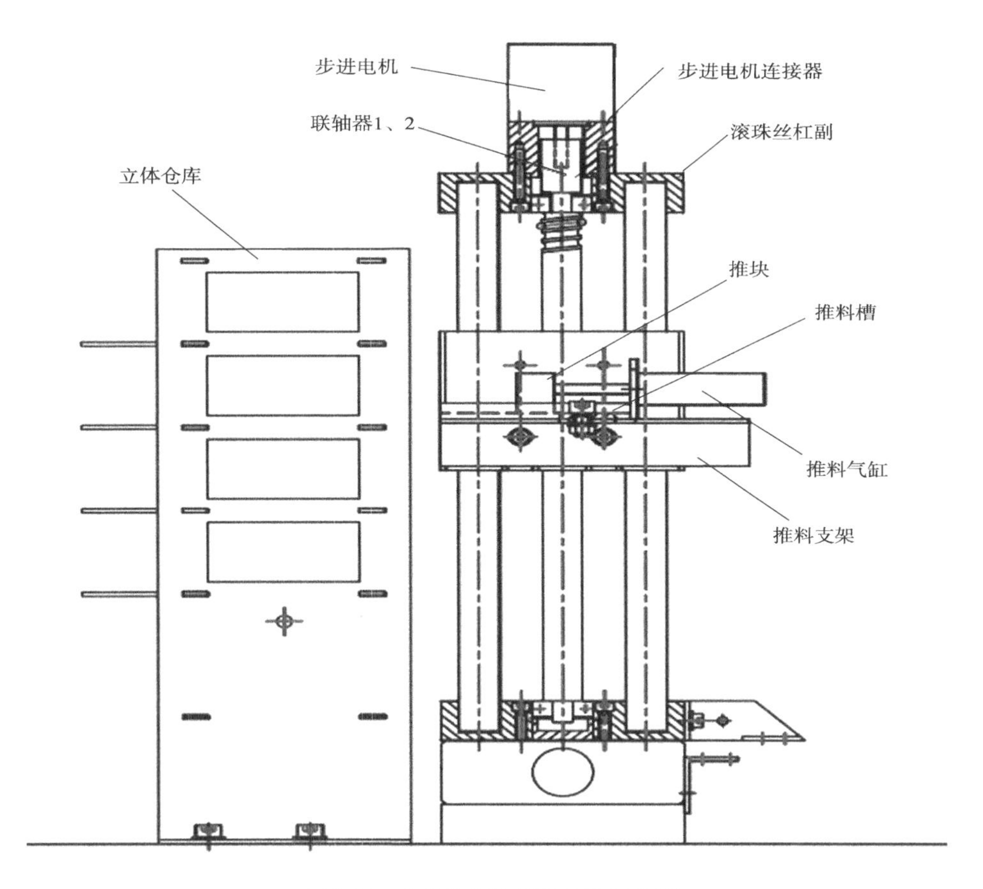

图 7-27　分类站机械部件安装示意图

7.3.3　分类站的编程与调试

一、分类站调试程序的编写

1. 控制要求

上电后复位按钮灯闪烁，按复位按钮，两轴分别向左和向下运行进行复位，复位完成后，开始按钮灯闪烁，按开始按钮，两轴运行到等待位置。按调试按钮，货台据此运行到右侧第一列，从第四层开始将工件推入仓位，再返回到等待位置。在每层放入 3 个工件之后放入下一层，全部放满之后重新从第四层第二列开始。如此重复。

控制要求中的等待位置为安装搬运站可以准确平稳放下工件的位置，这个位置由各小组自己确定。

2. 任务要求

根据以上控制要求画出分类站的流程图，并编写控制程序。参考流程图如图

7-28所示,编写时可参考厂家提供的源程序。

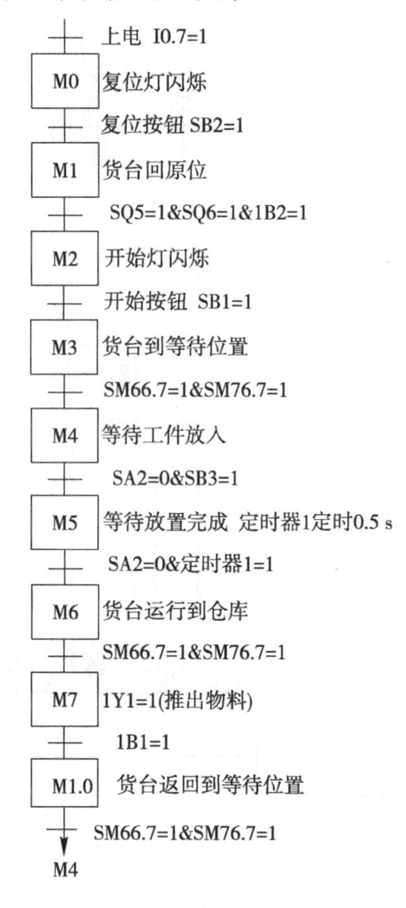

图7-28 分类站流程图

二、分类站的调试运行

在编写、调试程序的过程中,要进一步了解设备的调试方法和技巧,培养严谨的工作作风。

(1)下载程序前,必须保证气缸、步进电机、传感器工作正常,认真检查程序,避免各执行机构的动作发生冲突。

(2)确认程序基本没有问题的方法是,将程序下载到PLC,并运行程序。按照操作流程进行操作,仔细观察各执行机构的工作是否满足控制要求。如没有满足要求,分析原因并进行修改。

(3)在设备运行中,一旦发生异常情况,应及时采取措施,如急停切断执行机构的控制信号,切断气源和总电源,避免造成更大的损失。

(4)总结经验,把调试中遇到的问题和解决问题的方法记录下来,以便以后分析和解决类似问题。

(5)在调试中经常会出现工件输送机构超行程,碰到 SQ1～SQ4 极限位置限位开关动作的情况。出现此情况后,再次按下上电按钮时,上电灯不亮,控制板上的继电器无法接通。而此时步进电机被电流锁住,滚珠丝杠无法转动。处理方法:将整站电源断开,然后用手转动滚珠丝杠,使被压下的限位开关松开,然后重新上电。

项目 8　自动化生产线的网络控制与监控

学习目标

□认识自动化生产线主控站的结构及作用。

□了解 Profibus-DP 网络的基础知识，掌握 Profibus-DP 网络的配置。

□掌握 S7-300 PLC 及 STEP 7 5.4 编程软件的基本使用方法。

□掌握自动化生产线控制网络的组成及网络的组态，学会设计相关控制程序。

□掌握六站联网调试的方法及故障检查和排除的方法。

□了解触摸屏及组态监控软件，掌握其基本使用方法。

□学习查阅资料、获取信息的方法，培养安全意识和团结合作精神。

任务 8.1　主控站的认知

8.1.1　主控站的组成

主控站主要由西门子 S7-300 CPU313C-2DP 和 MP277 触摸屏组成。S7-300 PLC 主要负责采集并处理各站的相应信息，完成六站间的联网控制。MP277 触摸屏主要用于各站的组态监控，通过触摸屏可以对各站进行操作，设置和监控工件加工参数。主控站如图 8-1 所示。主控站通过 Profibus-DP 网络将各站的 EM277 连接在一起，如图 1-5 所示。

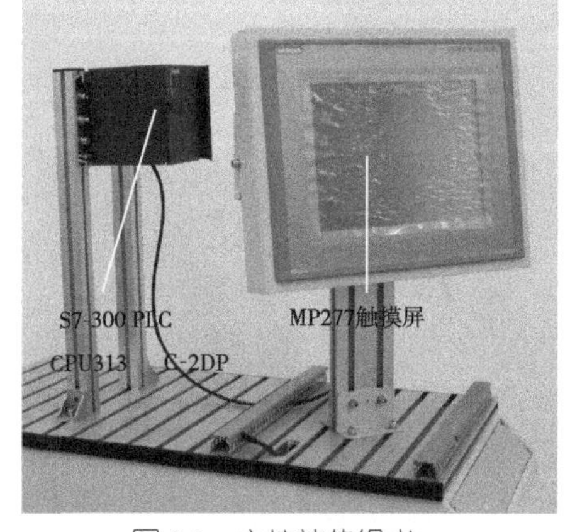

图 8-1　主控站的组成

8.1.2 S7-300 PLC 的认识

一、S7-300 系列 PLC 简介

S7-300 系列 PLC 是针对中小型控制系统而设计的中型 PLC。S7-300 系列 PLC 的 CPU 模块从 CPU312 到 CPU319 有多种型号，CPU 序号越高，其功能越强。CPU 技术指标的区别主要体现在 CPU 的内存容量、数据处理速度、通信资源及编程资源（定时器、计数器的个数）等方面。

在主控站中使用的 S7-300 系列 PLC 为 CPU313C-2DP，属于 S7-300 系列 PLC 中 CPU31xC 系列的紧凑型 CPU。CPU 型号中的"C"表示该 CPU 集成有输入/输出信号点、计数器、定时器等功能；"2DP"表示该 CPU 集成有一个 MPI（多点通信接口，默认配置）和一个 DP（Profibus-DP）接口。

CPU313C-2DP 的实物及面板组成如图 8-2 所示。状态和错误指示灯用于指示 CPU 的工作或故障状态。MMC 卡主要用于没有集成装载存储器的 CPU，CPU 在使用前必须插入 MMC 卡，否则无法工作。MMC 卡存储的数据包括用户程序及硬件组态。集成的输入/输出点为 DI16/DO16 DC 24 V。电源连接的主要功能是将外部电源接入。X1 接口为 MPI 口，用于连接编程设备，X2 接口为 DP 口，用于将 PLC 接入 Profibus-DP 网络。模式选择器用于选择 CPU 的工作模式。

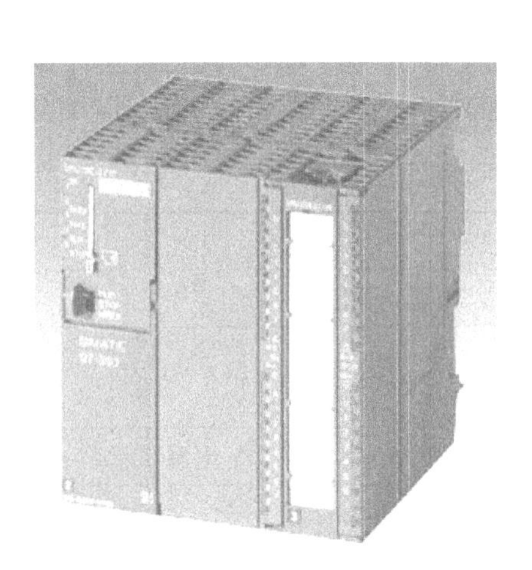

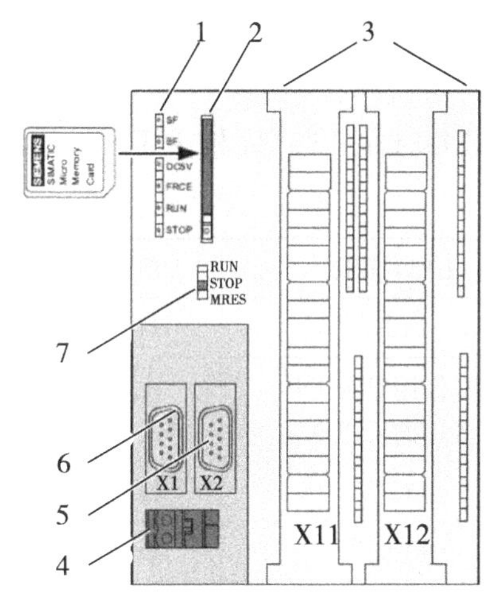

1-状态和错误指示灯 2-SIMATIC MMC 卡的插槽，包括弹出装置 3-集成输入和输出的端子
4-电源连接 5-第二个接口 X2（PtP 或 DP） 6-第一个接口 X1（MPI） 7-模式选择器

图 8-2 CPU313C-2DP 实物及面板组成图

二、CPU的操作模式

CPU面板上都有一个模式和选择开关,有些可通过专用钥匙旋转控制,这些CPU一般有3种工作模式(RUN、STOP和MRES)。

(1)RUN:运行模式。在此模式下,CPU执行用户程序,还可以通过编程设备读出、监控用户程序,但不能修改用户程序。

(2)STOP:停机模式。在此模式下,CPU不执行用户程序,但可以通过编程设备从CPU中读出或修改用户程序。

(3)MRES:存储器复位模式。该位置不能保持,当开关在此位置释放时,将自动返回到STOP位置。存储器一旦被复位,工作存储器、RAM装载存储器内的用户程序、数据区、地址区、定时器、计数器和数据块等将被全部清除(包括有保持功能的元件),同时还会检测PLC硬件,初始化硬件和系统程序参数、系统参数,并将CPU或模块参数设置为默认值,但保留对MPI的设置。

MRES模式只有在程序错误、硬件参数错误、存储卡未插入等情况下才需要使用。当STOP指示灯以0.5 Hz的频率闪烁时,表示需要复位。复位操作步骤为:将模式开关从STOP位置转换到MRES, STOP指示灯灭1 s→亮1 s→灭1 s→常亮, 释放开关使其回到STOP位置, 然后转换到MRES位置,STOP指示灯以2 Hz的频率闪烁(表示正在对CPU复位)3 s→常亮(表示已复位完成),此时可释放开关,使其回到STOP位置,并完成复位操作。

三、CPU313C-2DP面板状态和故障显示

CPU313C-2DP面板上LED指示灯状态和故障显示含义见表8-1。

表8-1 CPU313C-2DP面板状态和故障显示

LED标识	颜色	含义
SF	红色	CPU硬件故障或软件错误
BF(仅用于带DP接口的CPU)	红色	总线故障
DC5V	绿色	用于CPU和S7-300总线的5 V电源正常
FRCE	黄色	有输入/输出处于被强制状态
RUN	绿色	CPU处于RUN模式; LED在启动期间以2 Hz的频率闪烁,而在停止模式下以0.5 Hz的频率闪烁
STOP	黄色	CPU处于STOP、HOLD或启动模式下; LED在请求存储器复位时以0.5 Hz的频率闪烁,而在复位期间以2 Hz的频率闪烁

四、PLC 的安装

S7-300 系列 PLC 采用模块化结构，所有模块均安装在标准机架(导轨)上。一台 PLC 由一个主机架和若干个扩展机架组成。扩展机架一般在主机架的模块数量不能满足要求时使用。

S7-300 系列 PLC 机架标称长度有 160 mm、482 mm、530 mm、830 mm 和 2000 mm 共 5 种规格，一个机架最多可以安装 1 个电源模块、1 个 CPU 模块、1 个接口模块及 8 个 I/O 模块(如信号模块、通信处理器模块、功能模块、占位模块、仿真模块等)，可根据实际需要选择。机架可以采用水平方向安装，也可以采用垂直方向安装，安装形式如图 8-3 所示。若采用水平方向安装，CPU 和电源必须安装在左面。垂直安装时，CPU 和电源必须安装在底部。

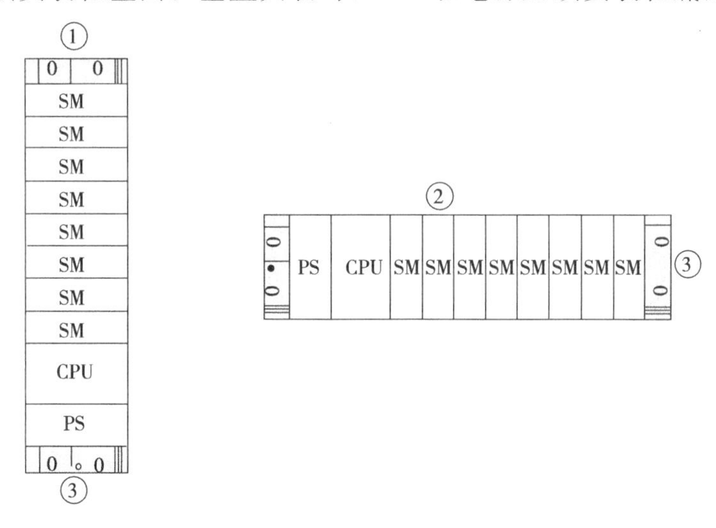

①垂直安装 ②水平安装 ③安装导轨

图 8-3 S7-300 系列 PLC 安装方式

实际安装时，要配合模块的安装宽度选择不同长度的导轨，具体宽度规格可参见订货样本。在安装时必须保持如图 8-4 所示的间距，以便为安装模块提供充足的空间，能够散发模块所产生的热量。图 8-4 显示的是安装在多个机架上的 S7-300 装配图，其中显示了各机架与相邻组件、电缆槽、机柜壁之间的间距。

由于本站中使用的 S7-300 系列 PLC 并没有安装其他模块，因此只需一个机架进行安装，在此仅介绍单机架的安装。

CPU312、CPU312C、CPU312 IFM 和 CPU313 等只能使用一个机架，该机架上除了有电源模块、CPU 模块和接口模块外，最多只能再安装 8 个信号模块、功能模块或通信模块。单机架上的电源模块总是装在最左边的槽位上，CPU 模块总是安装在电源右边的槽位上，3～10 槽位则可以安装信号模块、功能模块或通信模块。

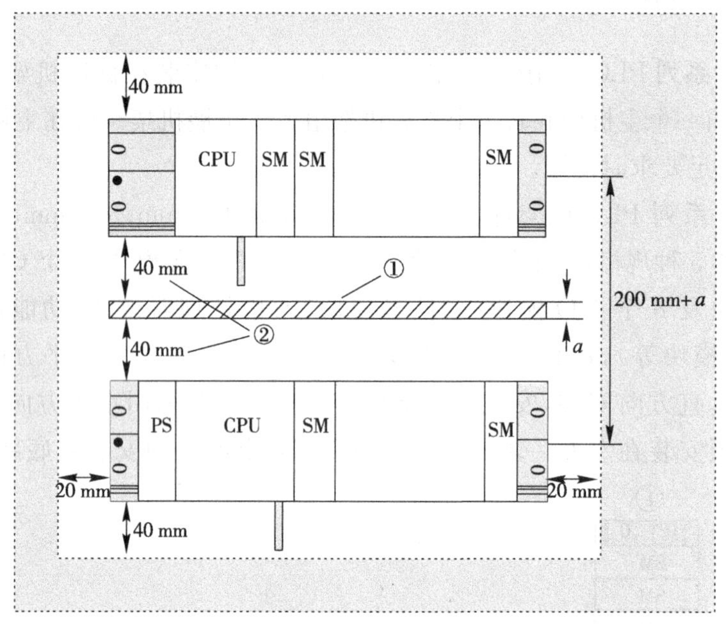

①通过电缆槽接线　②电缆槽与屏蔽接触元件底边缘的最小间距为 40 mm

图 8-4　安装间隙

S7-300 系列 PLC 电源模块不需要背板总线连接器,可直接将电源模块悬挂在导轨上,并靠左侧固定。其他模块都带有背板总线连接器,安装时需先将背板总线连接器装到 CPU 模块的背板上,然后将 CPU 模块悬挂在导轨上并向左靠紧,再向下转动模块,最后用螺钉将模块固定在导轨上。按同样的方式依次将接口模块、I/O 模块安装在导轨上。具体安装步骤见表 8-2。

表 8-2　S7-300 系列 PLC 安装步骤

步骤	连接方法	图示
1	将总线连接器插入 CPU 和 SM/FM/CP/IM。 除 CPU 外,每个模块都带有一个总线连接器。 在插入总线连接器时,必须从 CPU 开始。拔掉装配中最后一个模块的总线连接器。 将总线连接器插入另一个模块。最后一个模块不能安装总线连接器	CPU

续表

步骤	连接方法	图示
2	按从左到右的顺序，将所有模块挂靠到导轨上（①），滑动到靠近左边的模块（②），然后向下旋转（③）	
3	用螺丝拧紧模块	

8.1.3　触摸屏的初识

一、触摸屏基本概念

触摸屏技术是一种新型的人机交互输入方式，与传统的键盘和鼠标输入方式相比，触摸屏输入更直观。配合识别软件，触摸屏还可以实现手写输入。触摸屏由安装在显示器屏幕前面的检测部件和触摸屏控制器组成。当手指或其他物体触摸安装在显示器前端的触摸屏时，所触摸的位置由触摸屏控制器检测，并通过接口（如 RS-232 串行口、USB 等）送到主机。

触摸屏的三大种类是电阻技术触摸屏、表面声波技术触摸屏和电容技术触摸屏。

1. 电阻技术触摸屏

电阻技术触摸屏的主要部分是一块与显示器表面非常配合的电阻薄膜屏，这是一种多层的复合薄膜，它以一层玻璃或硬塑料平板作为基层，表面涂有一层透明氧化金属（ITO 氧化铟，透明的导电电阻）导电层，上面覆盖一层外表面硬化处理、光滑防擦的塑料层。电阻薄膜屏的内表面也涂有一层 ITO 涂层，在它们之间有许多细小的（小于 1/2540 cm）透明隔离点，把两层导电层隔开并绝缘。当手指触摸屏幕时，两层导电层在触摸点位置就有了接触，控制器侦测到这一接触并计算出（X，Y）位置，再根据模拟鼠标的方式运作，这就是电阻技术触摸屏最基本的原理。

电阻技术触摸屏自进入市场以来,以稳定的质量、可靠的品质及环境的高度适应性占据了广大的市场。尤其在工控领域内,由于触摸屏对环境和条件的高要求,更显示出电阻技术触摸屏的独特性,使其产品在同类触摸产品中占有 90%的市场量,已成为市场上的主流产品。它的最大特点是不怕油污、灰尘和水。

G-Touch 最新的第四代电阻技术触摸屏与其他电阻屏产品的不同之处在于:它以玻璃为革新基层板,使得透光率更高,反射率及折射率更适用于使用者。同时,均匀涂布玻璃板底层的导电层把吸附在触摸屏上的静电粒子通过地线卸载掉,保证触摸定位更准确、更灵敏,彻底解决带电粒子过多引起的漂移现象、定位不准、反应速度缓慢等问题,使它的寿命更长(物理测定单点连续使用可达 15 年以上),并具备免维护能力,防刮伤度也得到极大提高。

(1)四线电阻模拟量技术的两层透明金属层在工作时,每层均增加 5 V 恒定电压:一个在竖直方向,一个在水平方向。总共需 4 根电缆。四线电阻屏的特点如下:

①高解析度,高速传输反应。

②具有表面硬度处理(可减少擦伤、刮伤)及防化学处理。

③具有光面及雾面处理。

③一次校正稳定性高,永不漂移。

(2)五线电阻模拟量技术把两个方向的电压通过电阻网络加在靠里的那层金属层上,采用既检测电压又检测电流的方法测得触摸点的位置,而外层 ITO 仅当作导体层,共需 5 根电缆。五线电阻屏的特点如下:

①解析度高,高速传输反应。

②具有表面硬度处理(减少擦伤、刮伤)及防化学处理。

③同点接触 3000 万次尚可使用。

④导电玻璃为基材的介质。

⑤一次校正稳定性高,永不漂移。

2. 表面声波技术触摸屏

表面声波技术是利用声波在物体的表面进行传输,当有物体触摸到表面时,阻碍声波的传输,换能器侦测到这个变化,将信号传送给计算机,进而进行鼠标的模拟。表面声波屏的特点如下:

①清晰度较高,透光率好。

②高度耐久,抗刮伤性良好。

③一次校正不漂移。

④反应灵敏。

⑤适合于办公室、机关单位及环境比较清洁的场所。

表面声波屏需要经常维护，因为灰尘、油污甚至饮料沾污在屏的表面，都会阻塞触摸屏表面的导波槽，使波不能正常发射，或使波形改变而让控制器无法正常识别，从而影响触摸屏的正常使用，所以用户需严格注意环境卫生，必须经常擦抹屏的表面以保持屏面的光洁，并定期进行全面清洁。

3. 电容技术触摸屏

电容技术触摸屏是利用人体的电流感应进行工作的。用户触摸屏幕时，由于存在人体电场，用户和触摸屏表面形成一个耦合电容，对于高频电流来说，电容是直接导体，于是手指从接触点吸走一个很小的电流，该电流分别从触摸屏的四角上的电极中流出，并且流经这 4 个电极的电流与手指到四角的距离成正比，控制器通过对这 4 个电流比例的精确计算，得出触摸点的位置。电容触摸屏的特点如下：

①对大多数的环境污染物有抵抗力。

②人体成为线路的一部分，因而漂移现象比较严重。

③戴手套时操作不起作用。

④需经常校准。

⑤不适用于金属机柜。

⑥当外界有电感和磁感时，会使触摸屏失灵。

触摸屏是工业中广泛使用的人机界面(HMI)产品，工控领域主流的制造商大多都会推出自己的触摸屏产品。

二、西门子 MP277 触摸屏认识

多功能面板 MP277 是对 MP270s 系列的扩展，这种 HMI 设备基于创新的标准操作系统 Microsoft Windows CE 5.0 而制造。多功能面板 MP277 属于多功能平台类的产品。HMI 设备具有与办公领域通讯的扩展功能。在这些设备上已安装 Pocket Internet Explorer。

MP 277 具有多用途、高性能以及良好的性价比等特点。HIM 设备上有 Profibus 接口、用于连接 PROFINET 的以太网接口、2 个 USB 端口和 TFT 屏幕(颜色多达 64K)。

1. MP277 外观及 WinCC flexible 的功能范围

MP277 外观如图 8-5、图 8-6 及图 8-7 所示。WinCC flexible 的功能范围见表 8-3。表8-4为可与 HMI 设备一起使用的 PLC 以及协议或配置文件。

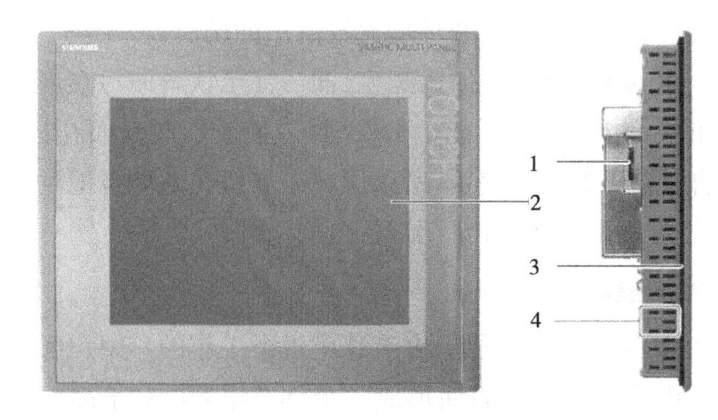

1-存储卡的插槽　2-显示/触摸屏　3-安装密封垫　4-用于安装卡件的凹槽

图 8-5　正视图与侧视图

1-用于安装卡件的凹槽　2-端口

图 8-6　底视图

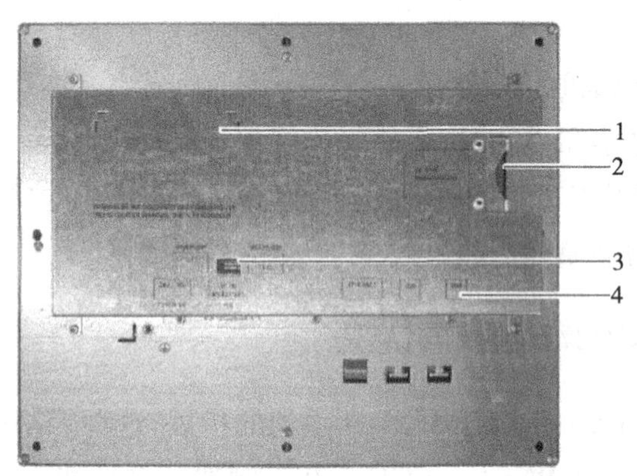

1-标牌　2-存储卡插槽　3-DIP 开关　4-接口名称

图 8-7　后视图

表 8-3　可集成到 MP277 项目中的对象

对象	规格	MP277
报警	离散量报警的数目 模拟量报警的数目 报警文本的长度 报警中的变量数目 显示器 分别确认错误报警 同时确认多个错误报警(组确认) 编辑报警 报警指示器	4000 200 80 个字符 最多 8 个 报警行/报警窗口/报警视图 是 16 个报警组 是 是

续表

对象	规格	MP277
ALARM_S	显示 S7 报警	是
报警缓冲区，保持性的	报警缓冲区容量 同时排队的报警事件 查看报警 删除报警缓冲区 逐行打印报警	512 个报警 最多 250 个 是 是 是
变量	编号	2048
限制值监视	输入/输出	是
线性转换	输入/输出	是
文本列表	编号	500
图形列表	编号	400
画面	编号 每个画面中的域 每个画面中的变量 每个画面中的复杂对象(如条形图) 模板	500 200 200 10 是
配方	编号 每个配方的数据记录 每个配方的条目 配方存储空间 存储器位置	300 500 1000 64KB · 存储卡 · USB 记忆棒 · 网络驱动器
记录	记录数 一个分段循环记录中部分记录的数量 每个记录的条目 存档格式 存储器位置	20 400 10000 · 使用 ANSI 字符集的 CSV 格式 · 存储卡 · USB 记忆棒 · 网络驱动器
安全性	用户组数目 用户数 授权数目	50 50 32
信息文本	长度(字符数) 用于报警 用于画面 用于画面对象(如 IO 域、开关、按钮、隐形按钮)	320(取决于字体) 是 是 是
连接数量	使用总线连接时的数量 基于“SIMATIC HMI HTTP 协议”的连接数目	6 8

表8-4 可与HMI设备一起使用的PLC以及协议或配置文件

PLC	协议	MP277
SIMATIC S7	· PPI · MPI · Profibus 分散型外设 · TCP/IP(以太网)	是
SIMATIC S5	· Profibus 分散型外设	
SIMATIC 500/505	· NITP · Profibus 分散型外设	
Allen-Bradley	PLC 系列 SLC500、SLC501、SLC502、SLC503、SLC504、SLC505、MicroLogix 和 PLC5/11、PLC5/20、PLC5/30、PLC5/40、PLC5/60、PLC5/80 · DF · DH+,通过 KF2 模块 · DH485,通过 KF3 模块 · DH485	
GE Fanuc 自动化	PLC 系列 90-30、90-70、VersaMax Micro · SNP	
Mitsubishi Electric	PLC 系列 MELSEC FX 和 MELSEC FX0 · FX	
Mitsubishi Electric	PLC 系列 MELSEC FX0、FX1n、FX2n、AnA、AnN、AnS、AnU、QnA 和 QnAS · 协议 4	
OMRON	PLC 系列 SYSMAC C、SYSMAC CV、SYSMAC CS1、SYSMAC alpha 和 CP · Hostlink/Multilink(SYSMAC Way)	
Modicon (Schneider Automation)	PLC 系列 Modicon 984、TSX Quantum 和 TSXCompact · Modbus RTU 5) PLC 系列 Quantum、Momentum、Premium 和 MicroPLC 系列 Compact 和 984,通过以太网桥 · Modbus TCP/IP(以太网)	

2. MP277 的安装

(1)准备安装。选择HMI设备的安装位置,在选择安装位置时应注意以下几点:

①正确放置HMI设备,使其不会直接暴露在阳光下。

②正确放置HMI设备,为操作员提供一个符合人体工程学的位置,选择合适的安装高度。

③确保在安装时未挡住HMI设备的通风孔。

④安装HMI设备时参考允许的安装位置标准。

安装HMI设备时必须保留以下空隙:在安装开孔上下各留出50 mm的空隙

用于通风；在安装开孔左右分别留出 15 mm 空隙，以连接安装卡件；除 HMI 设备的安装开孔外，其后部最少还需要留出 10 mm 的空隙。

注意事项：在机柜中尤其是封闭机壳中安装设备时，确保没有超过最高环境温度。

(2)安装 HMI 设备。安装步骤如下(如图 8-8 所示)。

①检查 HMI 设备上是否装上了安装密封垫。不要将安装密封垫里面朝外装配，否则将会在安装开孔处引起泄漏。

②将 HMI 设备从前面插入安装开孔中。

③将安装卡件插入 HMI 设备的凹槽中。

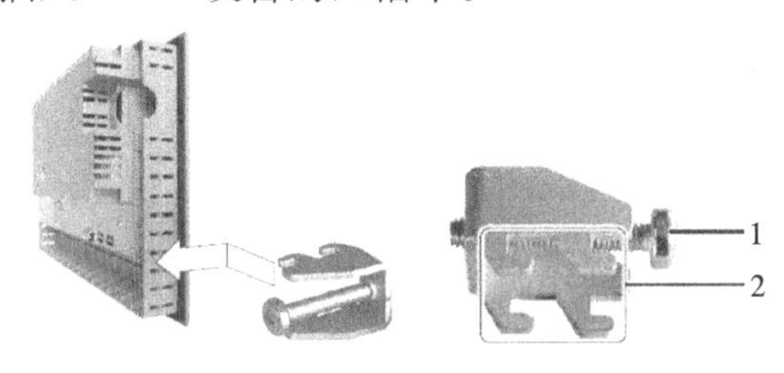

1-槽式头螺钉　2-挂钩

图 8-8　卡件安装示意图

④用十字螺丝刀拧紧安装卡件，容许扭矩为 0.2 N·m。

⑤重复步骤 3 和 4，安装全部安装卡件。

注意事项：检查前侧安装密封垫是否吻合。安装好的密封垫不得从 HMI 设备上凸出，否则需要重新按照步骤 1～5 进行安装。

(3)连接 HMI 设备。按照下列次序连接 HMI 设备：

①等电位联结。

②电源，执行上电测试以确保电源极性连接正确。

③PLC。

④根据需要组态 PC。

⑤根据需要组态 I/O。

注意事项：始终按照正确的次序连接 HMI 设备，否则可能会损坏 HMI 设备。断开 HMI 设备时按照相反顺序完成上述步骤。

❖等电位联结电路

电位差：在空间上分开的系统部件之间可能会出现电位差。电位差可导致数据电缆上出现高均衡电流，从而毁坏端口。如果两端都采用了电缆屏蔽，但在不同的系统部件处接地，将会出现均衡电流。当系统连接到其他电源时，电位差可能更明显。

等电位联结的常规要求：必须通过等电位联结消除电位差，以确保电气系统

的相关组件在运行时不会出现故障。因此,在安装等电位联结电路时,必须遵守以下规定:

a. 当等电位联结导线的阻抗减小时,或者等电位联结导线的横截面积增加时,等电位联结的有效性将增加。

b. 如果通过屏蔽数据线(其屏蔽层两侧均连接到接地/保护导线上)将两个系统部件互相连接起来,则额外敷设的等电位联结电缆的阻抗不能超过屏蔽阻抗的 10%。

c. 所选等电位联结导线的横截面必须能够承受最大均衡电流。在实际应用过程中,当导线的最小横截面积为 16 mm^2时,可在两个机柜之间获得最佳等电位联结效果。

d. 使用铜或镀锌钢材质的等电位联结导线。在等电位联结导线与接地/保护导线之间保持大面积接触,并防止被腐蚀。

e. 使用合适的电缆夹将数据电缆的屏蔽层平齐地夹紧在 HMI 设备上,并尽可能地靠近等电位母线。

f. 平行敷设等电位联结导线和数据电缆,使其相互间隙最小。

注意事项:接地导线电缆屏蔽层不适用于等电位联结,应始终使用指定的等电位联结导线。用于等电位联结的导线最小横截面积为 16 mm^2。安装 MPI 和 Profibus-DP 网络时,应始终使用横截面积足够大的电缆,否则可能会损坏或破坏接口模块。接线图如图 8-9 所示。

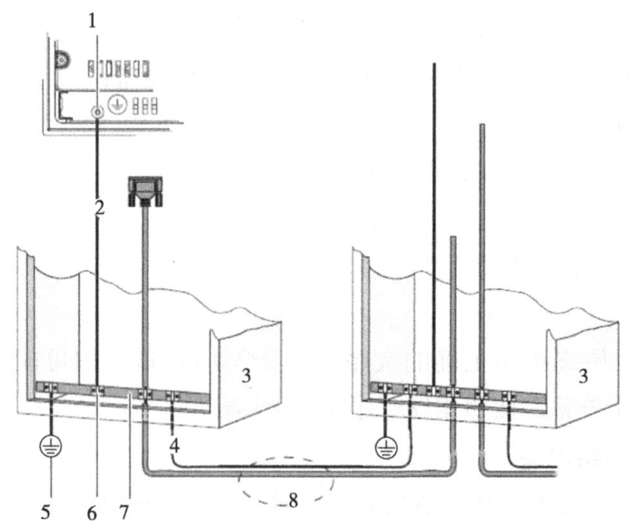

1-HMI 设备上的机壳端子(实例) 2-等电位联结导线,横截面积 4 mm^2 3-机柜 4-等位联结导线,横截面积最小为 16 mm^2 5-接地连接 6-电缆夹 7-电压母线 8-平行敷设等电位联结导线和数据线

图 8-9 等电位联结电路接线图

❖电源的连接

在连接电缆时，确保不要将任何连接针脚弄弯，应使用螺钉固定连接器。图 8-10 所示为 HMI 设备 MP277 的端口。电源连接时要求：DC 24 V(－15%～＋20%)。连接电线前拔出接线端子，按图 8-10 所示将接线端子与电源线连接，并确保电源线没有接反，然后将接线端子接入①中，参见 HMI 设备背面的引出线标志。MP277 安装有极性反向保护电路。

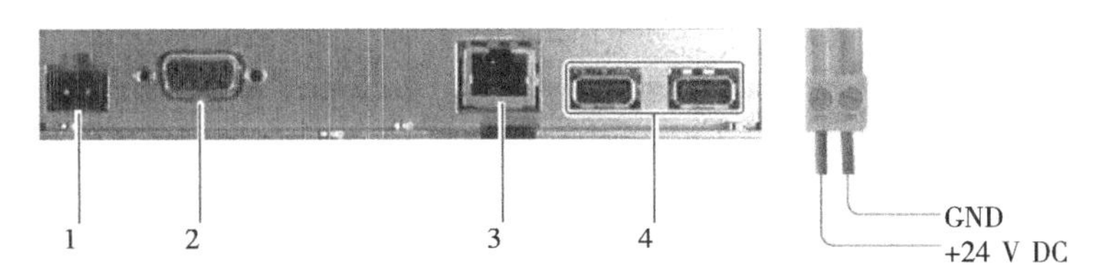

1-电源连接器　2-RS422/RS485 端口(IF 1B)　3-以太网端口　4-USB 端口

图 8-10　MP 277 的端口

❖连接 PLC

图 8-11 所示为 HMI 设备与各种 PLC 之间的连接情况，在实际连接中可供参考。

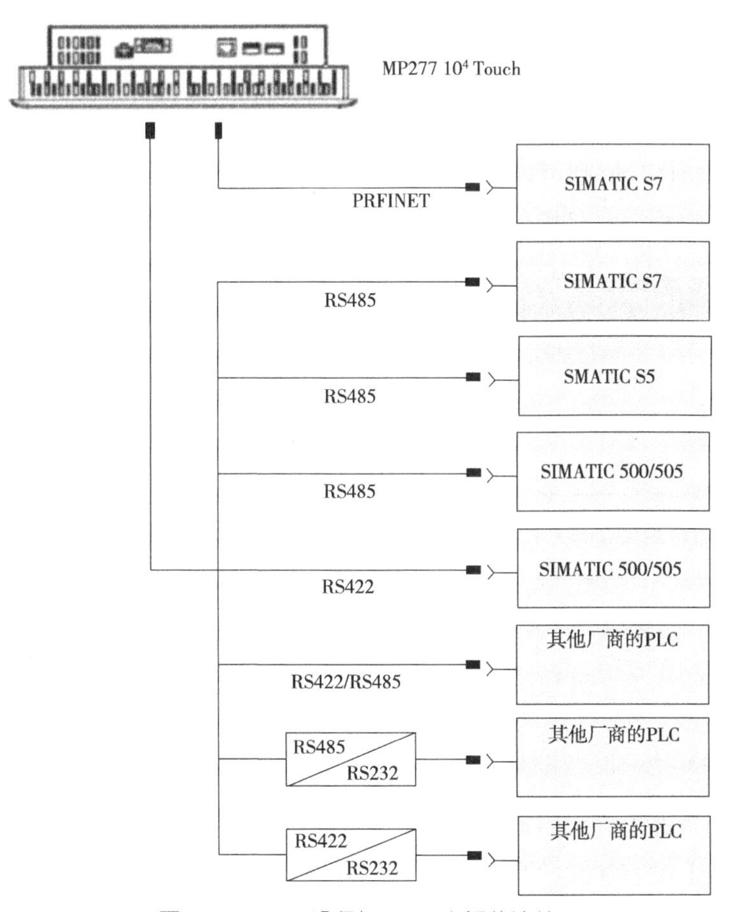

图 8-11　HMI 设备与 PLC 之间的连接

❖连接组态 PC

图 8-12 所示为 HMI 设备与 PC 之间的连接情况，在实际连接中可供参考。

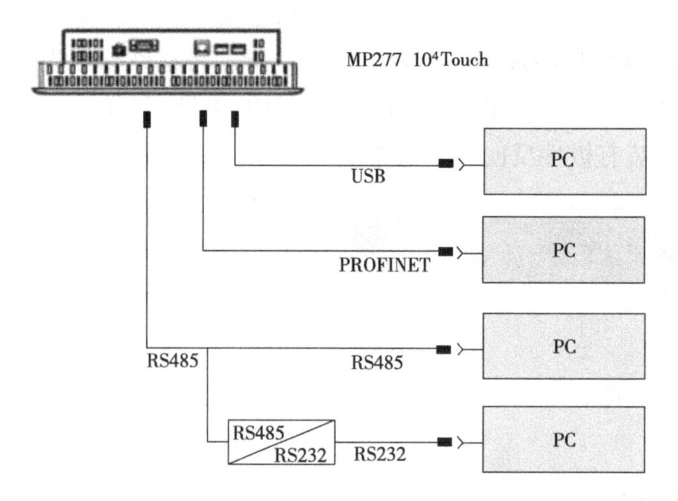

图 8-12　HMI 设备与 PC 之间的连接

3. 接通并测试 HMI 设备

按如下步骤进行操作(如图 8-13、图 8-14 所示)。

(1)接通电源。在电源接通后显示器亮起，启动期间会显示进度条。如果 HMI 设备没有启动，则可能是接线端子上的电线接反了，应检查所连接的电线，必要时更改连接。一旦操作系统启动，将显示装载程序。

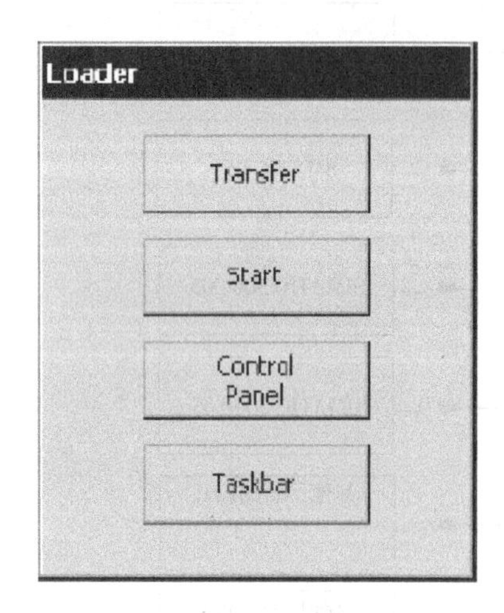

图 8-13　"Loader"对话框

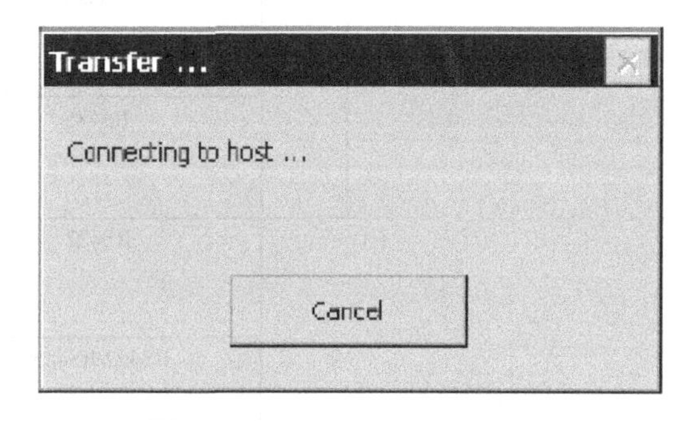

图 8-14　"Transfer"对话框

在下列条件下首次启动时，HMI 设备会自动切换到"Transfer"模式：

①设备上没有加载项目。

②至少组态了一个数据通道。

在该过程中会出现图 8-14 所示对话框。

(2)触摸“Cancel”以停止传送。结果再次出现装载程序。

注意事项:当系统重新启动时,项目可能已经装载到 HMI 设备上。这样系统将跳过“Transfer”模式,启动项目。

关闭 HMI 设备前先终止其中的项目。可采用关闭电源的方式关闭 HMI 设备。

4. HMI 维护和保养

HMI 设备是针对免维护操作而设计的,尽管如此,仍需定期清洁触摸屏和键盘覆膜。在清洁 HMI 设备前,务必先关闭该设备,不要使用压缩空气或喷气鼓风机,不要使用有腐蚀性的溶剂或擦洗粉。应按如下步骤进行操作:

(1)关闭 HMI 设备。

(2)将清洁液喷洒在抹布上。不要直接喷洒在 HMI 设备上。

(3)清洁 HMI 设备。清洁显示器时,从屏幕的边缘向中间擦拭。

注意事项:系统运行时,只有在启用了清洁屏幕或关闭 HMI 设备后才能清洁触摸屏。在安装保护膜之前,务必关闭 HMI 设备,否则,将存在无意中激活某些功能的风险;取下保护膜时同样如此。禁止使用锋利或尖锐的工具(如刀等)取下保护膜,否则可能会损坏触摸屏。

8.1.4 主控站认知工作任务

一、认识 S7-300 PLC

了解主控站 S7-300 PLC 的型号和订货号,了解 PLC 上各开关及指示灯的含义以及S7-300 PLC 的安装方式。登录 http://www.ad.siemens.com.cn/网站,下载相关手册并详细了解 S7-300 系列 PLC CPU313C-2DP 的技术参数。

二、认识触摸屏

学习触摸屏的基本概念,认识西门子 MP277 触摸屏,对照实物了解各个连接端口的作用以及安装、使用与维护的基本方法。登录 http://www.ad.siemens.com.cn/网站,下载相关手册并详细了解 MP277 触摸屏。

任务8.2 Profibus-DP网络通信

8.2.1 西门子PLC网络基础

一、西门子PLC网络认识

在传统的自动化工厂里,现场环境安装的自动化设备,如传感器、调节器、变送器、执行器等,通过信号电缆与PLC或其他控制设备的I/O相连。由于现场设备分布较广,使电缆成本和敷设费用都大大增加,不仅在技术改造和系统扩展时缺乏灵活性,而且给日常维护带来很大困难。如果采用开放标准的现场总线系统将分散的设备部件连接起来,将会极大改变这种状况,如图8-15所示。

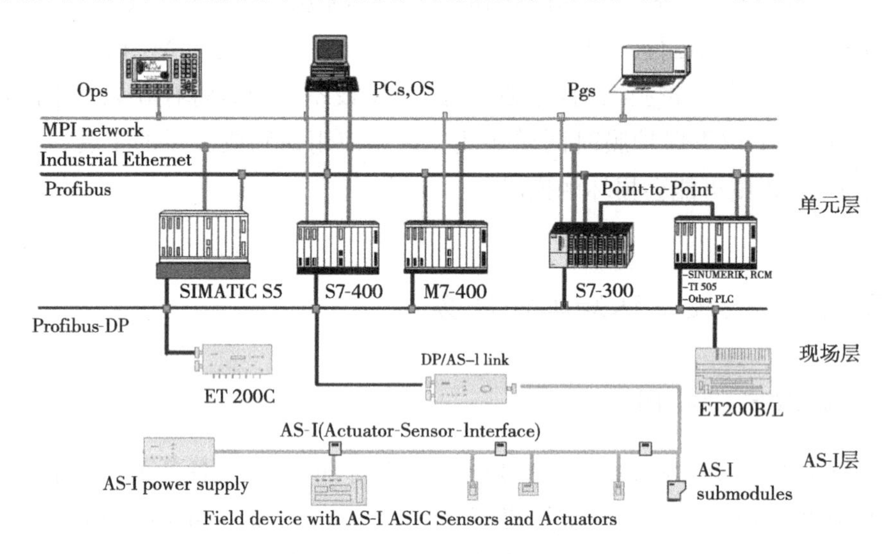

图8-15 西门子PLC网络结构

为了满足各种自动化任务,SIEMENS提供了各种通讯网络来适应不同的应用环境。

(1)MPI。MPI可用于单元层,它是SIMATIC S7、M7和C7的多点接口。MPI从根本上是一个PG接口,它被设计用来连接PG(为了启动和测试)和OP(人-机接口)。MPI网络只能用于连接少量的CPU。

(2)工业以太网。工业以太网(Industrial Ethernet)是一个用于工厂管理和单元层的通讯系统。工业以太网被设计为对时间要求不严格、用于传输大量数据的通讯系统,可以通过网关设备来连接远程网络。

(3)Profibus。工业现场总线(Profibus)是用于单元层和现场层的通讯系统。它有 2 个版本:一是对时间要求不严格的 Profibus,用于连接单元层上对等的智能结点;二是对时间要求严格的 Profibus-DP,用于智能主机和现场设备间的循环的数据交换。

(4)点到点连接。点到点连接(Point-to-Point Connections)最初用于对时间要求不严格的数据交换,可以连接两个站或连接 OP、打印机、条码扫描器、磁卡阅读机等设备到 PLC。

(5)AS-I 接口:执行器-传感器-接口(Actuator-Sensor-Interface)是位于自动控制系统最底层的网络,它可以将传感器和执行器通过 AS-I 总线电缆连接到网络上,将信号送到控制器。

二、Profibus 现场总线技术

Profibus 是能够以标准方式应用于制造业、流程业及混合自动化领域并贯穿整个工艺过程的单一现场总线技术,目前已成为最重要的现场总线标准。1987 年,Profibus 总线由 SIEMENS 等 13 家企业和 5 家研究机构联合开发;1989 年,被批准为德国工业标准 DIN19245;1996 年,被批准为欧洲标准 EN 50170 V. 2(Profibus-FMS/-DP)。1998 年,Profibus-PA 被批准纳入 EN 50170 V. 2。1999 年,Profibus 成为国际标准 IEC 61158 的组成部分(Type Ⅲ),2001 年被批准成为中国的行业标准 JB/T 10308. 3—2001,2006 年 11 月被正式确定为中国工业通讯领域现场总线技术国家标准 GB/T 20540—2006 Profibus。

1. Profibus 的组成

由于 Profibus 是一种开放式的现场总线标准,采用 Profibus 系统,因此对于不同厂家所生产的设备,不需要对接口进行特别的处理和转换就可以通信。Profibus 连接的系统由主站和从站组成,主站能够控制总线,当主站获得总线控制权后,可以主动发送信息。从站通常为传感器、执行器、驱动器和变送器,它们可以接收信号并给予响应,但没有控制总线的权力。当主站发出请求后,从站回送给主站相应的信息。Profibus 除了支持这种主从模式外,还支持多主多从的模式。对于多主站的模式,在主站之间按令牌传递决定对总线的控制权,取得控制权的主站可以向从站发送、获取信息,实现点对点的通信。

Profibus 根据应用特点可分为 Profibus-DP、Profibus-PA 和 Profibus-FMS 三个兼容版本。

(1)Profibus-DP。Profibus-DP(Decentralized Periphery,分布式外部设备)是一种低成本高速数据传输,用于自动化系统中单元级控制设备与分布式 I/O(如

ET200)的通信。主站之间的通信为令牌方式,主站与从站之间为主从轮询方式以及这两种方式的混合。一个网络中有若干个被动节点(从站),而它的逻辑令牌只含有一个主动令牌(主站),这样的网络为纯主-从系统。如图 8-16 所示,典型的 Profibus-DP 总线配置以这种总线存取程序为基础,一个主站轮询多个从站。

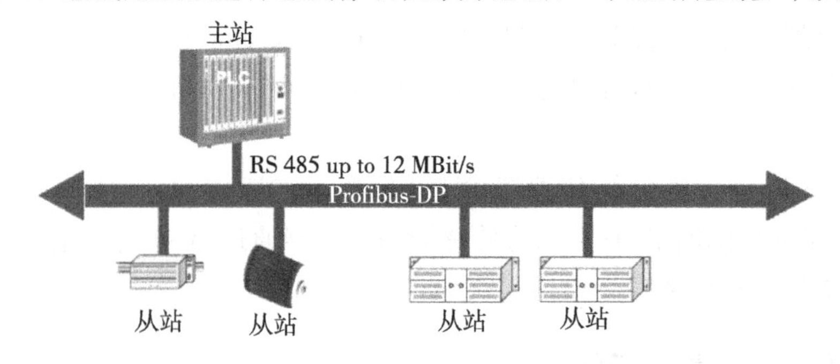

图 8-16 典型的 Profibus-DP 系统组成

(2)Profibus-PA。Profibus-PA(Process Automation,过程自动化)用于过程自动化的现场传感器和执行器的低速数据传输,使用扩展的 Profibus-DP 协议。传输技术采用 IEC 1158-2 标准,可用于防爆区域的传感器和执行器与中央控制系统的通信。Profibus-PA 使用屏蔽双绞线电缆,由总线提供电源。一个典型的 Profibus-PA 系统配置如图 8-17 所示。

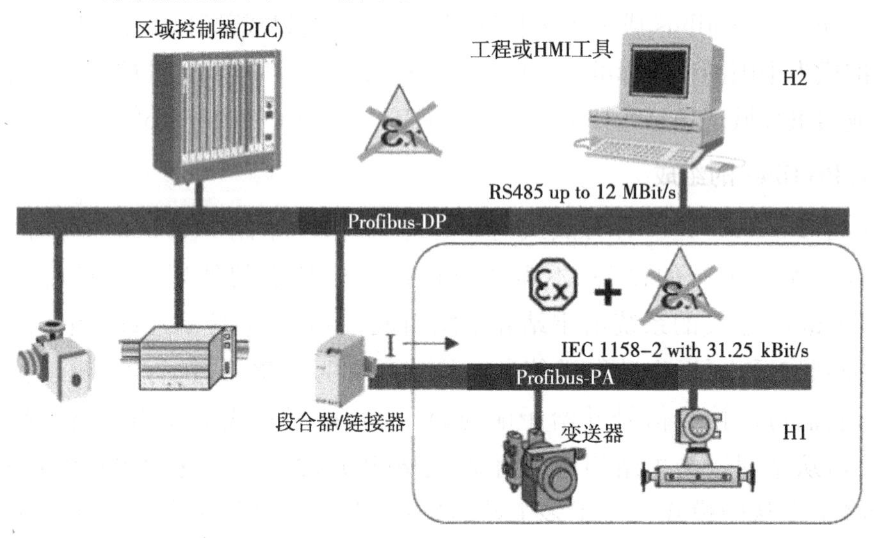

图 8-17 典型的 Profibus-PA 系统配置

(3)Profibus-FMS。Profibus-FMS(Fieldbus Message Specification,现场总线报文规范)主要用于系统级和车间级的不同供应商的自动化系统之间传输数据,以及处理单元级(PLC 和 PC)的多主站数据通信。对于 FMS 而言,它考虑的主要是系统功能而不是系统响应时间,应用过程中通常要求的是随机的信息交换,如改变设定参数。FMS 服务向用户提供了更广的应用范围和更大的灵活性，通常用于大范围、复杂的通信系统。

如图 8-18 所示，一个典型的 Profibus-FMS 系统由各种智能自动化单元组成，如 PC、作为中央控制器的 PLC、作为人机界面的 HMI 等。

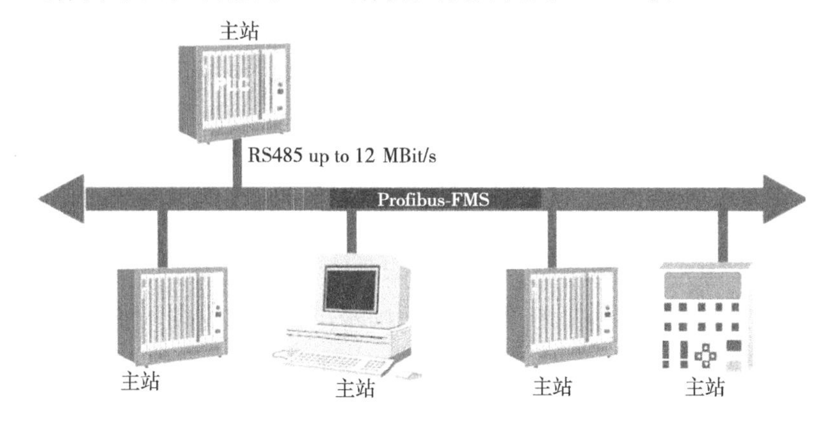

图 8-18　典型的 Profibus-FMS 系统配置

2. Profibus 总线传输技术

如图 8-19 所示，Profibus 使用两端均有终端的总线拓扑结构，符合 EIA RS485 标准。Profibus 总线保证在运行期间接入和断开一个或多个站时，不会影响其他站的工作。

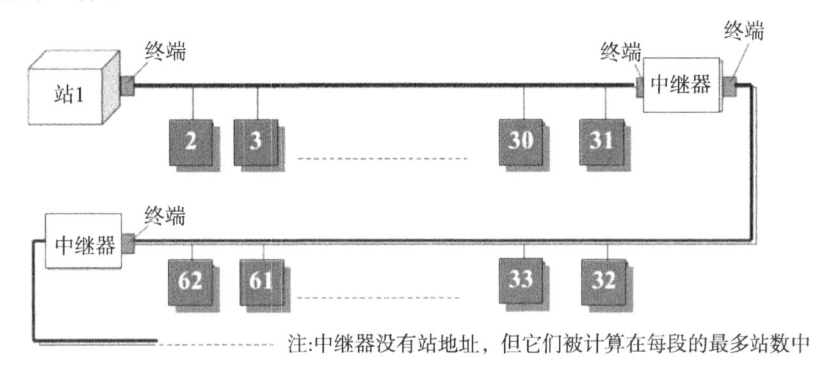

图 8-19　两端有终端的总线拓扑

Profibus 使用 3 种传输技术：Profibus-DP 和 Profibus-FMS 采用相同的传输技术，可使用 RS-485 屏蔽双绞线电缆传输技术或光纤传输技术；Profibus-PA 采用 IEC 1158-2 传输技术。

Profibus RS-485 的传输程序以半双工、异步、无间隙同步为基础，传输介质可以是屏蔽双绞线或光纤。RS-485 若采用屏蔽双绞线进行电气传输，不用中继器时，每个 RS-485 段最多连接 32 个站；用中继器时，可扩展到 127 个站，传输速度为 9.6～12000 kbps，电缆的长度为 100～1200 m。电缆的最大长度与传输速率有关,具体见表 8-5。

表 8-5 传输速率与电缆长度的关系

传输速率(kbps)	9.6～93.75	187.5	500	1500	3000～12000
电缆长度(m)	1200	1000	400	200	100

为了适应高强度的电磁干扰环境或使用高速远距离传输,Profibus 可使用光纤传输技术。使用光纤传输的 Profibus 总线段可以设计成星形或环形结构。现在市面上已经有 RS-485传输链接与光纤传输链接之间的耦合器,这样就实现了系统内 RS-485 和光纤传输之间的转换。

3. Profibus-DP 总线连接器

西门子公司提供 2 种 Profibus 总线连接器:一种是标准 Profibus 总线连接器[如图 8-20(a)所示],一种是带编程接口的 Profibus 总线连接器[如图 8-20(b) 所示],后者允许在不影响现有网络连接的情况下,再连接一个编程站或者一个 HMI 设备到网络中。带编程接口的 Profibus 总线连接器将 S7-200 的所有信号(包括电源引脚)传到编程接口,这种连接器对于那些从 S7-200 取电源的设备(如 TD200)尤为有用。

两种连接器都有两组螺钉连接端子,可以用来连接输入连接电缆和输出连接电缆。两种连接器也都有网络偏置和终端匹配的选择开关,如图 8-20(c)所示。该开关在 ON 位置时接通内部的网络偏置和终端电阻,在 OFF 位置时断开内部的网络偏置和终端电阻。连接网络两端节点设备的总线连接器应将开关放在 ON 位置,以减少信号的反射。

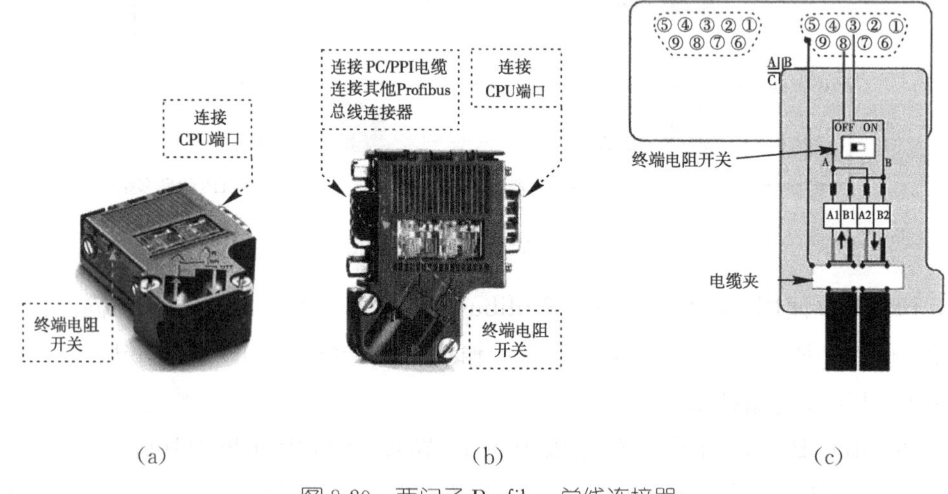

图 8-20 西门子 Profibus 总线连接器

对 Profibus-DP/FMS 提供的连接器类型是 9 针 D 型连接器,9 针 D 型连接器的针脚分配见表 8-6。

表 8-6　9 针 D 型连接器的针脚分配

针脚号	信号	规定
1	Shield	屏蔽连接
2	M24	DC 24 V 接地端
3	RxD/TxD-P *	接收数据/传输数据阳极(+)
4	CNTR-P	中继器控制信号(方向控制)
5	DGND *	数据传输势位(对地 5 V)
6	VP *	终端电阻-P 的供给电压(P 5 V)
7	P24	输出电压+24 V
8	RxD/TxD-N *	接收数据/传输数据阴极(—)
9	CNTR-N	中继器控制信号(方向控制)

注:每个设备必须支持命令信号。

为保证网络的通信质量(传输距离、通信速率),建议采用西门子标准双绞线屏蔽电缆,并在电缆的两个末端安装终端电阻。典型总线电缆连接及终端电阻如图 8-21 所示。

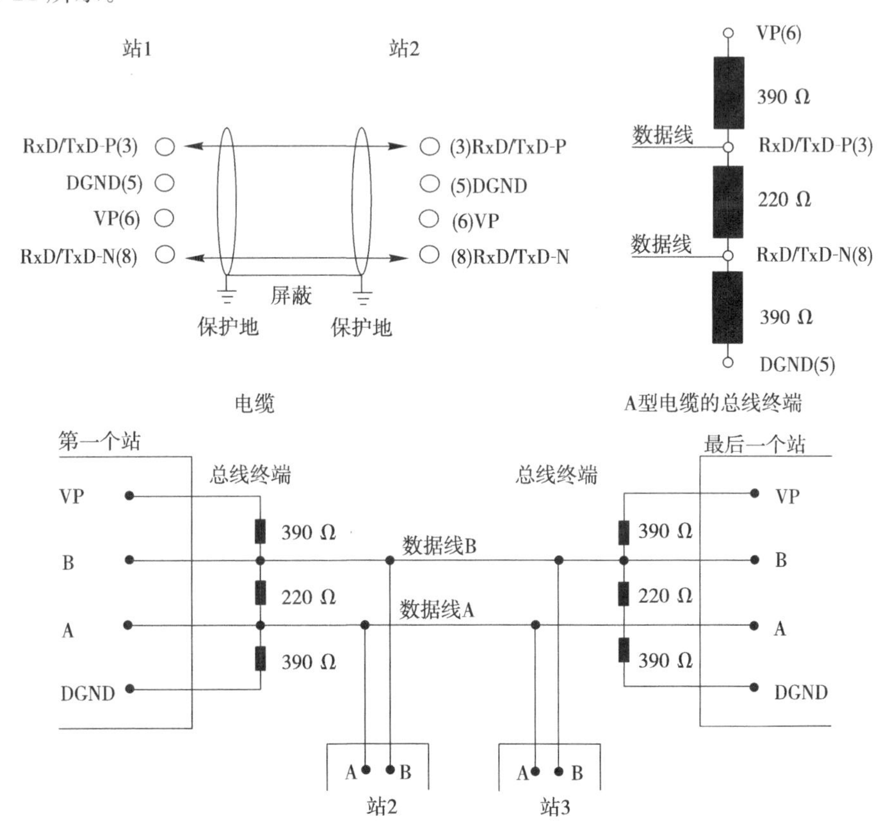

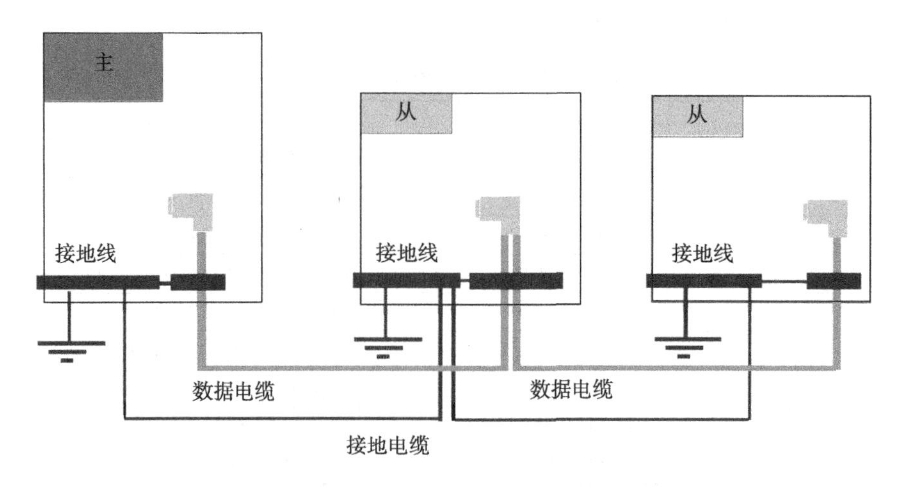

图8-21 Profibus电缆连接

8.2.2 EM277 Profibus-DP从站模块

一、EM277概述

S7-200 CPU可以通过EM277 Profibus-DP从站模块连入Profibus-DP网，主站可以通过EM277对S7-200 CPU进行读写数据。作为DP从站，EM 277模块接受从主站来的多种不同的I/O配置，向主站发送和接收不同数量的数据。作为S7-200的扩展模块，EM277像其他I/O扩展模块一样，通过出厂时就带有的I/O总线与S7-200 CPU相连。因为EM277只能作为从站，所以2个EM277之间不能通信，但可以由一台计算机作为主站，访问几个联网的EM277。

EM277是智能模块，其通信速率为自适应，在S7-200 CPU中不用做任何关于Profibus-DP的配置和编程工作，只需对数据进行处理。Profibus-DP的所有配置工作由主站完成，在主站中需配置从站地址及I/O配置。与许多DP站不同的是，EM277模块不仅能传输I/O数据，还能读写S7-200 CPU中定义的变量数据块，这样，使用户能与主站交换任何类型的数据。首先，将数据移到S7-200 CPU中的变量存储器，就可将输入值、计数值、定时器值或其他计算值传送到主站。类似地，从主站来的数据存储在S7-200 CPU中的变量存储器内，并可移到其他数据区。EM277 Profibus-DP模块的DP端口可连接到网络上的一个DP主站上，但仍能作为一个MPI从站与同一网络上的SIMATIC编程器或S7-300/S7-400 CPU等其他主站进行通信。

EM277作为一个特殊的Profibus-DP从站模块，其相关参数(包括上述的数据一致性)是以GSD(或GSE)文件的形式保存的。在主站中配置EM277，需要安装相关的GSD文件。EM277的GSD文件可以在西门子中文网站下载，文件名是

EM277. ZIP。

EM277 模块同时支持 Profibus-DP 和 MPI 2 种协议。EM277 模块经常发挥路由功能,使 CPU 支持这 2 种协议。EM277 实际上是通信端口的扩展,这种扩展可以用于连接操作面板(HMI)等。

根据其物理位置的不同(模块连接到 CPU 的顺序),每个智能模块在 S7-200 CPU 中都有对应的特殊存储单元(SM)。EM277 在工作时的状态信息就保存在这些特殊单元中,用户程序可以通过它们监视通信的状态等。详情请参考《S7-200 系统手册》。

图 8-22 所示为由 1 个 CPU 224 和 1 个 EM277 Profibus-DP 模拟的 Profibus 网络。在这种场合,CPU315-2 是 DP 主站,并且已通过一个带有 STEP 7 编程软件的 SIMATIC 编程器进行组态。CPU224 是 CPU315-2 所拥有的 1 个 DP 从站,ET200 I/O 模块也是 CPU 315-2 的从站。S7-400 CPU 连接到 Profibus 网络,并且借助于 S7-400 CPU 用户程序中的 XGET 指令,从 CPU224 读取数据。

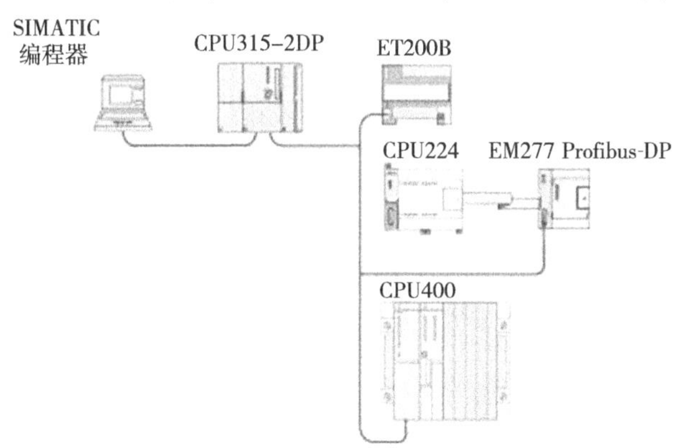

图 8-22 一个 Profibus 网络上的 EM277 Profibus-DP 模块和 CPU224

二、EM 277 的外观介绍

EM277 的外观如图 8-23 所示。EM277 地址开关用于设置该通讯站点在网络中的地址,×10 的开关用于设置地址的最高位,×1 的开关用于设置地址的最低位,可以用小起子插入并旋转,使箭头指向相应的刻度。状态指示灯用于显示 EM277 的工作状态,具体功能见表 8-7。DP 从站接口用于连接总线连接器,如果是中间的站点,总线连接器上的终端电阻开关置于 OFF 位置。EM277 可以作为 S7-200 PLC 的扩展模块,可以使用扁平电缆和 S7-200 PLC 的扩展口连接。EM277 的电源取自 PLC 的 DC 24 V 输出。

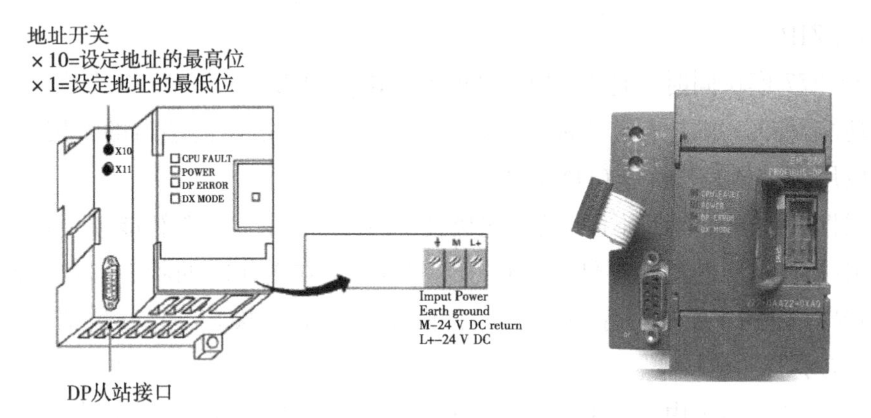

图 8-23 EM277 Profibus-DP 模块

表 8-7 EM 277 状态指示灯

灯	灭	红灯亮	红灯闪烁	绿灯亮
CPU FAULT	模块完好	内部模块故障	—	—
POWER	无 DC 24 V 电源	—	—	DC 24 V 接通
DP ERROR	没有错误	处于非数据交换模式	参数/组态错误	—
DX MODE	不处于数据交换模式	—	—	处于数据交换模式

注意事项:当 EM277 Profibus-DP 模块单独作为 MPI 从站使用时,只有绿色电源灯点亮。

8.2.3 建立 Profibus-DP 网络通信

在自动化生产线中,各站通过 S7-200 单独控制,各站之间的信息交换是通过 Profibus-DP 网络实现的。在本任务中主要学习如何把 S7-200 与 S7-300 联入 Profibus-DP 网络中。

一、工作任务及要求

在 CPU313C-2DP 与 CPU224 之间通过 EM277 模块建立 Profibus-DP 通信连接,组成 Profibus-DP 通信系统,并对系统进行搭建、设备组态、总线参数配置、测试程序编写、系统测试及故障诊断等,并提交工作报告。

S7-300 与 S7-200 通过 EM277 进行 Profibus-DP 通信,需要在 STEP7 中进行 S7-300 站组态。在 S7-200 系统中不需要对通信进行组态和编程,只需要将要进行通信的数据整理存放在 V 存储区并与组态 EM277 从站时的硬件 I/O 地址相对应即可。

二、任务实施步骤

1. 系统配置

本例中由一个主站(CPU313C-2DP)和一个从站(安装有 EM277 通信模块的 CPU224,假设是上料检测站)构成 Profibus-DP 通信系统,系统结构如图 8-24 所示。

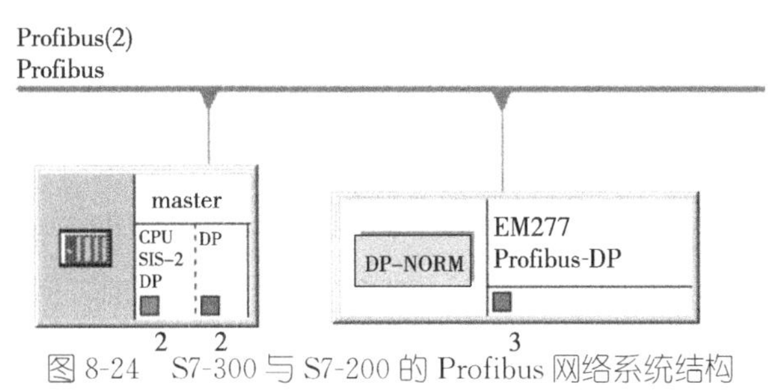

图 8-24　S7-300 与 S7-200 的 Profibus 网络系统结构

2. 组态 S7-300 主站系统

组态 S7-300 主站系统的实施步骤如下。

(1)打开 SIMATIC Manager,执行"文件"→"新建"菜单命令,新建一个项目,并在新建项目对话框的名称栏中,将项目的名称命名为"dp_em277"。单击"确定"按钮,如图 8-25 所示。

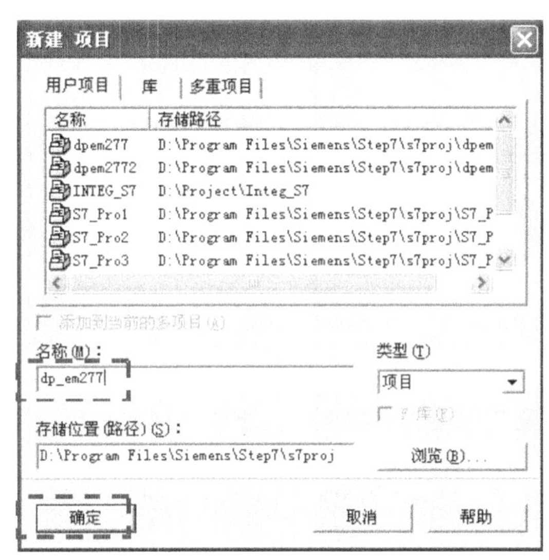

图 8-25　"新建项目"对话框

(2)执行菜单命令"插入"→"站点"→"SIMATC 300 站点",在该项目下插入一个 S7-300 的工作站,并将其命名为"master",如图 8-26 所示。

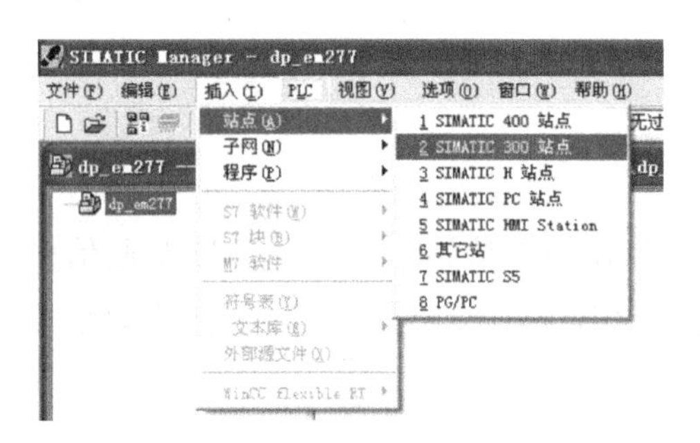

图 8-26　插入 S7-300 站点

(3)硬件组态及 DP 接口属性的设置。单击“master”，在右视窗中双击 硬件图标，进入硬件配置窗口，在硬件组态窗口中右边的目录树里插入 S7-300 的导轨 Rail，在机架中的 2 号槽插入 CPU 模块(6ES7 313-6CE01-0AB0)，如图 8-27所示。

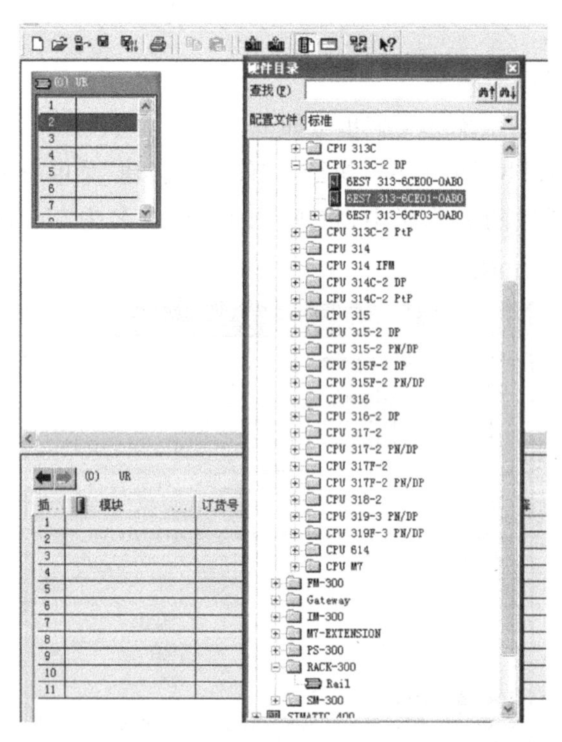

图 8-27　主站“master”的机架及 CPU 的组态

在插入 CPU 模块时，会弹出“属性-PROFIBUS 接口 DP(R0/S2.1)” 对话框，在此对话框中选择地址为 2，并单击“新建”按钮。在“属性—新建子网 PROFIBUS”对话框选择“网络设置”标签，设置传输率为 1.5 Mbps，配置文件选择 DP。然后依次按下“确定”按钮，如图 8-28 所示。此设置也可以在 S7-300 硬件组态完成后，双击机架中的 DP 模块，在上述属性对话框中进行各项设置。

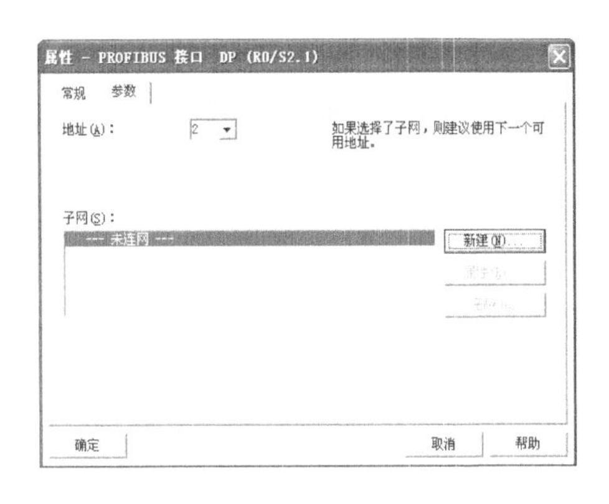

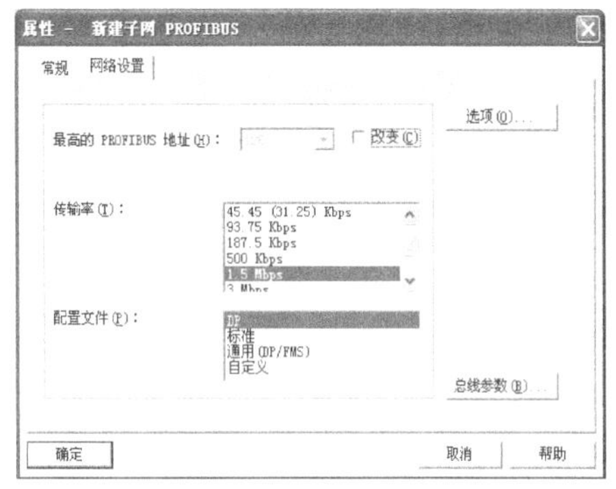

(a)"属性—PROFIBUS 接口 DP(R0/S2.1)"对话框　　(b)"属性—新建子网 PROFIBUS"对话框

图 8-28　设置主站 DP 属性参数

组态完成后，系统将在主站的 DP 接口上生成一条 Profibus-DP 主站系统导轨，这就是 Profibus-DP 子网线，如图 8-29 所示。

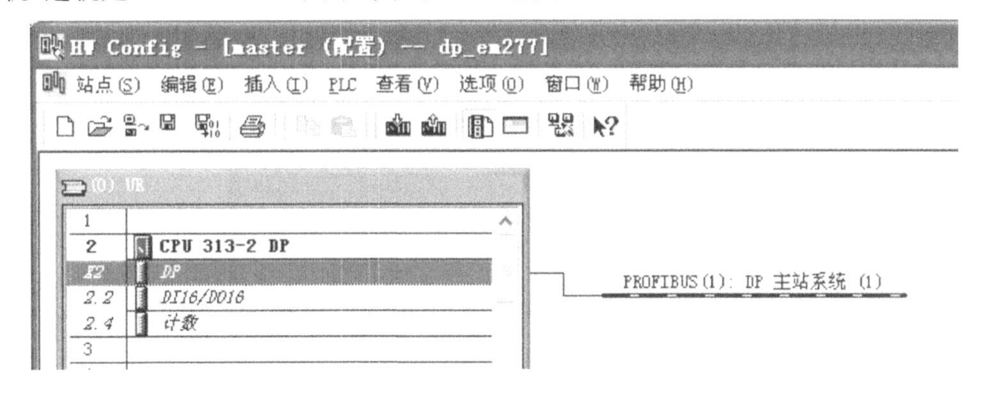

图 8-29　主站"master"组态完成

3. 安装 EM277 的 GSD 文件

支持 Profibus-DP 的从站设备都会有 GSD 文件，GSD 文件是对设备一般的描述，通常以"*.GSD"或"*.GSE"文件名出现，只有将此 GSD 文件加入主站组态软件中，才可以组态从站的通信接口。本例中 EM277 的配置文件"SIEM089D.GSD"可以从西门子公司网站上下载，下载地址为：http://support.automation.siemens.com/cn/view/zh/113652。

在 STEP 7 的硬件组态窗口中，执行菜单命令"选项"→"安装 GSD 文件"，打开"安装 GSD 文件"对话框，如图 8-30 所示。

GSD 文件可以从 STEP 7 的项目中找，也可以从储存 GDS 文件的文件夹中找。

单击"浏览"按钮，找到 GSD 文件 SIEM089D.GSD 所在文件夹，并选中该文件,然后单击“安装”按钮,安装EM277从站配置文件。

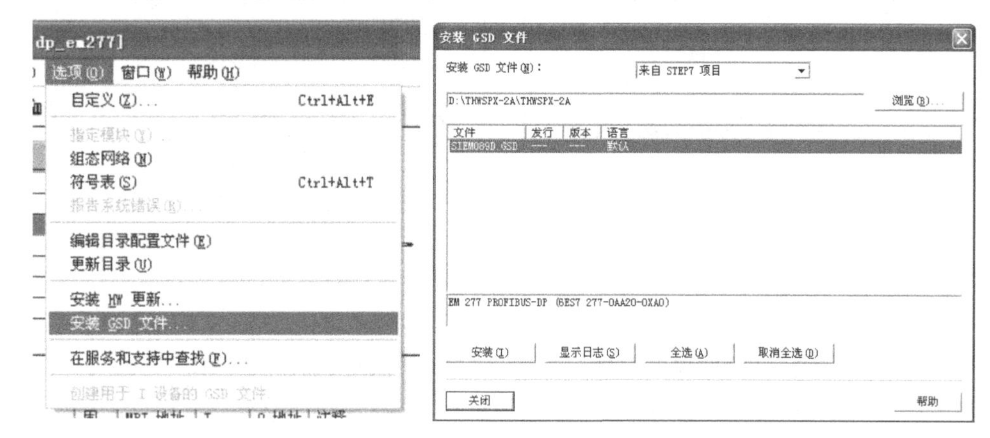

图8-30　安装EM277的GSD文件

安装完成后,在硬件组态窗口内执行菜单命令“选项”→“更新目录”,更新硬件模块目录,在硬件目录“PROFIBUS DP”→“Additional Field Devices”→“PLC”→“SIMATIC”内即可看到刚刚安装的EM277 PROFIBUS-DP模块图标,如图8-31所示。

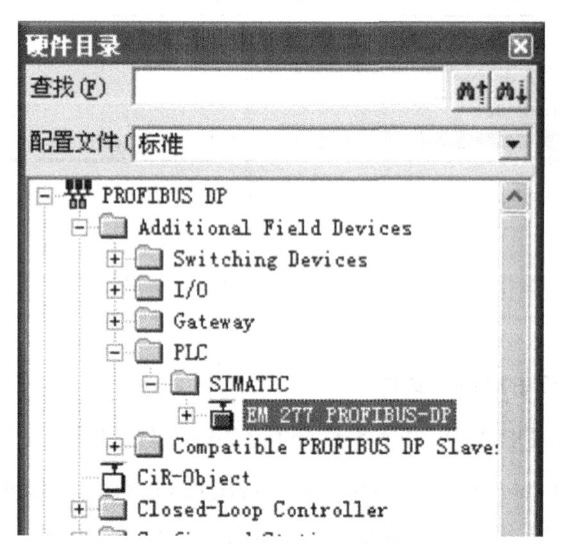

图8-31　更新后的硬件目录

4. 组态EM277 PROFIBUS-DP从站

(1)向Profibus主站系统添加EM277 PROFIBUS-DP从站。完成GSD文件安装以后,在右侧的设备选择列表中展开“PROFIBUS-DP”→“Additional Field Devices”→“PLC”→“SIMATIC”文件夹,找到“EM277 PROFIBUS-DP”图标,并拖放到PROFIBUS主系统的网线上,此时将弹出“属性－PROFIBUS接口

EM277 PROFIBUS-DP”对话框，如图 8-32 所示。

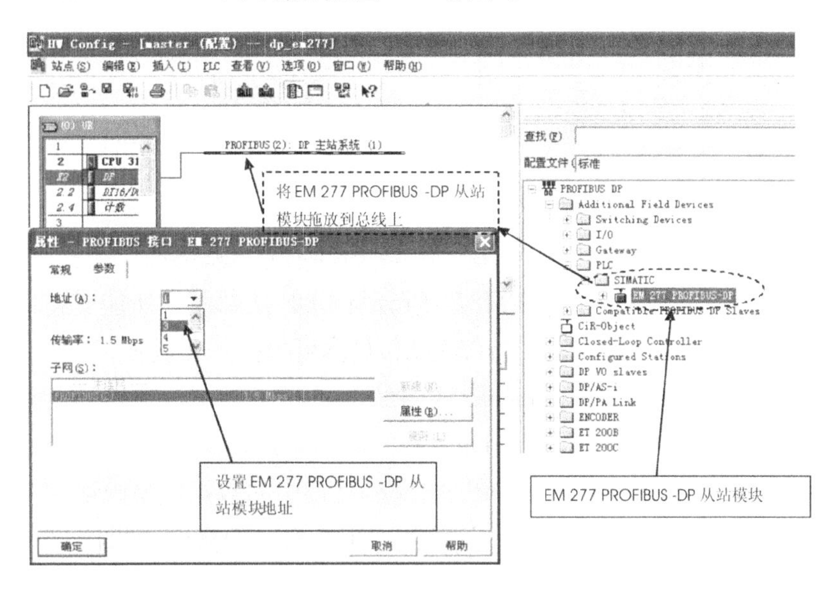

图 8-32　添加 EM277 Profibus-DP 从站

在该对话框内可设置 EM277 Profibus-DP 从站模块的 DP 地址，软件组态的 EM277 Profibus-DP 从站地址要与实际 EM277 上的拨码开关设定的地址一致，本例设置为 3。然后单击“属性”按钮，打开“属性—PROFIBUS”对话框，如图 8-33 所示。在“网络设置”属性标签内设置 EM277 的网络参数，如最高 DP 地址、波特率、行规等，其设置要与主站系统的参数一致。完成设置后即可将 EM277 Profibus-DP 从站模块挂接在 Profibus 主系统的网线上，如图 8-34 所示。

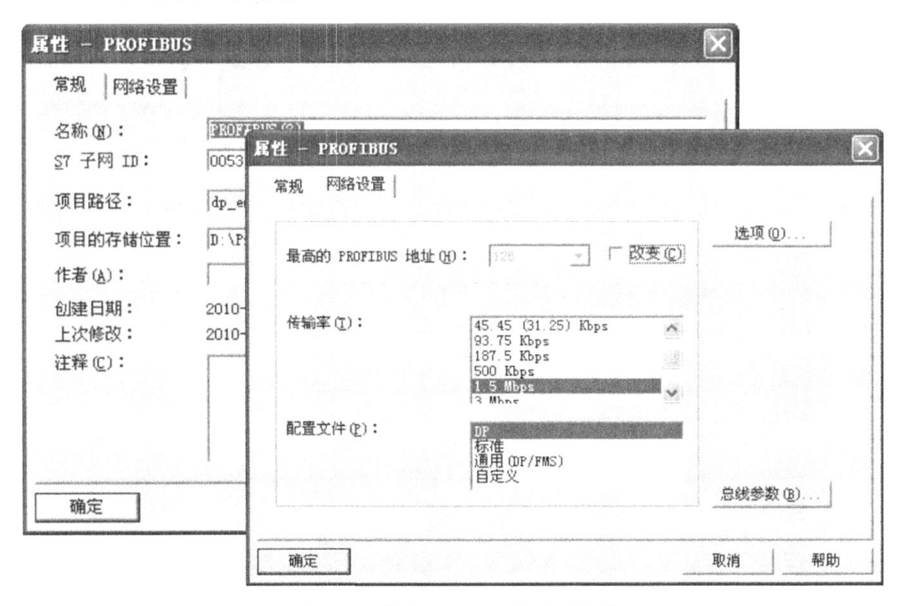

图 8-33　设置 EM277 的网络参数

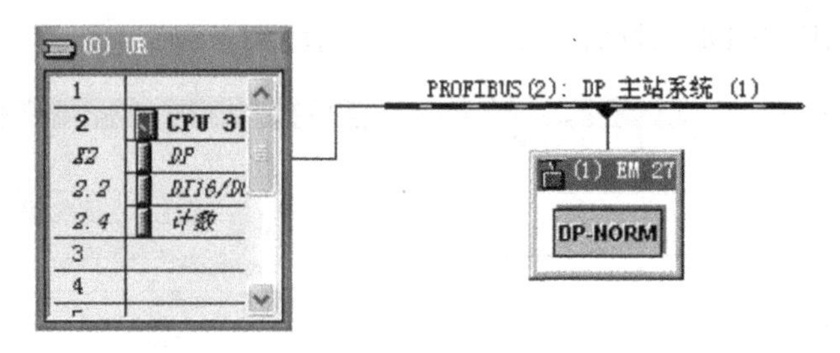

图 8-34　Profibus 主系统的网线上 EM277 从站模块

(2)配置数据交换映射区。EM277 Profibus-DP 从站模块所能支持的数据交换映射区大小为 32 字节输入、32 字节输出,具体可根据需要设置。

在硬件组态窗口内单击 Profibus 主系统上的 EM277 Profibus-DP 从站模块,然后在硬件目录内展开"Profibus-DP"→"Additional Field Devices"→"PLC"→"SIMATIC"→"EM277 Profibus-DP"文件夹,将选中的数据交换映射区的字节数(本例为"8 Bytes Out/8 Bytes In")拖放到左下角窗口的槽内,如图 8-35(a)所示。图 8-35(b)所示对应的地址是主站的数据交换映射区地址,输入区为 IB0～IB7,共 8 个字节,输出区为 QB0～QB7,共 8 个字节。双击图 8-35(b)中的插槽 1,可以通过"属性－DP 从站"对话框改变主站数据交换映射区的起始地址,图 8-35(c)所示为改动后的主站数据交换映射区地址,输入区为 IB2～IB9,共 8 个字节,输出区为 QB2～QB9,共 8 个字节。

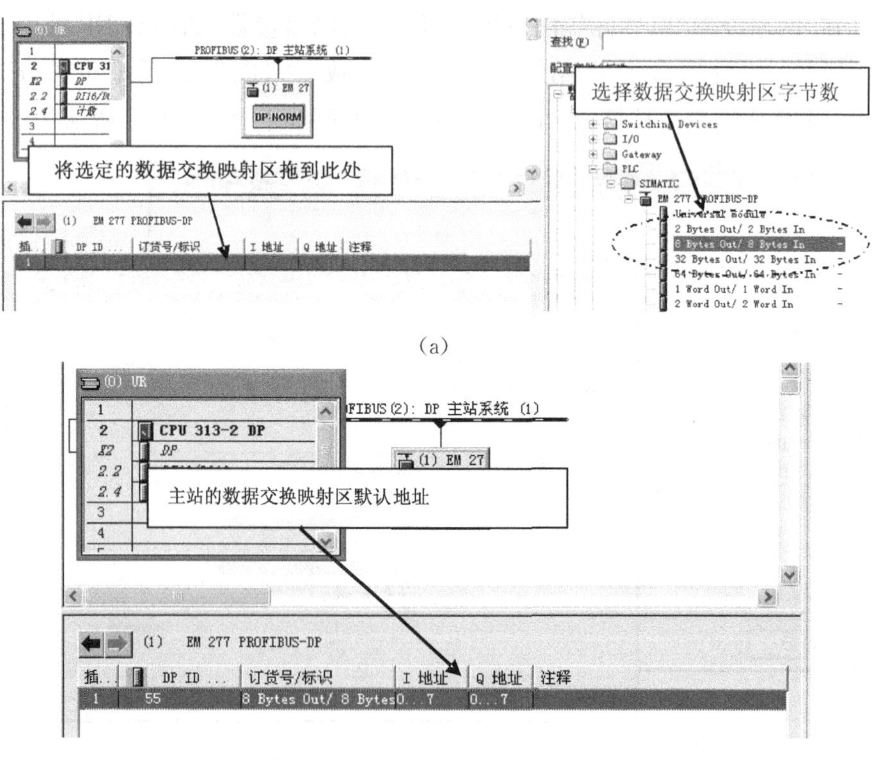

(a)

(b)

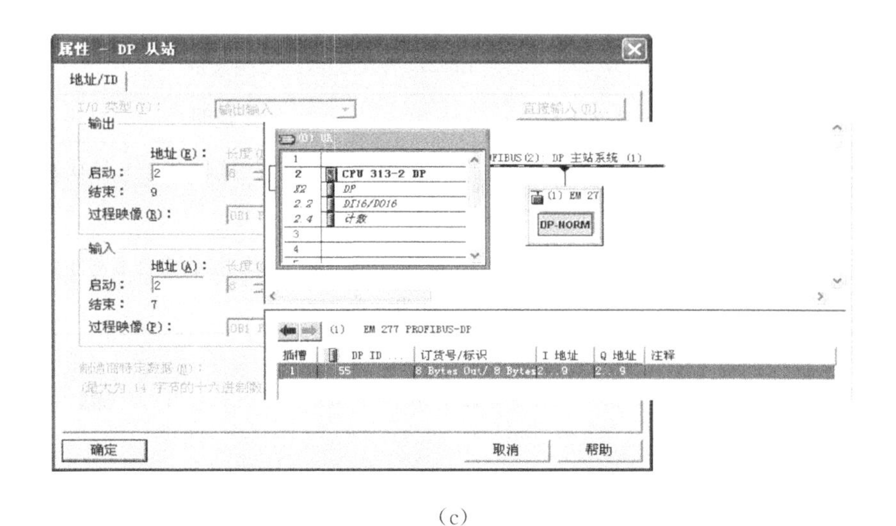

（c）

图 8-35　配置数据交换映射区

对应于 S7-200 的数据交换映射区为 V 区，占用 16 个字节。在主站的硬件组态窗口中双击 Profibus 主系统上的 EM277 Profibus-DP，可打开"属性—DP 从站"对话框，如图 8-36 所示。在"参数赋值"属性标签内展开"设备专用参数"选项，选中"I/O Offset in the V-memory"，在右视窗内可调整 V 区的偏移量。V 区的偏移缺省为 0，因此，S7-200 的接收区地址为 VB0～VB7，S7-200 的发送区地址为 VB8～VB15。数据交换关系见表 8-8。

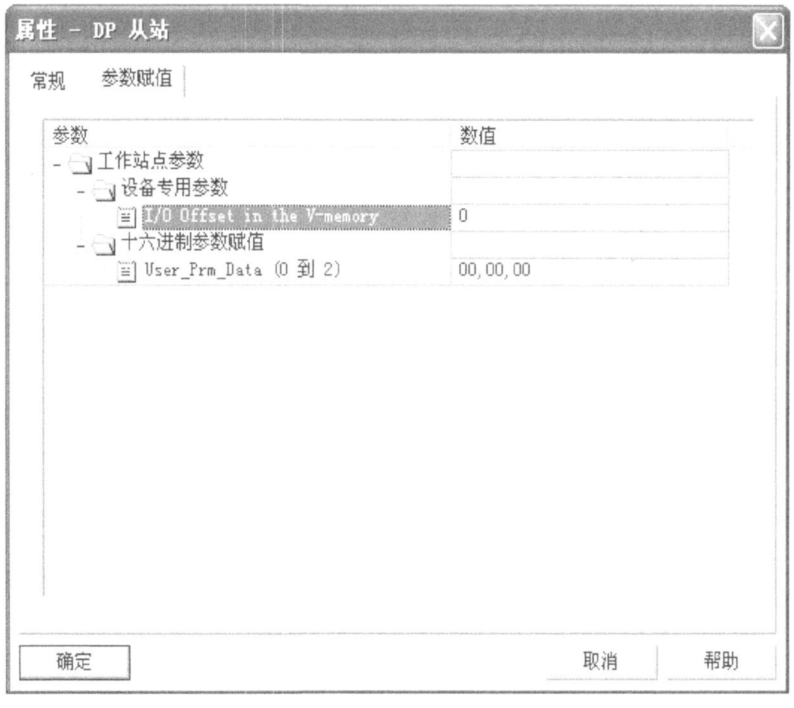

图 8-36　设置 S7-200 数据交换区的偏移量

表 8-8 S7-300 主站与 EM277 从站的数据交换关系

2 号主站“Master”	3 号从站 EM277	说明
IB2～IB9(接收区)	VB8～VB15(发送区)	2 号主站的 IB2～IB9 接收来自 3 号从站 VB8～VB15 发送的数据
QB2～QB9(发送区)	VB0～VB7(接收区)	3 号从站的 VB0～VB7 接收来自 2 号主站 QB2～QB9 发送的数据

完成配置后,需要将组态数据下载到 S7-300 的 CPU 中。单击按钮可以下载组态数据。

三、任务调试

为了对通信系统进行调试,可用 2 号主站的 IB0 外部开关控制 3 号从站的 QB0;用 3 号从站的 IB0 外部所接开关控制 2 号主站的 QB0。

1. 编写 S7-300 主站系统的通信调试子程序

打开 SIMATIC Manager,为 2 号主站编写通信调试子程序 FC1,将进行交换的数据存放在 QB2～QB9,对应 S7-200 的 VB0～VB7,如图 8-37 所示。

FC1:2号主站系统通信调试子程序

用2号主站的IB0外部开关控制3号从站的QB0;用3号从站的IB0外部所接开关控制2号主站的QB0。

Network 1 将2号主站的IB0开关信号送到发送区

将2号主站的IB0开关信号送到数据发送区QB2。

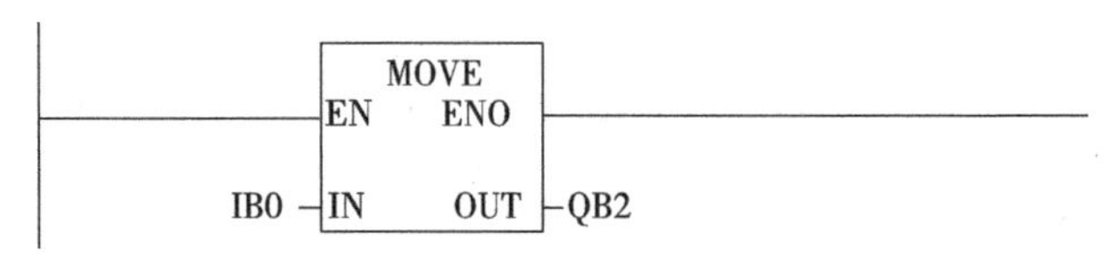

Network 2 取2号主站的数据接收区数据

将3号从站发来的数据从2号主站的接收区IB2中取出,然后送到QB0。

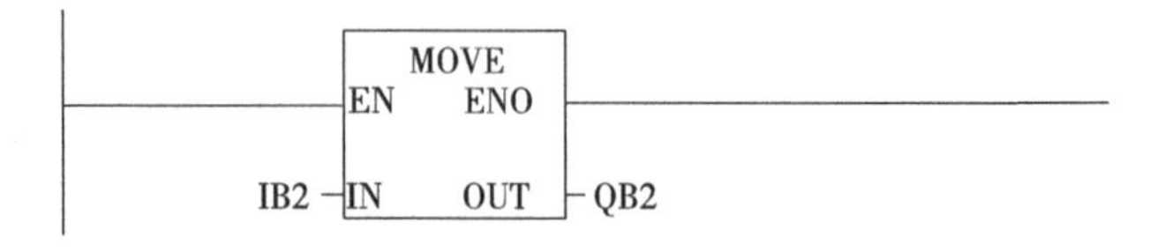

图 8-37 S7-300 的数据通信子程序

2. 编写 S7-200 从站系统的通信调试子程序

打开 STEP 7-Micro/Win，显示为 3 号从站编写通信调试子程序，将进行交换的数据存放在 VB7～VB15，对应 S7-300 的 IB2～IB9，如图 8-38 所示。

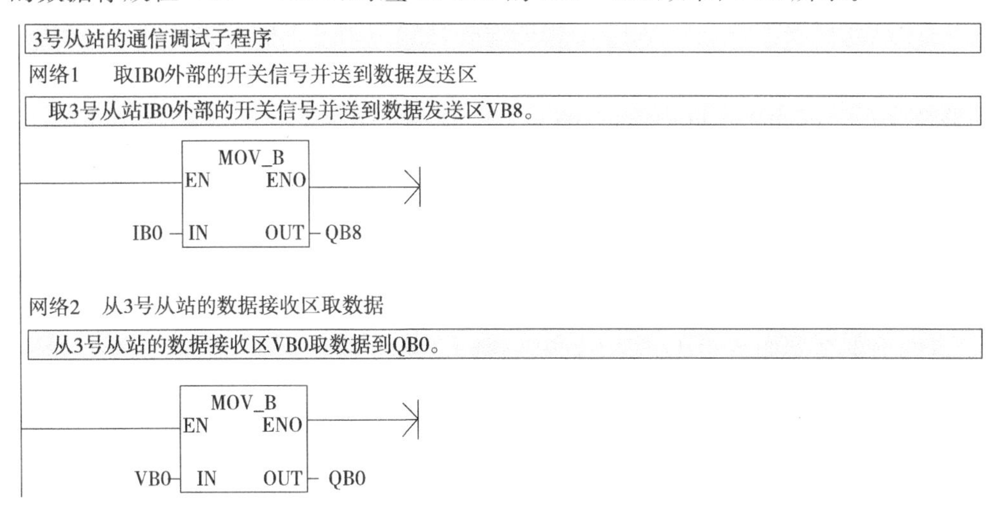

图 8-38 S7-200 的数据通信子程序

将 EM277 的拨位开关拨到与以上硬件组态的设定值一致，然后将 S7-300 和 S7-200 的调试程序分别下载到各自的 CPU，打开 STEP 7 中的变量表和 STEP 7 MicroWin32 的状态表进行监控，然后操作各自 IB0 外部的开关，观察通信伙伴方控制对象的变化。

任务 8.3 自动化生产线整体控制

在前面几个项目中，主要是针对每个单站进行安装与调试。本任务主要是将各站连成一条完整的生产线，来完成工件的输送、检测、搬运、加工、装配、分类等工序，主要工作任务有自动化生产线的整体安装与调试以及控制网络的组建与测试。

8.3.1 自动化生产线的整体安装与调试

按照下列步骤及要点进行自动化生产线整体安装与调试。

(1)选一个站作为基准站，在此选安装搬运站。将安装搬运站的机械手需要停的 3 个工作位置调整准确。

(2)使分类站紧靠安装搬运站，将安装搬运站的机械手移到分类站接料台上方。然后调节接料台的等料位置，使机械手能够平稳地将工件放在接料台上，并用尺子测量接料台距离原点的位置,在程序中不断调整等料位置的X、Y方向的脉冲数。

(3)使加工站紧靠安装搬运站,将安装搬运站的机械手移到加工站的4号工位上方,并使机械手的气爪落下,气爪能够正好抓到4号工位上的工件。

(4)使安装站尾部紧靠安装搬运站,使得安装站的摆臂前摆时,气动吸盘正好能够将小工件放入大工件内。

(5)使搬运站紧靠加工站,将机械手转到右边,手臂拉出,气爪下降,使工件能够被平稳地放入加工站的1号工位。

(6)使上料检测站紧靠搬运站,将机械手转到左边,手臂拉出,气爪下降,同时提升上料检测站的料台,使气爪能够抓住工件。

(7)以上各站调整完成后,用连接器将两站连接固定。

(8)利用三通连接管将气源分配到各站的气源入口,并调节各站的气源压力,使压力为0.6 MPa。

8.3.2 自动化生产线控制网络的组建与测试

一、工作任务及要求

根据六站的控制要求,组建Profibus-DP网络,通过S7-300主机采集并处理各站的相应信息,完成六站间的联动控制。

二、任务实施步骤

1. 网络硬件连接

(1)首先设定各站的EM277模块地址,用一字螺丝刀调节模块上的编址开关,各站的EM277地址分配见表8-9。在Profibus-DP网络中,S7-300主机的地址为2,触摸屏的地址为1。

表8-9 自动化生产线各站的地址

站名	上料检测站	搬运站	加工站	安装站	安装搬运站	分类站
地址	3	4	5	6	7	8

(2)将DP连线首端出线的网络连接器接到S7-300主机的DP口上,其他网络连接器依次接到六个站的EM277模块DP口上,将连线末端网络连接器上的终端电阻开关打到“ON”位置,其他网络连接器上的终端电阻开关全部打到“OFF”位置。

2. 自动化生产线主站组态

运行 SIMATIC Manager 软件，创建一个项目。创建一个新项目有 2 种方式：直接创建和使用向导创建。两者的区别在于：直接创建将产生一个空项目，用户按需要添加项目框架中的各项内容；新建项目向导则向用户提供一系列选项，根据用户的选择，自动生成整个项目的框架。

(1)在文件菜单下单击“新建”，或者单击工具栏按钮，可以直接创建一个新项目。在弹出的对话框中输入项目名称，单击“OK”完成。直接创建的项目中只包含一个 MPI 子网对象，用户需要通过插入菜单向项目中手动添加其他对象。先插入一个 SIMATIC 300 站点，进行硬件组态，当完成硬件组态后，再在相应 CPU 的 S7 Program 目录下编辑用户程序，如图 8-39 所示。

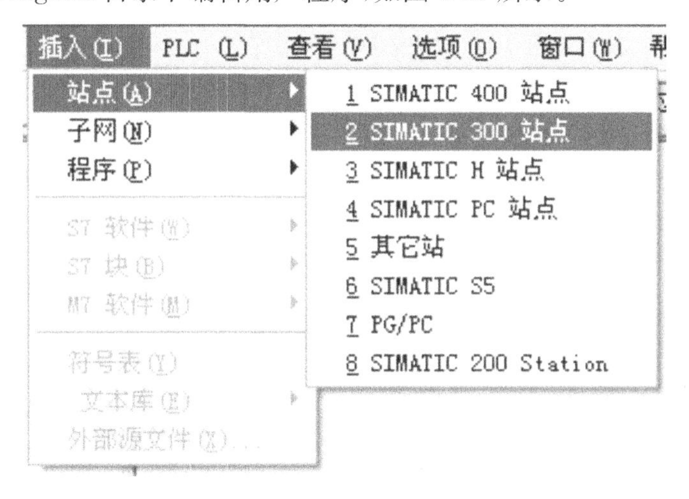

图 8-39　插入 SIMATIC 300 站点

(2)硬件组态程序。双击硬件图标，就会进入硬件组态界面，如图 8-40 所示。

(3)配置主机架。

①主机架配置原则。在 STEP 7 中，组态 S7-300 主机架(0 号机架)必须遵循以下规范：1 号槽只能放置电源模块，在 STEP 7 中，S7-300 电源模块也可以不必组态；2 号槽只能放置 CPU 模块，不能为空；3 号槽只能放置接口模块，如果一个 S7-300 PLC 站只有主机架，而没有扩展机架，则主机架不需要接口模块，而 3 号槽必须留空(实际的硬件排列仍然是连续的)。

②主机架配置方法。在 STEP 7 中，通过简单的拖放操作就可完成主机架的配置。在配置过程中，添加到主机架中的模块的订货号(在硬件目录中选中一个模块，目录下方的窗口会显示该模块的订货号以及描述)应该与实际硬件一致，具体步骤如下：

a. 在硬件目录中找到 S7-300 机架，双击或者拖拽到左上方的视图中，即可添加一个主机架,如图 8-40 所示。

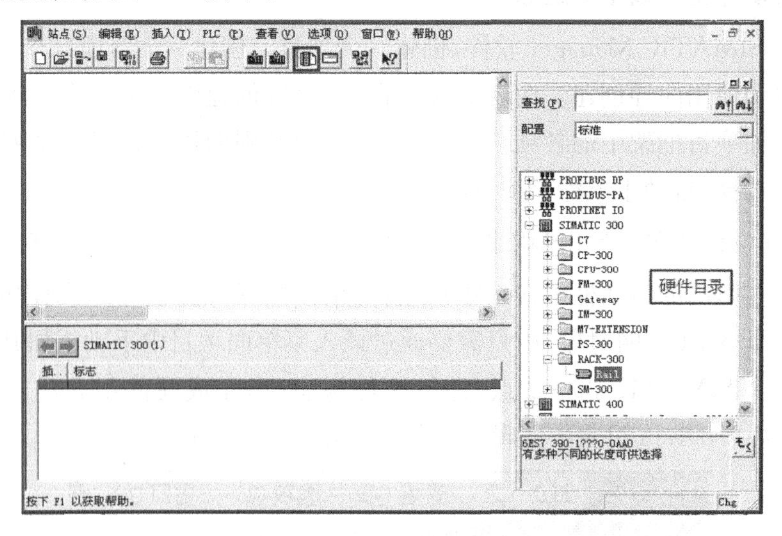

图 8-40 硬件组态

b. 插入主机架后,分别向机架中的 1 号槽添加电源(可省略)、2 号槽添加 CPU,如图8-41所示。硬件目录中的某些 CPU 型号有多种操作系统(Firmware)版本,在添加 CPU 时,CPU 的型号和操作系统版本都要与实际硬件一致。

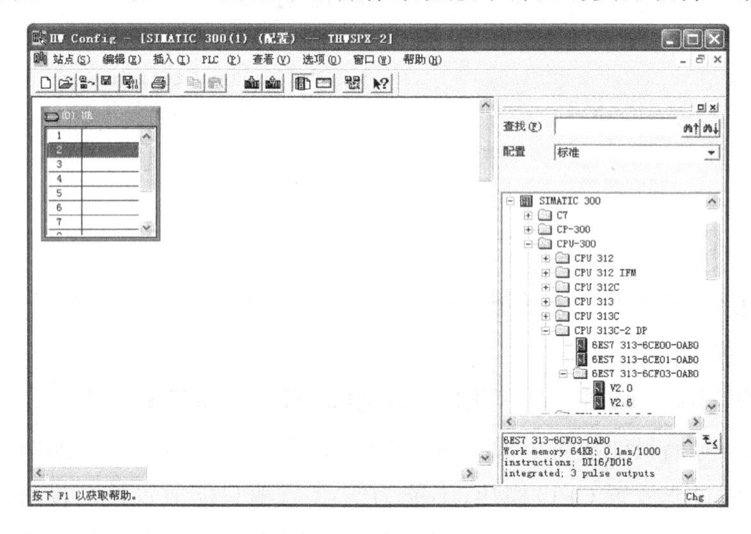

图 8-41 机架配置

在配置过程中,STEP 7 可以自动检查配置的正确性。当硬件目录中的一个模块被选中时,机架中允许插入该模块的插槽会变成绿色,而不允许插入该模块的插槽颜色无变化。

在将选中的 CPU 模块添加到机架中时,会弹出一个对话框,如图 8-42 所示。

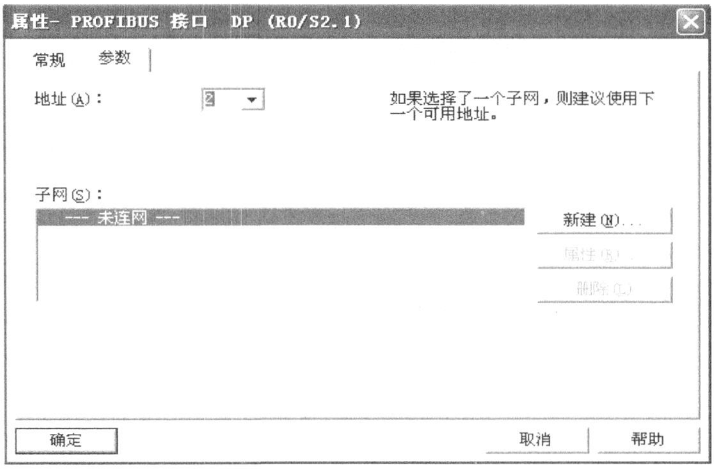

图 8-42　“属性—PROFIBUS 接口 DP (R0/S2.1)”对话框

点击“新建”,将弹出对话框,如图 8-43 所示进行设置。

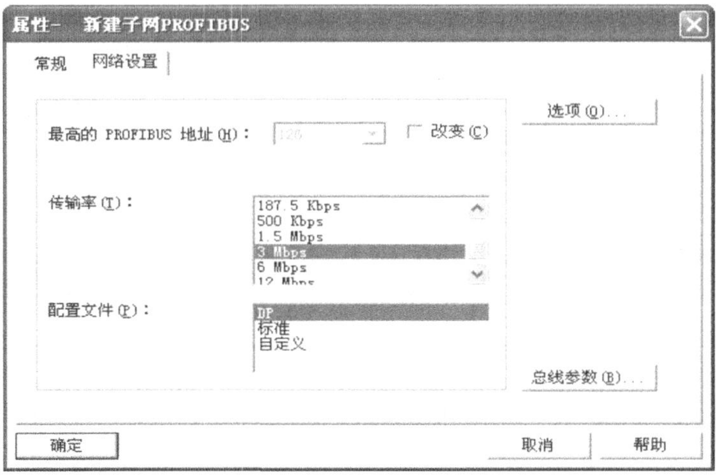

图 8-43　“属性—新建子网 PROFIBUS”对话框

点击“确定”后退出,回到硬件组态画面,出现当前 PLC 站窗口,如图 8-44 所示。

(4)修改输入输出的开始地址。先点击机架中的 S7-300 主机,再到图 8-45 所示的详细窗口中双击深色部分。

双击后弹出主机的“属性”对话框,程序默认的输入、输出开始地址为 124,将系统默认框内的钩去掉,两者全部重新填写 0,点击“确定”后退出。程序将 S7-300 重新分配地址为从 0 到 1,如图 8-46 所示。

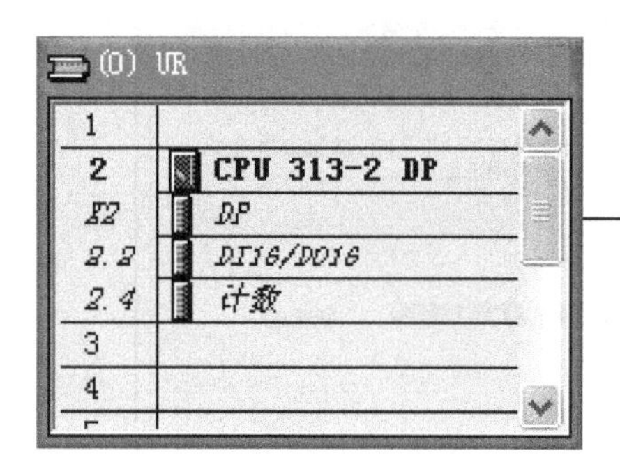

图 8-44 S7-300 PLC 站窗口

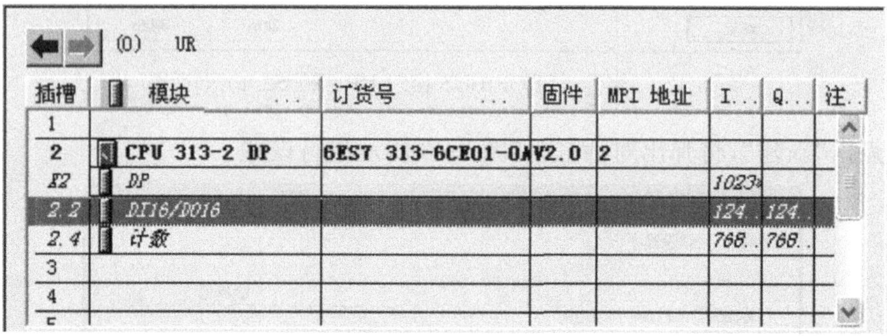

(0) UR

插槽	模块	订货号	固件	MPI 地址	I...	Q...	注...
1							
2	CPU 313-2 DP	6ES7 313-6CE01-0A	V2.0	2			
X2	DP				1023		
2.2	DI16/DO16				124...	124...	
2.4	计数				768...	768...	
3							
4							

图 8-45 机架窗口

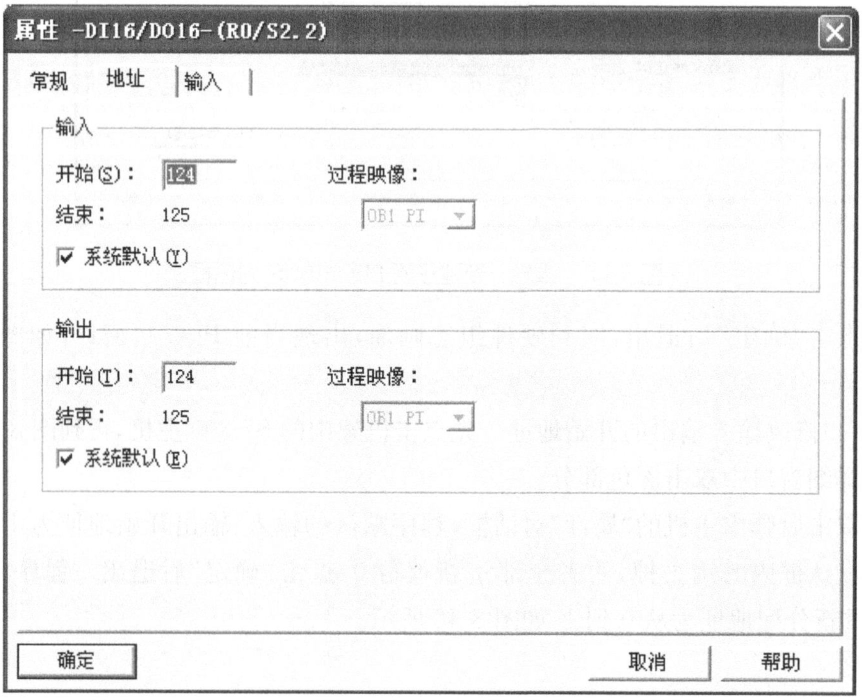

属性 -DI16/DO16-(R0/S2.2)

常规 地址 输入

输入

开始(S)：124 过程映像：

结束：125 OB1 PI

☑ 系统默认(Y)

输出

开始(T)：124 过程映像：

结束：125 OB1 PI

☑ 系统默认(E)

确定 取消 帮助

图 8-46 修改输入输出的开始地址

3. 自动化生产线从站组态

(1)点击主机框架外的 PROFIBUS(1):DP 黑白相间线,使之变成全黑色,如图 8-47 所示。

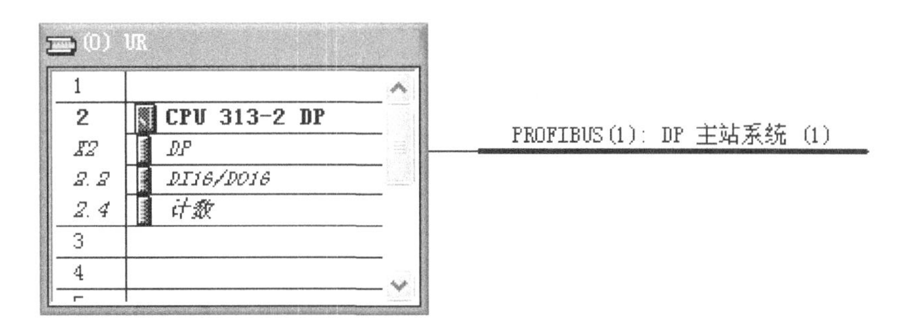

图 8-47　点击黑白相间线

从硬件目录中选取 EM277 模块,如图 8-48 所示,双击进行添加。

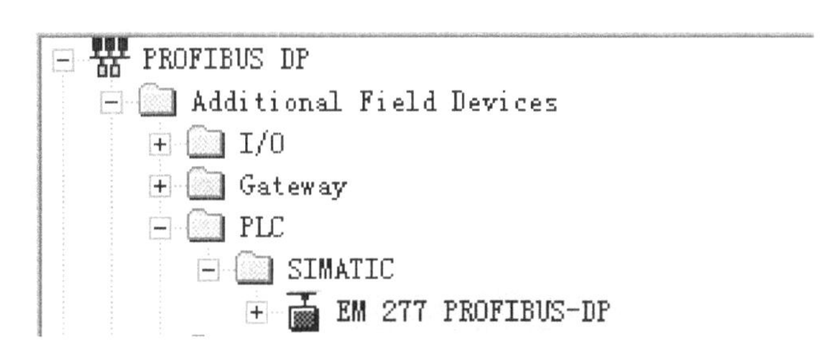

图 8-48　硬件目录

双击后弹出如图 8-49 所示的对话框,在地址栏的下拉菜单中选择拟定的站定号,将第一站的模块定为 3 号,第二站的模块定为 4 号,第三站的模块定为 5 号,第四站的模块定为 6 号,第五站的模块定为 7 号,第六站的模块定为 8 号。

点击"确定"后完成设置并退出。

(2)单击选中模块,到硬件目录中选中 4 Word Out/4 Word In 类型的模块,双击后完成设置,操作如图 8-50 所示。

各个模块进行相同的操作后,在详细窗口中显示出模块的信息,如图 8-51 所示。

从 3 号站开始,双击图 8-51 中深色部分,将弹出一个"属性—DP 从站"对话框,重新更改 DP 从站对应的输入输出地址的起始位置,全部填写"20",如图 8-52 所示。

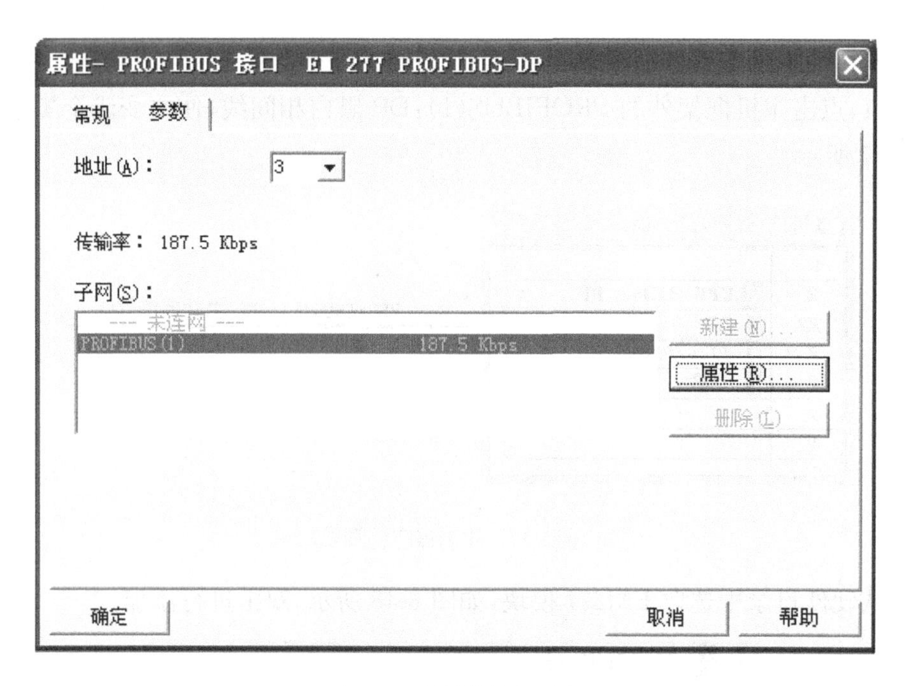

图 8-49 各模块地址设定

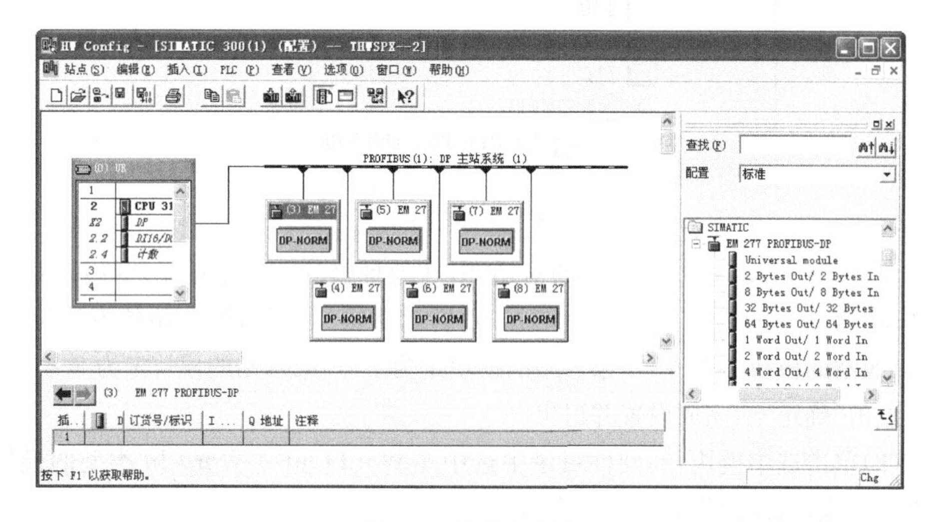

图 8-50 设置参考图

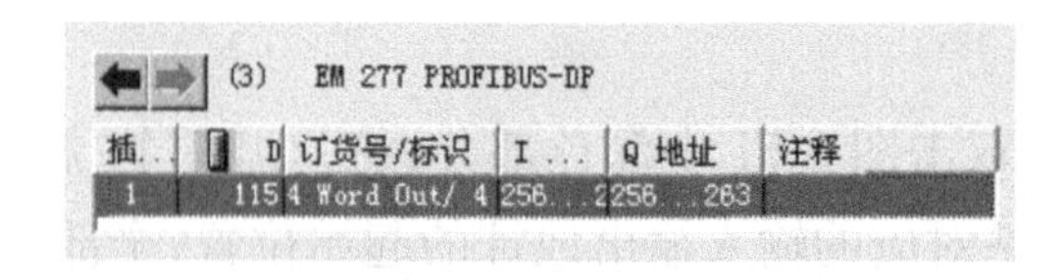

插...	D	订货号/标识	I ...	Q 地址	注释
1	115	4 Word Out/ 4	256...2	256...263	

图 8-51 详细窗口中模块信息

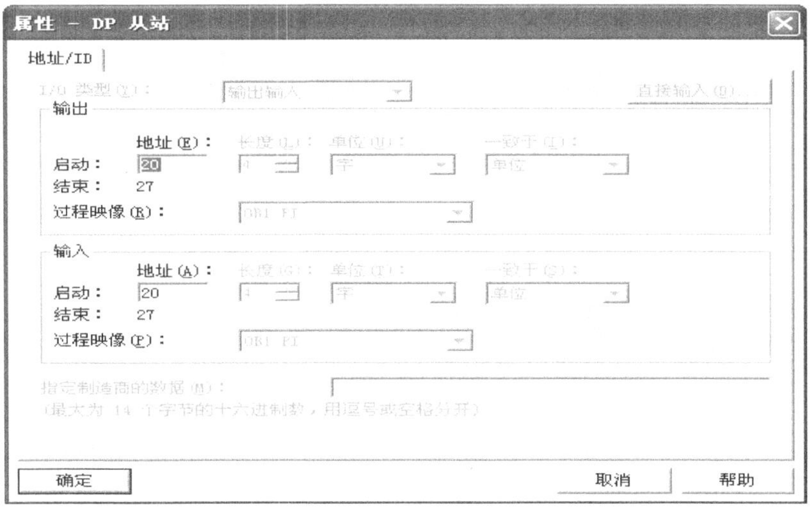

图 8-52　从站输入输出地址的修改

4 号站地址填写 30，5 号站地址填写 40，6 号站地址填写 50，7 号站地址填写 60，8 号站地址填写 100。点击“确定”，程序会自动紧接着 S7-300 的地址分配给模块下一个可用地址。两个模块在进行相同的操作后，3 号站分配为 20～27，4 号站分配为 30～37，5 号站分配为 40～47，6 号站分配为 50～57，7 号站分配为 60～67，8 号站分配为 100～107。

通过以上的操作，网络的硬件组态已基本完成，最后从“站点”菜单中选择“保存并编译”，或者点击工具栏上的按钮。

通过以上操作，确定每一站的 EM277 所对应的输入输出点数。以 3 号站为例说明，如表 8-10 所示，程序分配了 I20.0～I27.7、Q20.0～Q27.7 作为输入输出的点数。其中，将 S7-200 主机向 S7-300 主机传送的数据作为输入型数据，将 S7-300 主机向 S7-200 主机传送的数据作为输出型数据。

表 8-10　3 号站 200 主机与 300 主机数据对应关系

200 主机数据接收区	300 主机数据输出区	200 主机数据发送区	300 主机数据输入区
V0. *	Q20. *	V8. *	I20. *
V1. *	Q21. *	V9. *	I21. *
V2. *	Q22. *	V10. *	I22. *
V3. *	Q23. *	V11. *	I23. *
V4. *	Q24. *	V12. *	I24. *
V5. *	Q25. *	V13. *	I25. *
V6. *	Q26. *	V14. *	I26. *
V7. *	Q27. *	V15. *	I27. *

在 S7-200 的程序中,V0.0～V7.7 是作为 S7-300 主机向 S7-200 主机传送数据的输入点使用的,V8.0～V15.7 是作为 S7-200 主机向 S7-300 主机传送数据的输出点使用的。作为S7-200输出给 S7-300 的数据,可以是“Q＊.＊”,也可以是“I＊.＊”;而作为 S7-300 输出给 S7-200 的数据,可以是“Q＊.＊”,也可以是“I＊.＊”。例如,S7-200 站的 I0.0 可以通过 V8.0～V15.7 间任一点传送到 S7-300 主站上去,也可以让 S7-300 主站通过 V0.0～V7.7 间任一点传送到 S7-200 站来。

4. 自动化生产线各站信息的传送规划

在每站中需要进行传送的数据主要有工件的颜色信息和各站的状态信息。工件颜色信息主要有大工件的黑白信息和小工件的黑白信息,在分类站会根据大工件和小工件的颜色组合进行分类。各站的状态信息主要是指各站在协调工作时告诉对方准备好可以进行工作的信息。例如,上料检测站将工件提升后,要将此状态通知搬运站,搬运站的机械手在左边缩回、上升、松爪时也要通知上料检测站准备取工件,当它接收到上料检测站送来的准备信息后,便到上料检测站抓工件。除此之外,各站监控的输入输出设备的状态与触摸屏之间的通信是通过 S7-300 完成的,可以利用表 8-10 中的对应关系完成数据的传送。

各站的工件颜色及准备状态信息通常在从站编程时先放在位存储区 M 中存储,然后再将其送到对应的变量存储区 V 中,由于变量存储区与 S7-300 的 I、Q 对应,因此可以通过 S7-300 完成各从站之间的通信。六站联网需要传送的工件、状态信号流如图 8-53 所示。

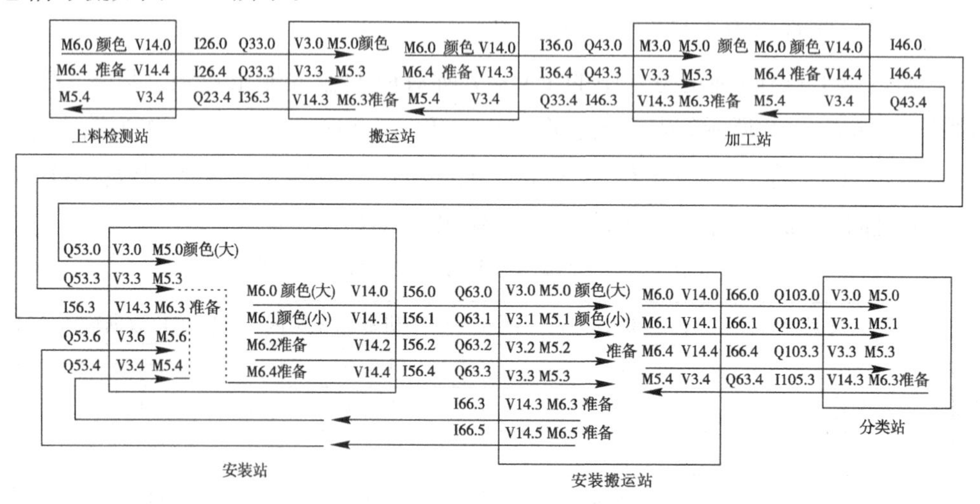

图 8-53 六站联网时工件、状态信号流

从图 8-53 可见,在各站程序中“M5.＊”由“V3.＊”输入,“M6.＊”由“V14.＊”输出。

在 S7-300 程序中,各站点的工件颜色及准备状态数据对应到 S7-300 站点时,分别为：

第一站 V3. * —Q23. * ，V14. * —I26. * 。

第二站 V3. * —Q33. * ，V14. * —I36. * 。

第三站 V3. * —Q43. * ，V14. * —I46. * 。

第四站 V3. * —Q53. * ，V14. * —I56. * 。

第五站 V3. * —Q63. * ，V14. * —I66. * 。

第六站 V3. * —Q103. * ，V14. * —I106. * 。

5. 主站程序的编写

完成第一站 S7-200 主机的 M6. 0 数据传送到第二站主机的 M5. 0，进行一系列的转换：第一站 M6. 0＝V14. 0＝I26. 0→第二站 Q33. 0＝V3. 0＝M5. 0，其中，I26. 0→Q33. 0 的数据传送动作在 S7-300 主机的 OB1 程序中完成。

根据两站间的数据传送方式，如图 8-53 所示，分别编写每一站 S7-200 的程序和 S7-300 的数据交换程序。单击窗口左边的“块”选项，则右边窗口中会出现“OB1”图标。“OB1”是系统的主程序循环块，里面可以写程序，也可以不写程序，根据需要确定，如图 8-54 所示，双击“OB1”即可。

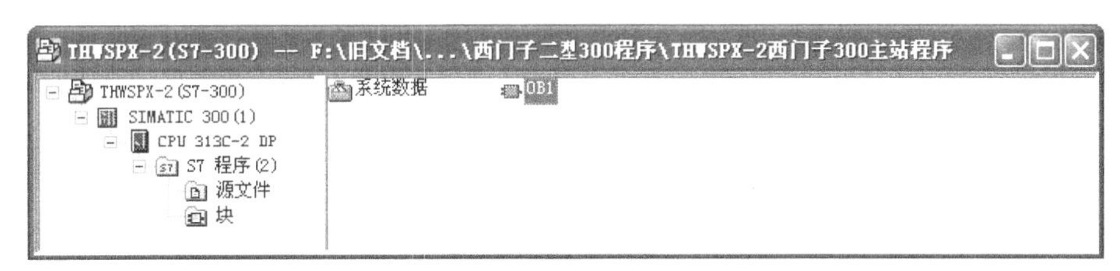

图 8-54　主站编程一选 OB1

进入编程环境后，按“CTRL＋1”或点击“查看”→“LAD”，在梯形图模式下进行编程。

根据两站间的数据传送方式，在程序编辑器中输入如图 8-55 所示的程序，第一程序段表示将 I26. 0 数据传送到 Q33. 0 中，相当于将 V14. 0 传送到 V3. 0 中，

OB1: "Main Program Sweep (Cycle)"

注释：

程序段1:标题：

上料站颜色信号→搬运站长 0

I26.0　　Q33.0

图 8-55　上料检测站颜色信号送至搬运站的程序

即将第一站的颜色信息 M6.0 送至第二站的输入 M5.0。为方便记忆,在程序段上方可写入该程序的文字说明。其他各站的编程与之类似,请在 OB1 中将剩下的程序补齐。

6. 程序下载与调试

(1)程序下载。将完成的硬件组态和程序下载到 S7-300 PLC 中,点击 PLC 菜单的"下载",或者点击工具栏上的 图标,将整个工程下载到 PLC 中。

(2)运行调试。将 S7-200 和 S7-300 的程序分别下载完成后,把各主机的运行开关打到"RUN"位置,运行几秒后,S7-300 主机上的 RUN 绿色指示灯亮,表示正常,如有任何一只红色报警指示灯亮,则应重新检查硬件组态和程序是否有错。

系统上电后,先按下各站的上电按钮,这时复位灯开始闪动。如第一次开机,应将各站工件收到上料检测站或安装站中,然后依次按下复位按钮。待各站完全复位后,各站开始灯闪动,再从第六站开始依次向前按下开始按钮,系统可以开始工作。当任一站出现异常时,按下该站急停按钮,该站立刻停止运行。当故障排除后,按下上电按钮,该站可接着刚才的断点继续运行。如工作时突然断电,来电后系统重新开始运行。

任务 8.4 触摸屏的设置与使用

8.4.1 WinCC flexible 软件安装

一、安装条件

WinCC flexible 支持与通用 IBM/AT 格式兼容的所有 PC 平台,见表 8-11。

表 8-11 WinCC flexible 系统要求

名称	系统要求
操作系统	Windows 2000 SP4 或 Windows XP Professional SP2,每个操作系统带或不带 MUI 均可,Internet 浏览器,Microsoft Internet Explorer V6.0 SP1 或更高版本
查看 PDF 格式的文档	Adobe Acrobat Reader 5.0 或更高版本
CPU	Pentium IV(或相当的)处理器,处理速度达 1.6 GHz 或更快
图形卡 分辨率 色彩数 图形格式	 1024×768 或更高 256 或更高 WinCC flexible 支持笔记本的 WXGA 格式

续表

名称	系统要求
内存	≥1 GB
DVD 驱动器	标准驱动器

为了能有效地使用 WinCC flexible 工作，务必使用推荐值。

（1）对于多语言组态，使用操作系统的 MUI（多语言用户界面）版本。具体参见微软主页“http://www.Microsoft.com”。

（2）参见 Adobe 主页“http://www.Adobe.com”。

（3）除了 WinCC flexible 外，Windows 也需要一定的空闲硬盘空间，确保留出足够的剩余硬盘空间用于页面文件。更多信息请查阅 Windows 文档。

（4）WinCC flexible 必须在系统分区上安装特定的安装文件。当在不同的分区上安装 WinCC flexible 时，系统分区上大约需要 500 MB 的可用空间。所选的分区上必须有约 1 GB的可用磁盘空间。

（5）通过 DVD/CD 安装软件。

二、安装步骤

（1）插入产品 DVD，安装程序将自动启动。如果安装程序没有自动启动，双击产品 DVD 的 CD1 目录中的“setup.exe”文件。

（2）选择安装程序语言，对话框将显示安装程序语言。

（3）在下一个对话框中打开产品信息，并仔细阅读。

（4）阅读并接受许可证协议，如图 8-56 所示。

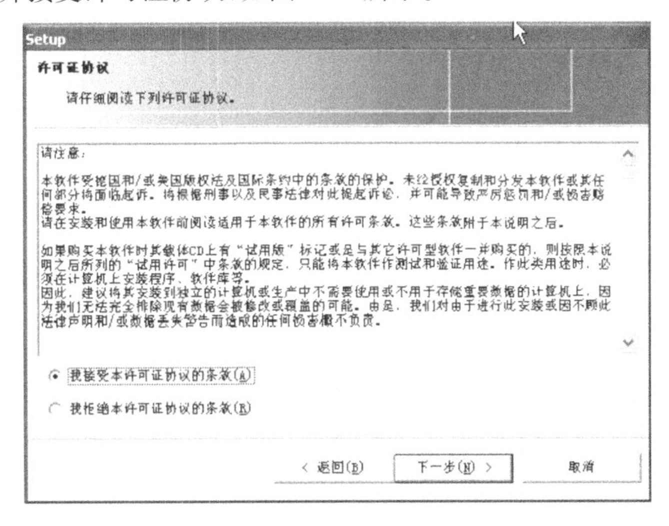

图 8-56　许可证协议

（5）选择要安装的用户界面语言，如图 8-57 所示。可以在所选语言间切换组态界面。

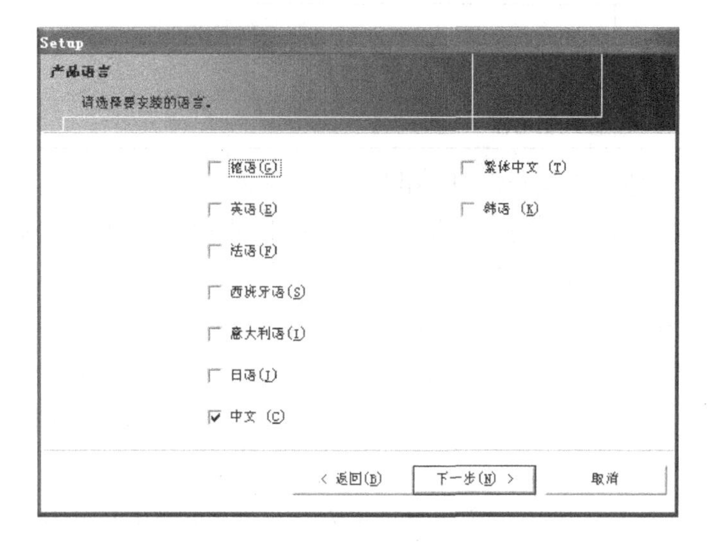

图 8-57 选择用户界面语言

(6)如图 8-58 所示,选择“完全安装”,运行相应的安装。必须安装 License Manager 才能够操作 WinCC flexible。

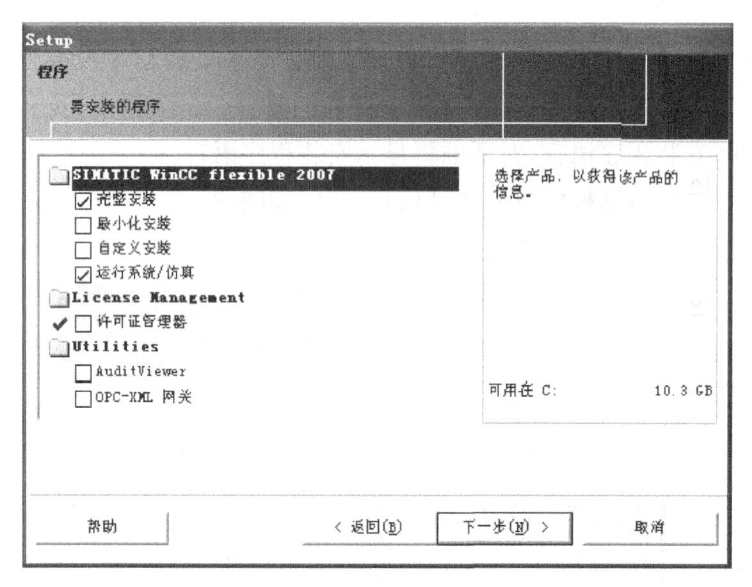

图 8-58 安装方式选择

(7)点击“下一步”进行安装。

(8)安装完成后重新启动计算机。

(9)若要运行程序,可以根据以下步骤操作:开始→所有程序→Simatic→WinCC flexible 2007→WinCC flexible,或双击桌面上的“WinCC flexible”图标。

三、安装说明

（1）如果 WinCC flexible 找不到自动化许可证管理器或安装包已损坏，WinCC flexible 将会在启动时输出一条错误消息，可取消 WinCC flexible 的启动。

（2）卸载自动化许可证管理器，然后重新安装。可以在 CD2 目录中的“Automation License Manager\Setup”下找到安装程序。

（3）如果 WinCC flexible 没有与 Internet 连接，而只是与一个用户网络连接，那么它在第一次运行时可能会非常慢。确保在第一次使用前已连接了 Internet。也可以在 Internet Explorer 中禁用“检查发行商的证书吊销”选项。

（4）该设置位于控制面板的“Internet 选项”→“高级”→“安全”下面。

8.4.2　触摸屏设置

触摸屏设置步骤如下：

（1）触摸屏得电后先启动 OS 系统，需等待 1 min 左右。进入 OS 后点击“对触摸屏进行校准”，点击“Control Panel”，弹出控制面板窗口，如图 8-59 所示。

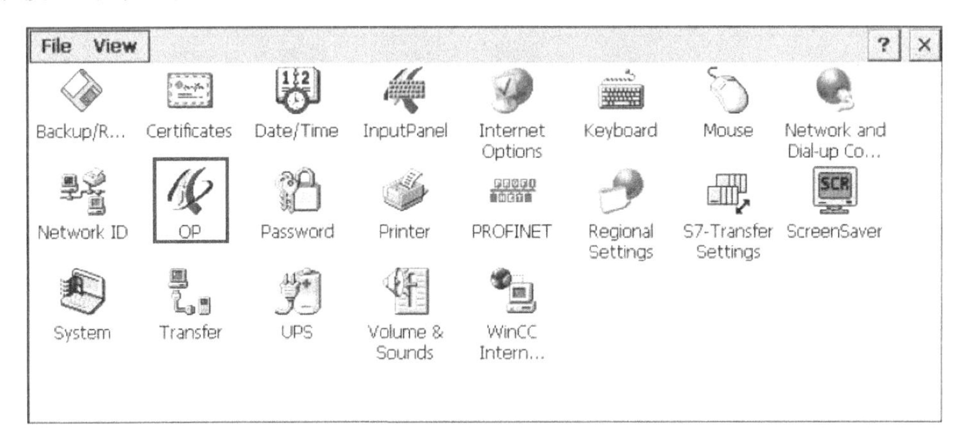

图 8-59　触摸屏控制面板窗口

（2）点击“OP”，弹出“OP Properties”对话框，选择“Touch”，如图 8-60 所示。

（3）再点击“Recalibrate”，进入触摸设置画面。

（4）校准十字准线将显示在另外四个位置。在每个位置上触摸校准十字准线的中心，如图 8-61 所示。如果未触摸到校准十字准线的中心，将重复此过程。

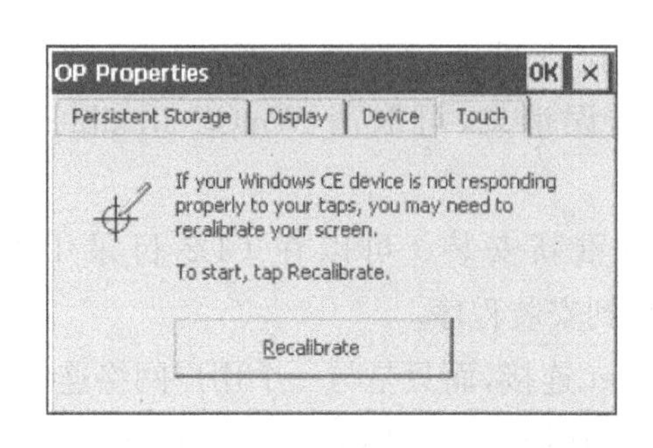

图 8-60 “OP Properties”对话框

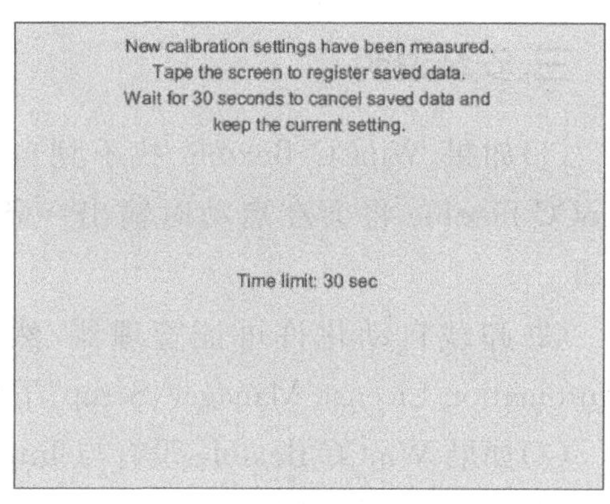

图 8-61 校准十字准线

(5)触摸完各个位置上的校准十字准线后，将出现以下对话框，如图 8-62 所示。

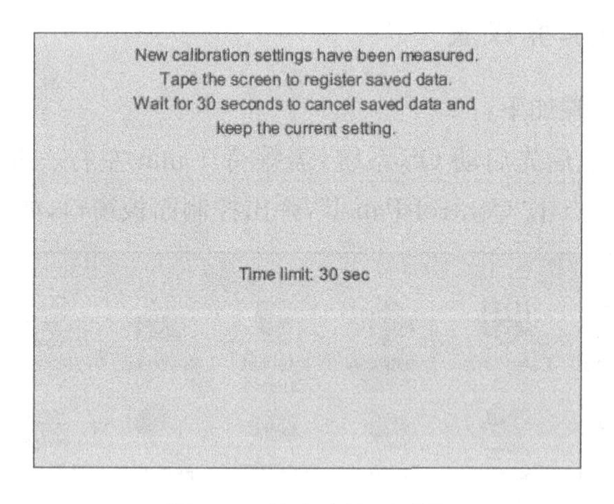

图 8-62 校准完毕对话框

(6)在 30 s 内，触摸屏会保存新校准值；如果超过 30 s，将放弃新校准值，原校准值依然有效。再次显示“OP Properties”对话框的“Touch”标签。

(7)关闭对话框。

8.4.3 工程的打开及传送

打开工程及下载的步骤如下：

(1)先点击菜单“项目”→“打开”，选择触摸屏组态工程“THWSPX-2A. hmi”或者从 STEP 7 中打开。

(2)点击“生成”，将工程编译，“输出”窗口中有详细的编译信息。

(3)下载之前先点击菜单“项目”→“传输”→“传输设置”，按图 8-63 所示进行设置，最后点击“应用”完成设定，点击“传送”将工程组态传送到触摸屏中。

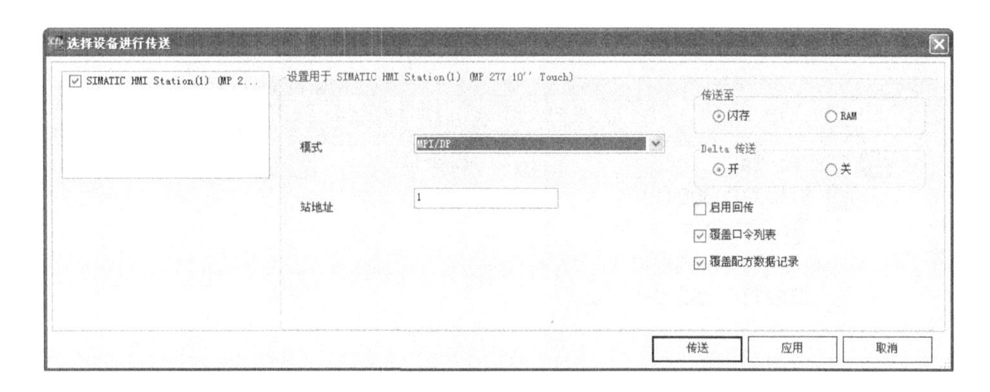

图8-63 传送设置界面

8.4.4 自动化生产线中触摸屏的使用

一、工作任务及要求

将触摸屏联入Profibus-DP控制网络中，在SIMATIC Manager软件中添加HMI触摸屏组态，在WinCC flexible中完成触摸屏的设置，将自动化生产线的工程项目下载到触摸屏并进行调试。

二、任务实施步骤

(1)为了使触摸屏与PLC之间进行数据通信，将触摸屏的MPI/DP口连接到S7-300主机的DP口，在SIMATIC Manager软件中添加HMI触摸屏组态，如图8-64所示。

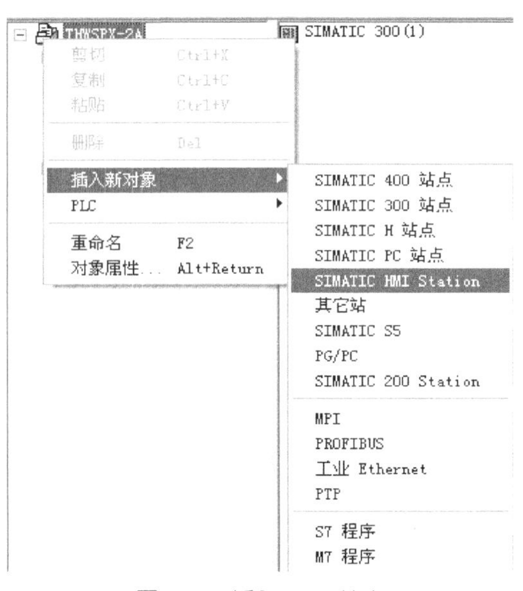

图8-64 插入HIM站点

(2)双击“连接”,如图 8-65 所示。

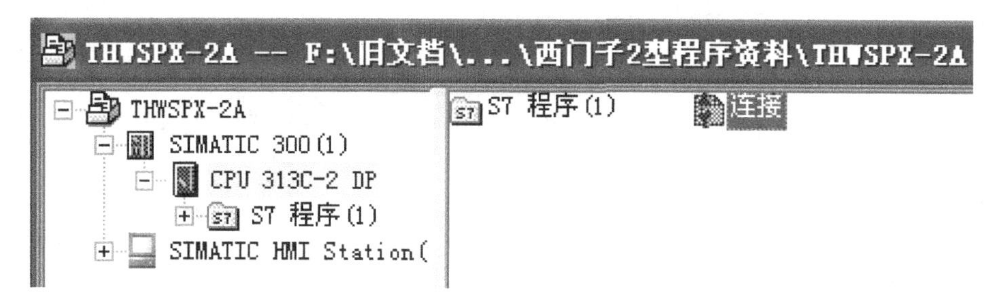

图 8-65　设置连接

(3)设定触摸屏中 MPI/DP 口的参数,如图 8-66 所示。

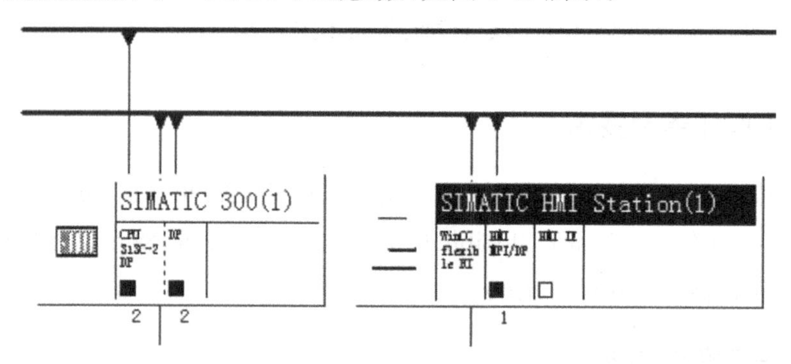

图 8-66　设定触摸屏中 MPI/DP 口的参数

(4)在“MPI/DP”上右键点击,选择“对象属性”,如图 8-67 所示。

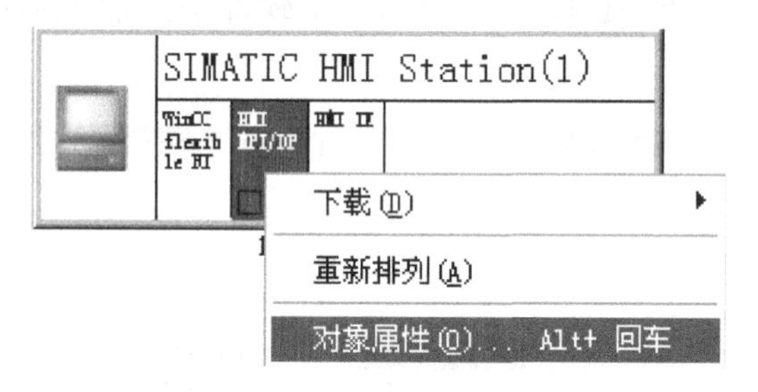

图 8-67　选择“对象属性”

(5)在常规选项中点击“属性”,如图 8-68 所示。

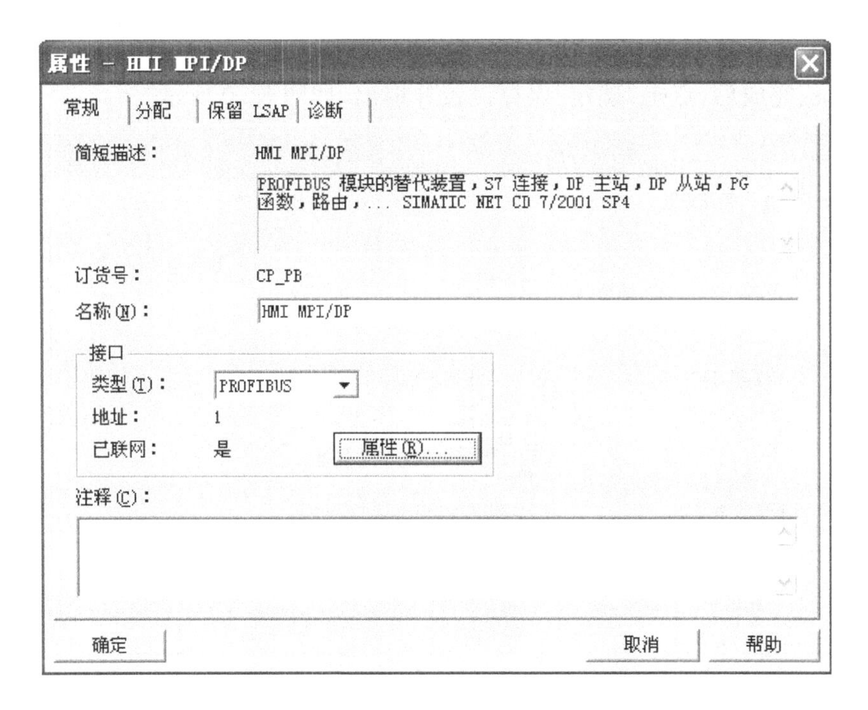

图 8-68　“属性—HIM MPI/DP”对话框

(6)选择“PROFIBUS(1)”，再点击“属性”，如图 8-69 所示。

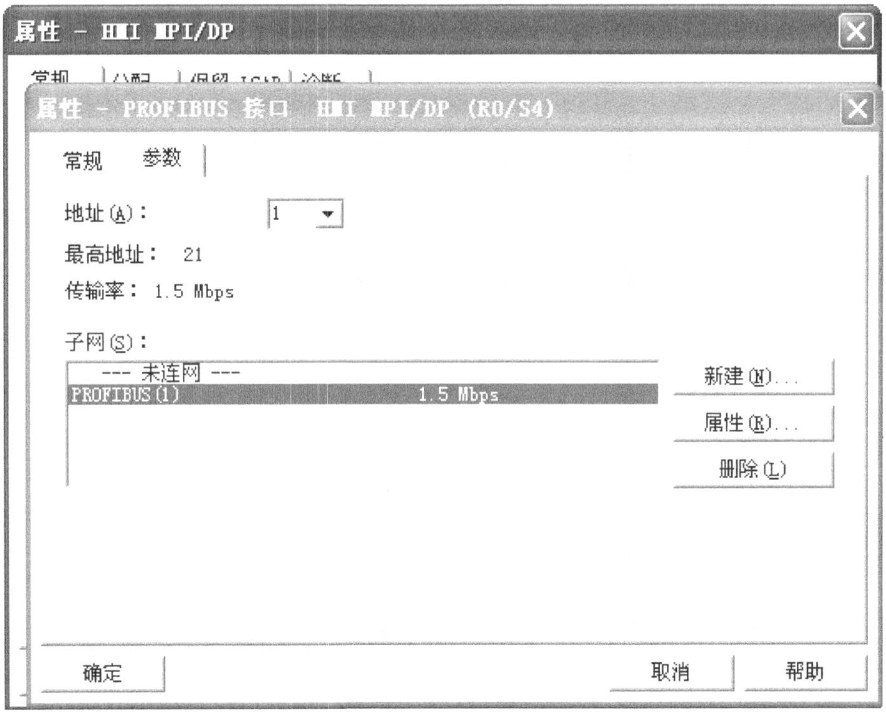

图 8-69　属性设置

(7)在弹出的网络属性对话框中,选择网络设置项,确定通讯口波特率为1.5 Mbps。完成后,点击"确定"保存设置并退出,如图8-70所示。

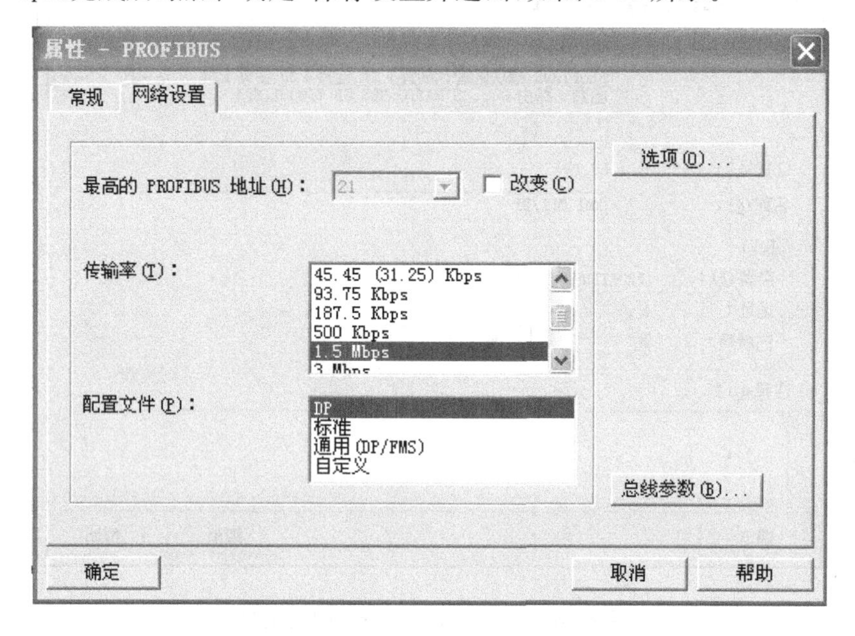

图8-70 网络属性对话框

(8)双击SIMATIC HMI Station(1)中"通讯"选项下的"连接"菜单,如图8-71所示。

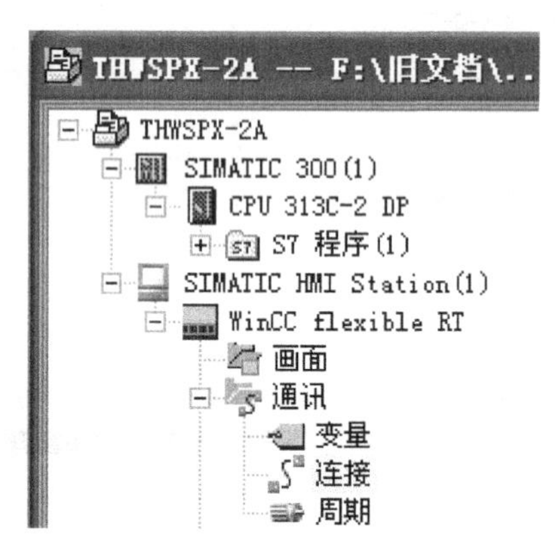

图8-71 选择"连接"菜单

(9)如图8-72所示,在"连接"项中将"激活的"和"在线"打开,在"参数"目录下显示当前配置的网络连接参数。

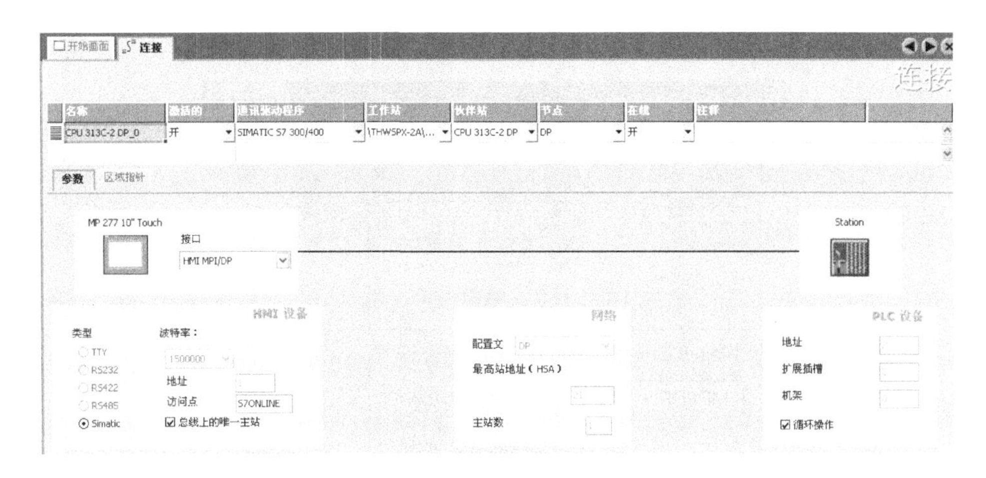

图 8-72　“连接”选项卡

(10)如图 8-73 所示，点击“Control Panel”按钮，打开 HMI 设备的 Control Panel。

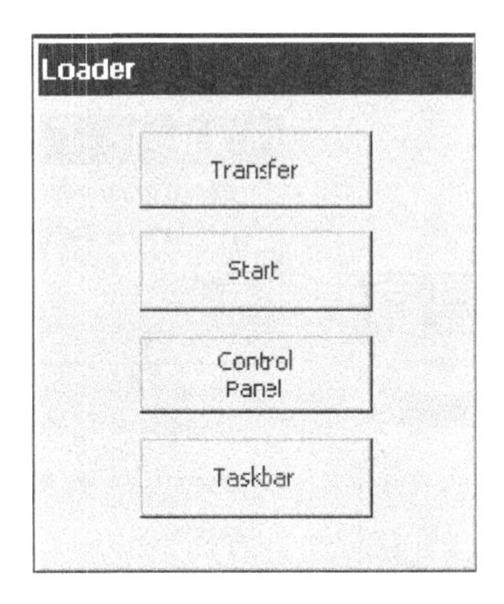

图 8-73　装载对话框

(11)如图 8-74 所示，在控制面板中点击“Transfer”，进入通讯设置界面。

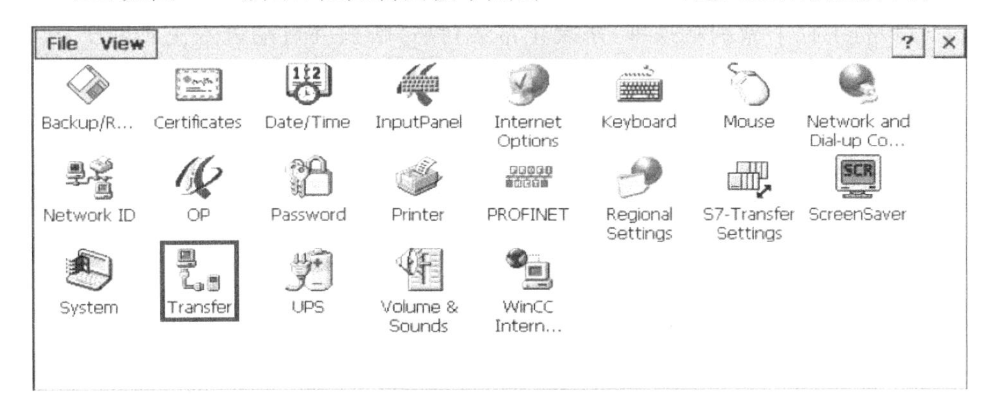

图 8-74　控制面板窗口

(12)如图 8-75 所示,在 Channel 2 中选择“MPI/DP”,再点击“Advanced”。

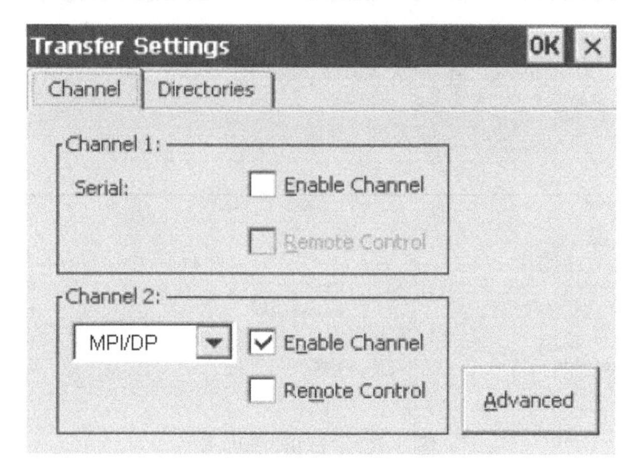

图 8-75 传输设置对话框

(13)如图 8-76 所示,在通讯设置中选择“PROFIBUS”,再点击“Properties”,在弹出的设置窗口中按右下图所示进行设置,依次点击“OK”,将设置进行保存。

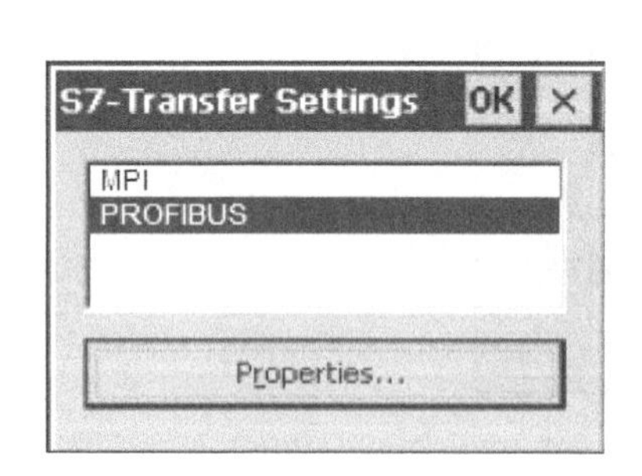

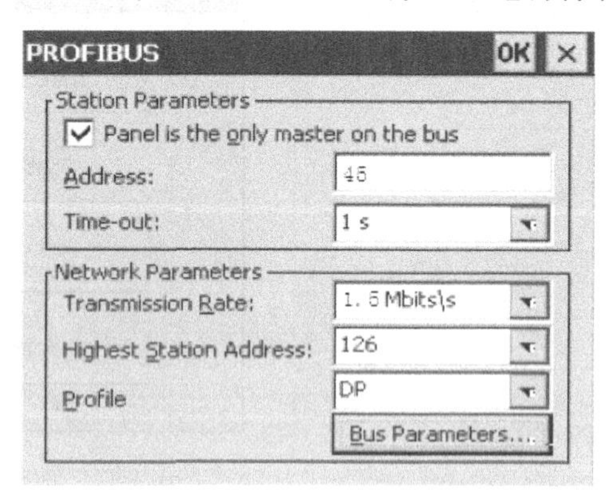

图 8-76 网络属性设置

(14)将工程下载到触摸屏,系统正常运行后,触摸屏自动进入主画面中,如图 8-77 所示。

图 8-77 THWSPX-2A 型自动化生产线主画面

(15)进入自动化生产线项目选择画面，如图 8-78 所示。

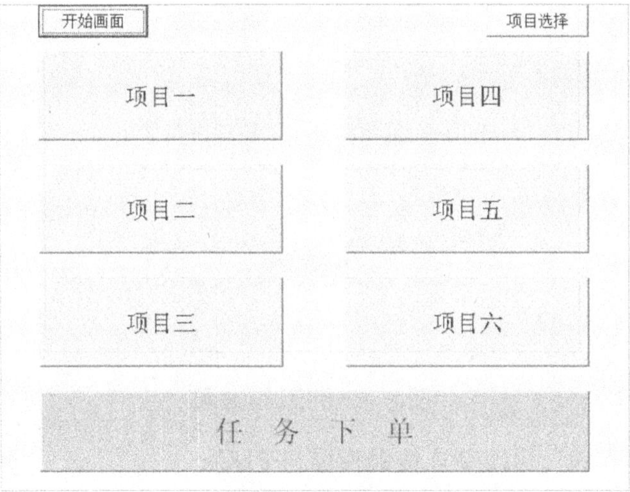

图 8-78　项目选择画面

(16)选取“一号上料检测站”，转到一号站画面，如图 8-79 所示。

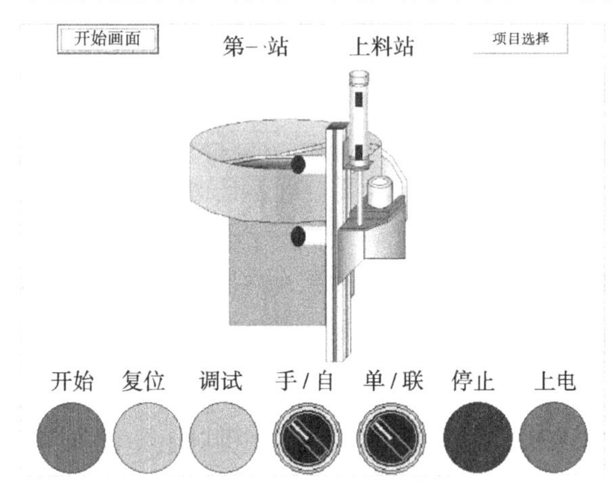

图 8-79　上料检测站画面

(17)画面中放置了一号站的一些主要的检测开关，它们的动作对应于 PLC 的状态。当相应的 PLC 输入点动作时，画面中的元件也跟着动作，从而可以通过画面元件的动作情况了解工作站的运行情况。

(18)在每站中，“手/自”“单/联”“上电”作为状态指示用，“开始”“复位”“调试”作为状态指示和按键输入用。

(19)在主画面中点击右侧“系统设置”，切换到系统设置画面，如图 8-80 所示。

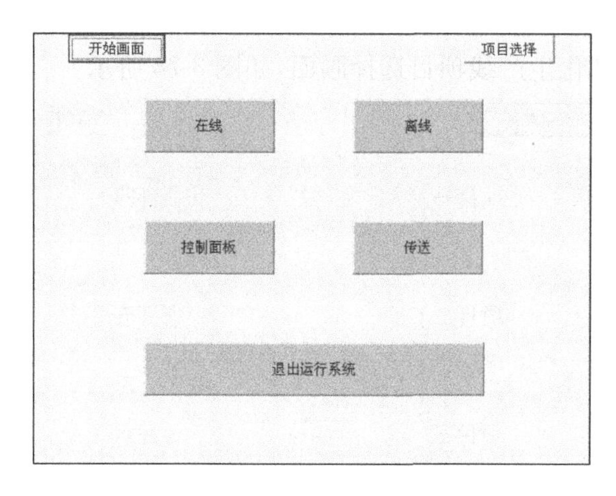

图 8-80 系统设置画面

(20)点击“在线”,可重新连接触摸屏与 PLC。

(21)点击“离线”,可断开触摸屏与 PLC 的连接。

(22)点击“控制面板”,可进入系统控制面板。

(23)点击“传送”,可进入等待传送状态。

(24)点击“退出运行系统”,可退出运行系统,回到开机画面。

(25)各站的“单/联”开关全部为“联”,任意一站的“手/自”开关为“手”时,可点击实训项目,选择画面下方的“任务下单”按键。

(26)在弹出的任务下单画面中,第一行是任务下单数值输入框,如图 8-81 所示,点击数字“0”。

图 8-81 任务下单画面

(27)在弹出的“数值键盘”上点击各数字键,输入 99 以内的任意数字,如图 8-82所示。

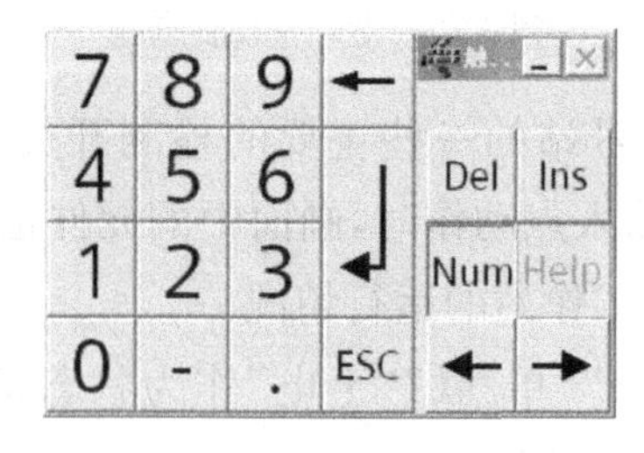

图 8-82 数值键盘

(28)输入完成后按回车键进行确定,并退出键盘。

(29)点击“确定”,对输入的数值进行确认。

(30)生产线根据任务数进行物料加工,各站加工完成的数值在触摸屏上显示，如图 8-83 所示。

一站加工	0
二站加工	0
三站加工	0
四站加工	0
五站加工	0
六站加工	0

图 8-83　加工完成数

任务 8.5　利用计算机组态软件实现自动化生产线的监控

自动化生产线除了可以用触摸屏进行生产过程的监控外，还可以采用组态软件进行监控。在本任务中我们采用 MCGS 进行自动化生产线的组态监控。

8.5.1　工作任务描述

利用自动化生产线学习 MCGS 组态软件实现监控的方法。

8.5.2　任务实施步骤

(1)安装 MCGS 软件，在组态环境中运行组态工程。

(2)选择工作台窗口中的“设备窗口”标签，进入设备窗口页，如图 8-84 所示。

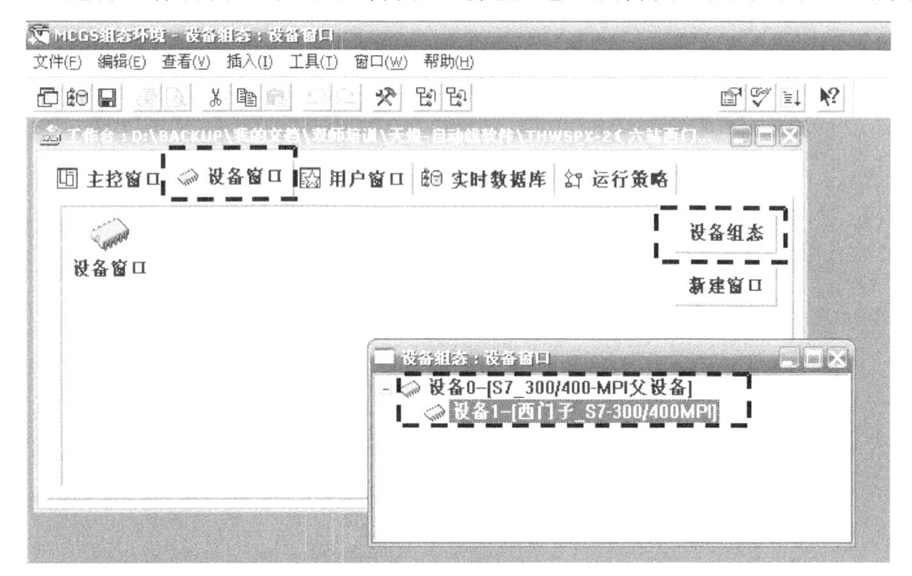

图 8-84　设备组态窗口

(3)双击设备窗口图标或单击“设备组态”按钮，打开设备组态窗口，如图8-84所示。

(4)选中“设备1—西门子S7-300/400MPI”，双击打开“设备属性设置”对话框，选择“设备调试”，观察“通讯状态标志”的通道值。如果通道值为“0”，表示组态软件与S7-300主机通讯正常，否则为不正常，如图8-85所示。

设备属性设置： -- [设备1]

基本属性 | 通道连接 | 设备调试 | 数据处理

通道号	对应数据对象	通道值	通道类型
0		0	通讯状态标志
1	M1000	0	读I22.0
2	M1001	0	读I22.1
3		0	读I22.2
4		0	读I22.3
5		0	读I22.4
6	M1005	0	读I22.5
7	M1006	1	读I22.6
8	M1007	0	读I22.7
9	M1008	0	读I23.0
10	M1009	0	读I23.1
11	M1010	0	读I23.2

检查(K) 确认(Y) 取消(C) 帮助(H)

图8-85 通讯检测

(5)确定组态软件与S7-300主机通讯正常后，按“F5”进入运行环境，如图8-86所示。

图8-86 欢迎窗口

(6)在弹出的欢迎窗口中,按“Ctrl+Y”或点击“登录系统”,在弹出的“用户登录”对话框中选择用户名为“负责人”,密码为“MASTER”, 可用计算机键盘输入或点击对话框中的软键盘输入,如图 8-87 所示。

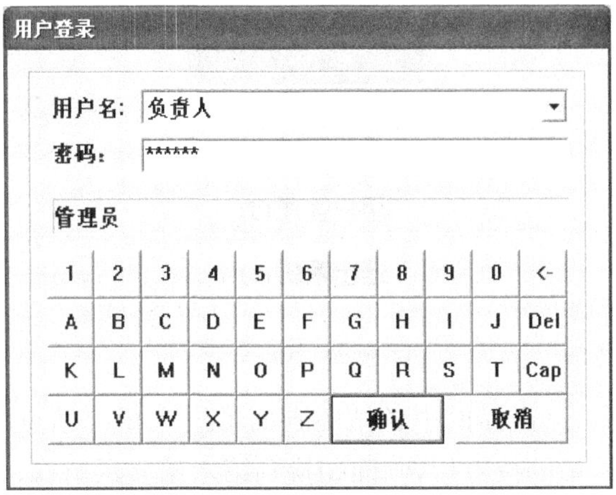

图 8-87　“用户登录”对话框

(7)输入正确的密码后点击“确认”,进入“控制窗口”界面,如图 8-88 所示。如果没有输入密码或输入密码错误,点击“确定”和“取消”也能进入“控制窗口”界面,但无法进行除“系统管理”→“登录用户”外的其他操作。

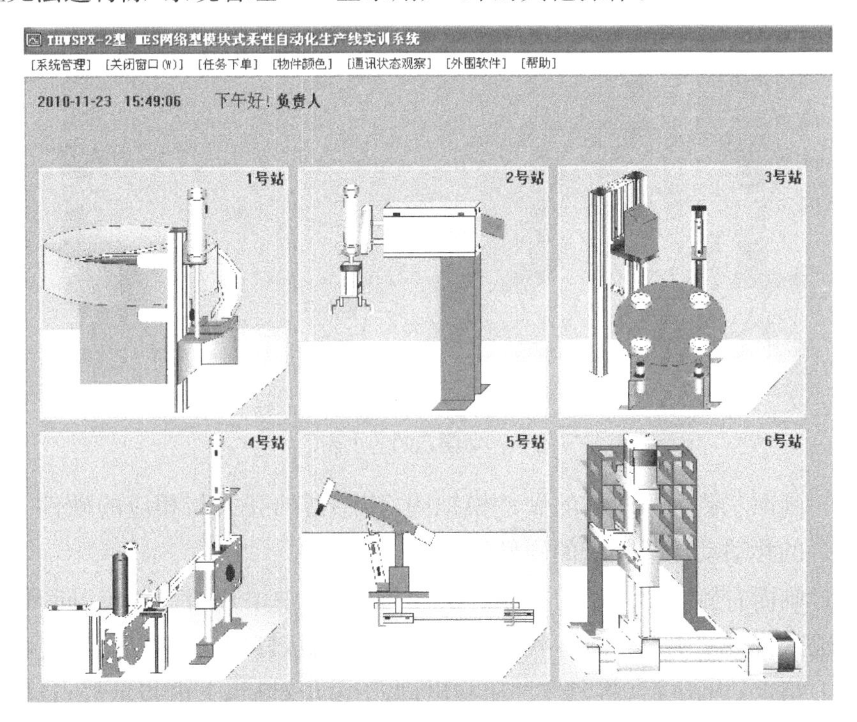

图 8-88　控制窗口

(8)在没有正常登录时,点击“系统管理”→“登录用户”,如图 8-89 所示,输入正确的用户名和密码后可重新登录。

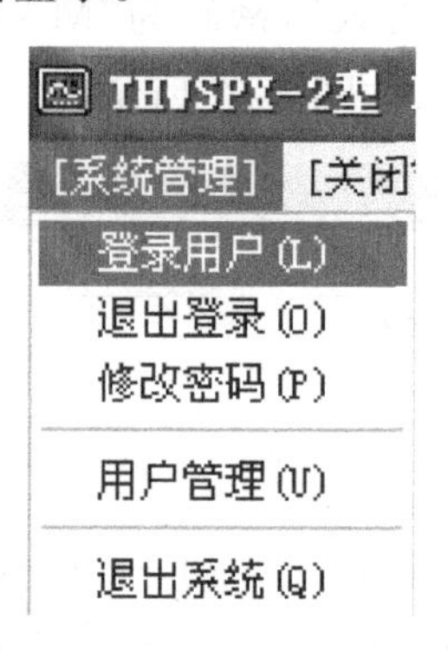

图 8-89 用户登录

(9)正常登录后,点击界面中各站的画面可进入相应站点的显示画面。以第六站为例,点击第六站的按键后,画面切换到第六站显示窗口,如图 8-90 所示。

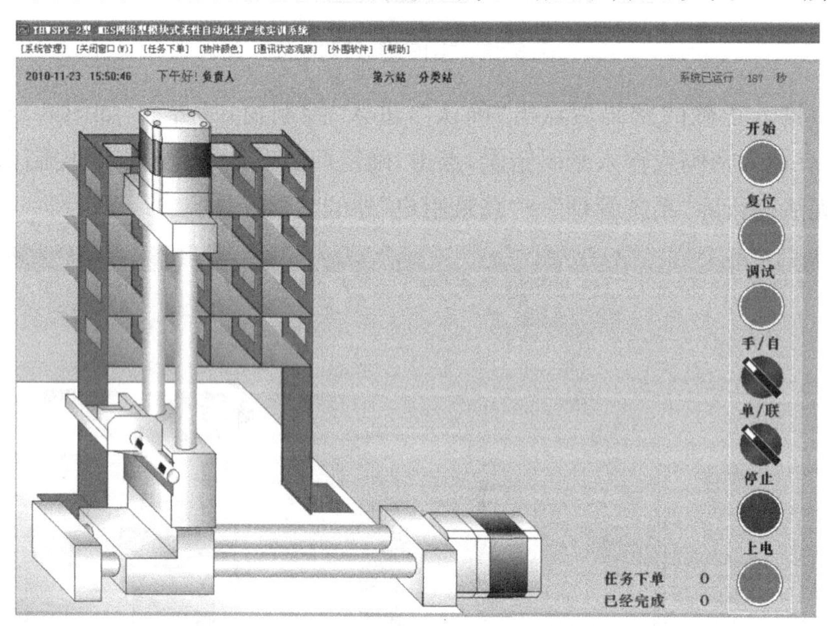

图 8-90 第六站显示窗口

(10)画面左侧为第六站的硬件模拟图,传感器的亮灭与相应的硬件一致,气缸及货台的移动动作与相应的硬件一致。

(11)画面右侧为第六站的控制开关模拟图,其中,“开始”“复位”同时作为指示灯和输入按键,“手/自”“单/联”“上电”仅作为指示灯,“调试”仅作为输入按键。

(12)第六站通电后,将急停按钮旋出,按下上电键后,上电指示灯点亮,同时,复位指示灯闪烁。在组态画面中上电指示灯也点亮,复位指示灯闪烁,由于存在网络延时,因此闪烁可能不同步。

(13)在第六站上或在组态画面上按下闪烁的复位键,复位指示灯停止闪烁,第六站进行复位动作,货台运行到 X 轴、Y 轴的原点位置,完成后开始指示灯闪烁。

(14)在第六站上或在组态画面上按下闪烁的开始键,开始指示灯停止闪烁。货台运行到等待位置。

(15)点击“关闭窗口”菜单项,关闭当前窗口,以相同的步骤完成前几站的上电和复位操作。再将一到六站的“单/联”旋钮开关旋到“联”位置,二到六站的“手/自”旋钮开关旋到“自”位置,一站的“手/自”旋钮开关旋到“手”位置。

(16)在以上的开关控制状态下,系统为手动下单加工模式,点击“任务下单”菜单,在任务下单栏的数值输入框中输入加工数量值,如“4”,再点击“确定”进行数值确定,如图 8-91 所示。

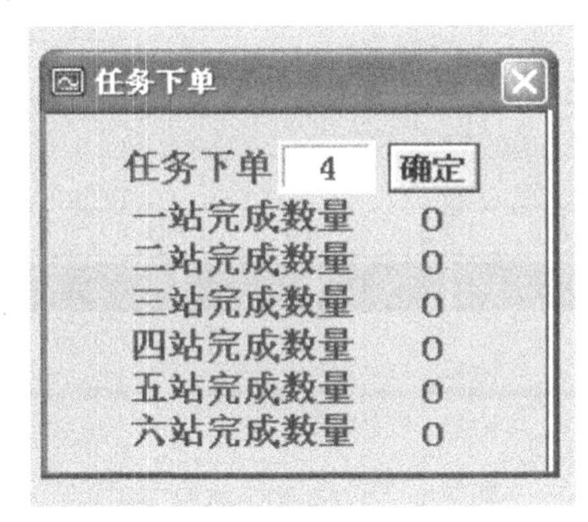

图 8-91 任务下单

(17)系统在接收到加工任务数值后开始运行,当第一站在进行加工时还没完成任务,且物料在 10 s 内没有到货台时,报警灯亮,提醒操作人员加料。当物料在货台上升过程中卡住时,报警灯亮,同时发出报警声,操作人员先按下急停开关,使货台下降到底,把物料放正后,将急停按钮旋出并按下上电键,系统继续运行。

(18)系统完成任务下单数量后,各站停止动作,等待任务下单。此时将一站的“手/自”旋钮开关旋到“自”位置,系统开始自动运行,直至重新有任务下单。

(19)如图 8-92 所示,点击“外围软件”下拉的“STEP 7-MicroWIN”或“SIMATIC Manager”,则系统自动打开这些软件。如果要打开别的软件,则点击“定位软件路径”,在下方弹出的输入框中输入要运行软件的完整路径名,点击“确定”后,系统调用此软件。例如,输入路径 C:\WINDOWS\system32\calc. exe,则系统将打开自带的计算器。

图 8-92 “外围软件”菜单

(20)系统在运行过程中,点击“物件颜色”菜单,弹出“物件颜色监视”窗口,根据每站中小方块显示的颜色,监视实际的物件颜色信息传递情况,如图 8-93 所示。

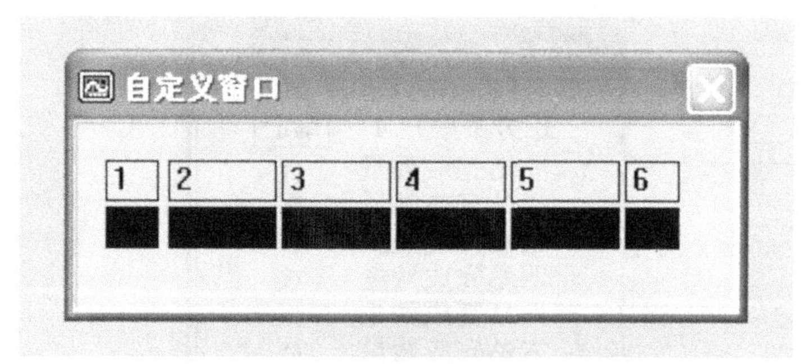

图 8-93 “物件颜色监视”窗口

(21)系统在运行过程中,点击“通讯状态观察”菜单,弹出“输入/输出 监视”窗口,根据窗口中各指示灯的显示情况了解系统运行状态,如图 8-94 所示。

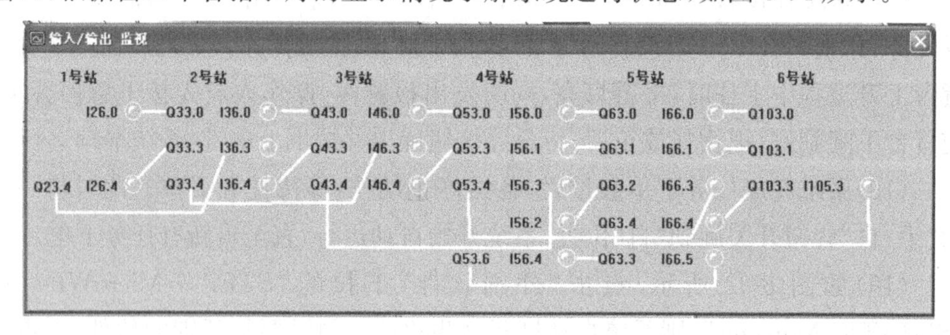

图 8-94 “输入/输出 监视”窗口

附录　THWSPX-2A 型自动化生产线元件清单

一、上料检测单元清单

序号	名称	型号与规格	数量	备注
1	透明继电器	MY2NJ(DC24V)	4 只	
2	接近开关	SB03-1K	2 只	
3	警示灯	JD501-L01R024	1 只	
4		JD501-L01G024	1 只	
5		JD502-F0208B024	1 只	
6		B03	1 只	
7		C-2	1 只	
8	永磁直流减速电机	ZGB37RDI981i	1 只	
9	气缸	CDJ2B16-75-B	1 条	
10	磁性开关	D-C73	2 只	
11	速度控制阀	AS1201F-M5-04	2 只	
12	调压过滤器	AFR-2000M	1 只	
13	电磁阀	4V110-06-DC24V	1 只	
14	熔断器座		1 只	
15	熔断器芯	2A	1 只	
16	空气开关	DZ47-63/2P	1 只	
17	开关电源	HS-100-24	1 只	
18	25 芯护套线	0.9m	2 根	
19	急停按钮	C11	1 只	
20	平动按钮	E11 绿 DC24V(带灯)	2 只	
21		E11 黄 DC24V(带灯)	2 只	
22		E11 红 DC24V(带灯)	1 只	
23	二位旋钮	D11A	2 只	
24	CPU224CN 西门子主机	6ES7 214-1BD23-OXB8	1 只	
25	EM277 通信模块	6ES7 277-0AA22-OXA0	1 只	

二、搬运单元清单

序号	名称	型号与规格	数量	备注
1	透明继电器	MY2NJ(DC24V)	1 只	
2	接近开关	LE4-1K	2 只	
3	气缸	CDJ2KB16-45-A	1 条	
4		CXSM15-100	1 条	
5		CDRB1BW30-180S	1 条	
6	磁性开关	D-A73	2 只	
7		D-Y59B	3 只	
8	速度控制阀	AS1201F-M5-04	6 只	
9	缓冲器	RBC0806	2 只	
10	气爪	M Hz2-10D	1 只	
11	微型接头	M-3ALU-4	2 只	
12	调压过滤器	AFR-2000-M	1 只	
13	电磁阀	4V130C-06-DC24V	1 只	
14		4V120-06-DC24V	2 只	
15		4V110-06-DC24V	1 只	
16	熔断器座		1 只	
17	熔断器芯	2A	1 只	
18	空气开关	DZ47-63/2P	1 只	
19	开关电源	HS-100-24	1 只	
20	25 芯护套线	0.9 m	2 根	
21	急停按钮	C11	1 只	
22	平动按钮	E11 绿 DC24V(带灯)	2 只	
23		E11 黄 DC24V(带灯)	2 只	
24		E11 红 DC24V(带灯)	1 只	
25	二位旋钮	D11A	2 只	
26	CPU224CN 西门子主机	6ES7 214-1BD23-OXB8	1 只	
27	EM277 通信模块	6ES7 277-0AA22-OXA0	1 只	

三、加工单元清单

序号	名称	型号与规格	数量	备注
1	透明继电器	MY2NJ(DC24V)	3 只	
2	接近开关	LG8-1K	1 只	
3		SB03-1K	1 只	
4	交流电机	21K10GN	1 只	
5	直流电机	RS-540(DC24V)	1 只	
6	气缸	CDJ2B10-45-B	1 条	
7		MGP16M-75	1 条	
8		CDJ2B10-15-B	1 条	
9	磁性开关	D-C73	4 只	
10		D-Z73	2 只	
11	速度控制阀	AS1201F-M5-04	6 只	
12	调压过滤器	AFR-2000-M	1 只	
13	电磁阀	4V110-06-DC24V	3 只	
14	熔断器座		1 只	
15	熔断器芯	2A	1 只	
16	空气开关	DZ47-63/2P	1 只	
17	开关电源	HS-100-24	1 只	
18	25 芯护套线	0.9 m	2 根	
19	急停按钮	C11	1 只	
20	平动按钮	E11 绿 DC24V(带灯)	2 只	
21		E11 黄 DC24V(带灯)	2 只	
22		E11 红 DC24V(带灯)	1 只	
23	二位旋钮	D11A	2 只	
24	CPU224CN 西门子主机	6ES7 214-1BD23-OXB8	1 只	
25	EM223CN 数字量模块	6ES7 223-1PH22-0XA8	1 只	
26	EM277 通信模块	6ES7 277-0AA22-OXA0	1 只	
27	MM420 变频器	6SE6 420-2UC13-7AA1	1 只	
28	BOP 面板	6SE6 400-OBP00-5AA1	1 只	

四、安装单元清单

序号	名称	型号与规格	数量	备注
1	透明继电器	MY2NJ(DC24V)	1 只	
2	气缸	CDJ2B10-60-B	1 条	
3		CDJ2B16-60-B	1 条	
4		CDM2B20-45	1 条	
5	磁性开关	D-C73	6 只	
6	速度控制阀	AS1201F-M5-04	6 只	
7	真空发生器	ZH05BS-06-06	1 只	
8	真空吸盘	ZPT13UN-A5	1 只	
9	调压过滤器	AFR-2000-M	1 只	
10	电磁阀	4V120-06-DC24V	3 只	
11		4V110-06-DC24V	1 只	
12	驱动器	M415B	2 只	
13	熔断器座		1 只	
14	熔断器芯	2A	1 只	
15	空气开关	DZ47-63/2P	1 只	
16	开关电源	HS-100-24	1 只	
17	25 芯护套线	0.9m	2 根	
18	急停按钮	C11	1 只	
19	平动按钮	E11 绿 DC24V(带灯)	2 只	
20		E11 黄 DC24V(带灯)	2 只	
21		E11 红 DC24V(带灯)	1 只	
22	二位旋钮	D11A	2 只	
23	CPU224CN 西门子主机	6ES7 214-1BD23-OXB8	1 只	
24	EM277 通信模块	6ES7 277-0AA22-OXA0	1 只	

五、安装搬运单元清单

序号	名称	型号与规格	数量	备注
1	气缸	CDM2B20-30	1 条	
2		CDU20-50D-A90	1 条	
3		CDU20-90D-A93L	1 条	
4	磁性开关	D-C73	2 只	
5	速度控制阀	AS2201F-01-04S	2 只	
6		AS1201F-M5-04	4 只	
7	气爪	M Hz2-10D	1 只	
8	微型接头	M-3ALU-4	2 只	
9	调压过滤器	AFR-2000-M	1 只	
10	电磁阀	4V110-06-DC24V	1 只	
11		4V120-06-DC24V	1 只	
12		4V130C-06-DC24V	2 只	
13	CPU224CN 西门子主机	6ES7 214-1BD23-OXB8	1 只	
14	EM277 通信模块	6ES7 277-0AA22-OXA0	1 只	

六、分类单元清单

序号	名称	型号与规格	数量	备注
1	透明继电器	MY2NJ(DC24V)	1 只	
2	限位开关	VM3-03N-40-U565	6 只	
3	步进电机	42J1834-810 DC24V/1.0A	2 只	
4	驱动器	M415B	2 只	
5	拖链	Dragon10.15.0	0.8m	
6	气缸	CDJ2B10-45-B	1 条	
7	磁性开关	D-C73	2 只	
8	速度控制阀	AS1201F-M5-04	2 只	
9	调压过滤器	AFR-2000-M	1 只	
10	电磁阀	4V110-06-DC24V	1 只	
11	CPU224CN 西门子主机	6ES7 214-1BD23-OXB8	1 只	
12	EM277 通信模块	6ES7 277-0AA22-OXA0	1 只	

七、监控单元清单

序号	名称	型号与规格	数量	备注
1	开关电源	HS-100-24	1 只	
2	CPU313C-2DP 西门子主机	6ES7 313-6CE01-0AB0	1 只	
3	40 针前连接器	6ES7 392-1AM00-0AA0	1 只	
4	64K MMC 卡	6ES7 953-8LF11-0AA0	1 只	
5	西门子专用导轨(160 mm)	300 390-1AB60	1 只	
6	MP277-10 西门子触摸屏	6AV6 6430-CD01-1AXO	1 只	

八、螺丝清单

序号	名称	型号与规格	数量	备注
1	内六角不锈钢螺丝	M6×20	10 只	
2		M6×16	230 只	
3		M6×14	40 只	
4		M6×10	5 只	
5		M5×50	3 只	
6		M5×30	5 只	
7		M5×20	5 只	
8		M5×16	10 只	
9		M5×12	10 只	
10		M5×10	15 只	
11		M5×8	5 只	
12		M4×25	10 只	
13		M4×20	3 只	
14		M4×14	10 只	
15		M4×12	100 只	
16		M4×10	20 只	
17		M3×20	5 只	
18		M3×16	50 只	
19		M3×12	10 只	
20		M3×8	10 只	
21	圆头不锈钢螺丝	M3×8	100 只	

续表

序号	名称	型号与规格	数量	备注
22	不锈钢弹垫	Φ6	230 只	
23		Φ5	40 只	
24		Φ4	130 只	
25		Φ3	50 只	
26	不锈钢平垫	Φ8	20 只	
27		Φ6	300 只	
28		Φ5	35 只	
29		Φ4	120 只	
30		Φ3	100 只	
31	不锈钢螺母	M8	10 只	
32		M6	25 只	
33		M5	10 只	
34		M4	5 只	
35		S14	272 只	

参考文献

［1］ 吕景泉.自动化生产线安装与调试(第3版)［M］.北京:中国铁道出版社,2017.

［2］ 崔坚.西门子工业网络通信指南(上册)［M］.北京:机械工业出版社,2008.

［3］ 郑凤翼,金沙.图解西门子S7-200系列PLC应用88例［M］.北京:电子工业出版社,2009.

［4］ SMC(中国)有限公司.现代实用气动技术SMC培训教材［M］.北京:机械工业出版社,2008.

［5］ 徐永生.液压与气动(第2版)［M］.北京:高等教育出版社,2007.

［6］ 孙宝元.传感器及其应用手册［M］.北京:机械工业出版社,2004.

［7］ 吴卫荣.传感器与PLC技术［M］.北京:中国轻工业出版社,2006.

［8］ 胡健.西门子S7-300 PLC应用教程［M］.北京:机械工业出版社,2007.

［9］ 廖常初.大中型PLC应用教程［M］.北京:机械工业出版社,2006.

［10］ 刘增辉.模块化生产加工系统应用技术［M］.北京:电子工业出版社,2005.

［11］ 张同苏,李志梅.自动化生产线安装与调试实训和备赛指导［M］.北京:高等教育出版社,2015.

［12］ 钟苏丽,刘敏.自动化生产线安装与调试［M］.北京:高等教育出版社,2017.

［13］ 何用辉.自动化生产线安装与调试［M］.北京:机械工业出版社,2019.

［14］ 刘振全,韩相争,王汉芝.西门子PLC从入门到精通［M］.北京:化学工业出版社,2018.

［15］ SIMATIC S7-200可编程控制器系统手册.

［16］ MICROMASTER 420用户手册.

［17］ HMI设备MP277(WinCC flexible)操作指导.

参考网站

[1] http://www.ad.siemens.com.cn/西门子(中国)有限公司
[2] http://www.cameta.org.cn/中国机电一体化技术应用协会
[3] http://www.chinakong.com/中国工控网
[4] http://www.zidonghua.com.cn/自动化网
[5] http://www.gkong.com/中华工控网
[6] http://www.ea-china.com/中国电气自动化网